ERFOLGSGEHEIMNISSE DER NATUR

Hermann Haken

大自然成功的奥秘：协同学

〔德〕赫尔曼·哈肯 著 凌复华 译

上海译文出版社

目 录

中译本修订版作者序

科学技术和社会都在迅速发展中。本书中文版的译者凌复华教授不久前告诉我，现存版本即将售罄，他打算修订一部新译本。中国读者对本书的持续兴趣使我十分高兴。但我必须自问，这里阐述的“协同学”现今在什么程度上仍然适用。经过深入探讨以及与不同科学领域同事们的会议和交谈，我得以确定，协同学历经多年仍未失去其有效性。恰恰相反，我在这本书中提到的许多具体应用有了更深入的发展，从而进一步验证了协同学的许多论点。在我看来，发展最快的领域是信息技术，它终于进入了“认知科学”领域。因此我添加了题为“信息、信息、信息”的一节。关于对克服个人矛盾的心理导向的补充，我满足于较少的增添。我衷心希望我的中国读者们在阅读本书时获得很多乐趣。

赫尔曼·哈肯

2016年4月于斯图加特

扩充袖珍版前言

本书的“职业生涯”已经非常成功。1981 年首次由德意志出版社出版并多次再版，而后由乌尔斯斯丹出版社出了两个袖珍版。与此同时，出现了中文、英文、意大利文、日文和西班牙文译本。当皮特森先生建议我为罗沃尔特出版社准备一个新的袖珍版时，我深受鼓舞。这自然同时也是测试那时所写的东西在今天还有多少现实性的一个绝佳机会。对此可以直截了当地说，它甚至比那时更有现实性。协同学导致的一般认识之一是，在特定的情况下，即使环境参数的微小改变，也可能给一个系统带来突然的颠覆性变化。关键词气候灾变可以说明，这种认识是何等及时。

以前版本展示的结果在原则上并无变化，但协同学深入到了许多其他领域，这些在本版的新增章节或段落中有所体现。这样的一章，即第 10 章，专注于运动协调这个对运动科学很重要的一个领域，但它也在例如康复需求中起重要作用。正如读者将要见到的，协同学在这里提供了崭新的视角。

除了已有的关于混沌的一章，我又添加了新的一章（第 13 章），它提供了这一科学分支的理论基础。这在我看来很有必要，因为关于混沌，不仅发表了许多有意义的文章，在有些媒体上也发表了许多毫无意义的文章。同时也很明显，混沌理论与此前已建立的协同学，十分密切地相互联系着，有些如今在混沌理论中描述的东西，早已在协同学范畴内发现和发展了。

增加的其他较长或较短的小节包括神经网络计算机和协同计算机，它们打开了解释人类感知的一条新途径。如同已为彼得·克鲁斯（Peter Kruse）和迈克尔·斯塔德勒（Michael Stadler）以及本书作者所证明的，这里也很清楚地看出协同学与格式塔理论[①]之间的关系。若要介绍协同学应用的所有新结果，那会需要一整套书，而且它们也确实在《施普林格协同学丛书》这个框架下，以专业科学著作的形式出现，这套丛书现已出版了63卷。[②] 在袖珍版框架的范围内，经常局限于较少较短的提示，例如关于新的管理理论便是如此。有些最新的发展十分热门，但它们是如此之新，也许还不应在这一本供广大读者阅读的书中提及。属于这一类的有西佩克（G. Schiepek）、恰赫（W. Tschacher）、布伦纳（E. J. Brunner）和其他作者借助协同学在临床心理学和临床精神病学方面的工作，或露丝·拜塞尔（Ruth Beisel）应用协同学对一个汽车工厂中团队工作的分析。相应地我也略去了在纯技术领域中的发展，这些虽然使专业人员极受鼓舞，但外行却多半甚少兴趣。属于这类的有基于协同学的半导体元件——对称电阻。

读者从上面的简短概述中可以看到，协同学是一门高度活跃的科学，也可以于其框架内在看来互不相干的不同科学分支之间确立许多重要的横向联系。我没有把这本袖珍书写成一部百科全书的打算；而是更多地致力于通过精选的例子使读者熟悉协同学的基本概念，并说明这些概念如何不断地建立阐释自组织过程的基础，从而生成进一步的关键词。

过去的十年给我们带来如此之多与协同学有关的令人惊喜的发展，

---

① 19世纪末，奥地利及德国的心理学家创立了格式塔(Gestalt)理论，它强调经验和行为的整体性，反对当时流行的构造主义元素学说和行为主义“刺激-反应”公式，认为整体不等于部分之和，意识不等于感觉元素的集合，行为不等于反射弧的循环。——译者

② 截至2017年10月已出版118卷。——译者

因此我毫不怀疑，自组织复杂系统的研究还只是刚刚开始。

感谢伊姆加德·默勒（Irmgard Möller）女士对补充内容快速而仔细的录入，以及马尔克·诺伊费尔德（Marc Neufeld）博士和安德烈亚斯·达费特肖费尔（Andrear Daffertshofer）物理学学士完成的新增插图。

赫尔曼·哈肯

1994 年秋于斯图加特

第一版前言

自然界，尤其是动物界和植物界，常以其形态的繁多、结构的精致，以及结构中各组成部分之间极其巧妙的协作，使我们惊叹不已。以往，人们世世代代都认为这些结构出自上帝所赐。如今，科学日益关注这些结构究竟是怎样产生的，是什么力量在起作用的问题。有鉴于直至近来，结构的自发产生似乎还被认为与物理学原理相矛盾，本书就不啻为科学思想的一个转折点。我们的出发点基于以下认识：即便是在无生命物质中，新的、井然有序的结构也会从混沌中产生出来，并随着恒定的能量供应而得以维持。本书从物理学和化学方面，提供了有关这种发现的极富启发性的实例，诸如激光束的有序排列，液体的蜂窝状模式和化学中的螺线形波。由此可见，结构的形成是以普遍适用的规律为基础的。具此认识，就能研究较为复杂的问题，如动物细胞模式形成的受控，商业公司集体行为方式对经济事务的左右，以及社会舆论的形成所取决的法则。在所有这些过程中，许许多多的个别部分几乎总是以一种富有意义的方式协同行动。确如人们所说，我们面对着"复杂性系统"。对此可从各种角度加以观察：可以考察个别组成部分的功能，也可以对该系统做整体性研究。第一种情况犹如按照一定规则的竞技，这些规则确定了各部分的具体步骤，由此最终得出一种"模式"。曼弗雷德·艾根（Manfred Eigen）和鲁蒂尔德·温克勒（Ruthild Winkler）合著的《竞技论》一书（皮佩尔出版社，1976 年版），令人信服地对此做了说明。

协同学即“协调合作之学”，所取的是第二种途径。这里很少探讨个别的基本规则，而旨在发现结构赖以形成的普遍规律。尽管所有比拟都有不足之处，但不妨用下国际象棋为例，对协同学略加说明。我们可以不时地举棋落子，并跟踪观察每一步棋的走法。但也可以究问：一盘棋的终局如何？显然，众所周知，不是白王被擒，就是黑王就缚，或则握手言和。虽然整个对局中一着着棋非常复杂，但最终结局只需寥寥数语即可说明。协同学研究结构形成时的情况也相仿，探讨的是最终形成的总体模式。我们由此会认识到，存在着普遍的更高层次的必然性，它们导致新的结构和新的模式。在科学领域里所获得的关于集体行为的知识，确定无疑地也与我们的个人事务有关，无论是在经济领域，还是在社会领域。然而，本书并不提供这方面的现成答案。作者希望本书有助于启发思考，但不为我们自己的行为开具万应良方。我们甚至将提出并证明这样的命题：准确无误的答案，往往是完全不可能找到的。这就为认识矛盾的本质和怎样解决矛盾提供了新的思路。

协同学的领域正在迅猛扩展，这既可以见诸国际会议的日益增多，也可以从大众汽车公司基金会把协同学列为科技领域的重点项目而予以促进的举动中得到佐证。施普林格出版社为协同学专门出版了《施普林格协同学丛书》。科学家们对这一新领域早已心仪神往，本书旨在使感兴趣的非专业人员对此也能初涉门径。

在我们的时代，科学“负债”的说法不绝于耳。据我看来，社会与科学同生共存，不可分离。社会之于科学，一如科学之于社会，都是兴亡攸关。因而沟通二者的每一座桥梁都至关重要。对科学家来说，偿还负债并非易事。并非缺乏良好的愿望，但科学的语言——尤其是在用到数学时——与日常用语相差太远，以致转译甚为困难。尽管如此，我倒是认为，无论是在自然科学或者例如在经济学中的一件事情，科学家往往只有在无需借助任何公式，单凭日常用语就能予以说明时，才算完全理解了它。也正是把自己的思想对非专业人员讲清楚的那种需要，使科学家对更重要的相互关联有了新的认识。

希望我对这一新学科的论述能给读者以鼓舞和启迪，从而应用大自然成功的奥秘为自己和全人类谋福利。

感谢我的妻子，她评阅原稿，提出了宝贵的改进意见；感谢乌尔苏拉·冯克（Ursula Funke）夫人迅速录入了完美的定稿。她不倦的热忱，对我成功地完成全书大有帮助。

对德意志出版社的工作人员，特别是勒伯（Lebe）博士和洛克（Locke）夫人给予的难能可贵的合作，在此一并致谢。

赫尔曼·哈肯

1981年春于斯图加特

1 引言和概述

为什么这本书会引起你的兴趣

大千世界之组成，品类繁多不可胜数。其中不少出于人类的创造，如房屋、汽车、工具、绘画，但其他许多则纯系大自然的产物。对科学家而言，这包罗万象的世界乃是一个遵循着严格规律、结构有方、秩序井然的世界。把望远镜镜头朝向无限深邃的宇宙空间，我们将看到如图1·1所示的旋涡星云，其中给予星云结构和层次的旋臂清晰可见。在旋臂的气体中，新的光芒熠熠的星球不断形成，数目之多难以想象。我们的地球和太阳也属于一个旋涡星云——银河。当夜空澄澈之际，仰望苍穹，银河粲然可辨。银河系中的星球多达千亿，这一数字超过了人的理解能力，而我们的太阳不过是其中之一。地球则和其他行星一起，遵循着不变的规律，环绕着太阳旋转。

然而要看到结构，根本不必骋目天宇。无数实例充斥于日常环境之中。结构规则的雪花晶体如图1·2即是其中一例。生物界的千姿百态一再使我们惊讶不已，有些形态可能非常奇特。图1·3是热带蝇眼睛的放大图，蝇眼位于蝇头部突出的一根柄上。蝇眼的蜂窝状结构整齐匀称，令人为之倾倒。同时，整个“构造”亦显得颇具匠心，因其能对周围事物一览无遗。我们见到的动植物的形态千差万别，多得难以置信，而各种形态本身又十分和谐协调，常使人心旷神怡。我们往往发现，生物的

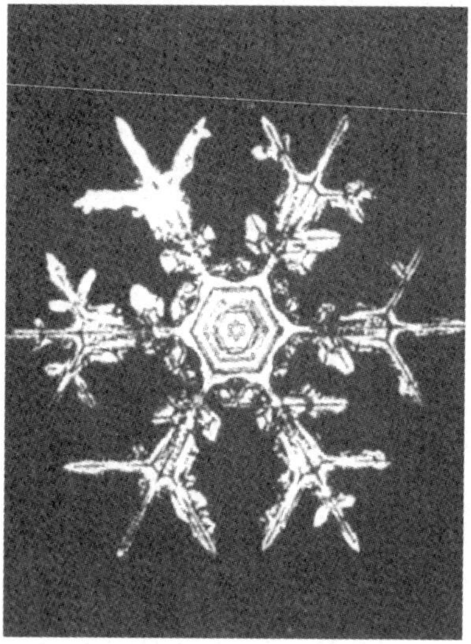

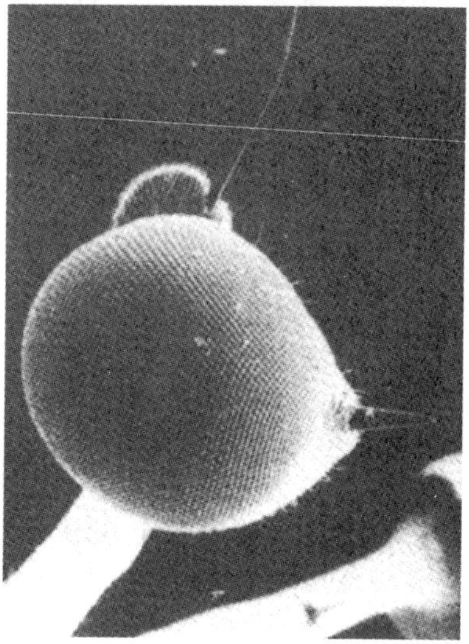

图1·1　旋涡星云（上）　图1·2　雪花晶体（左下）
图1·3　一种热带蝇的眼柄，六角形结构为其显著特征之一（右下）

结构是极重实用的，但一看到许多植物艳美绚丽的花朵，又不觉惊诧于大自然的风趣和娇纵。

然而，不只是静态的结构令人赞羡不已；连续动作的有序性，如马蹄的节律或优美的舞姿，也让人赏心悦目。在人类社会中，我们看到更高级的结构。社会以一定的国家形式组成，而国家形态则千差万别。在纯精神领域，如语言、音乐和科学世界，我们也遇到种种结构。因而，从无生命界到生命界，乃至精神世界，我们不断遇到各种结构；我们对此已经习以为常，以致不复意识到其存在之奇妙。

过去，人们把各种结构视为上帝所赐，如《圣经·创世记》载明的那样。科学家长期以来也只专门研讨结构的组织，而不追究其起源。只是近年来，才对后一问题兴趣日浓。如果我们不打算每次都假设存在着一种超自然力量来解释这类结构，亦即不打算每次都寻找一种新的创世活动，那么科学就有这样一项任务：阐明结构是怎样自发形成的，或者换句话说，结构是怎样自行组织起来的。

探寻一个统一的宇宙观

结构如此多种多样，人们难免寻思它们究竟是如何产生的。乍看起来，这是一件结果难以预料的事情。为了解析结构的组成，已经耗费并且继续耗费着一代又一代科学家的精力。为了解开结构由来之谜，岂不要花费更多的工作和精力？确实，假如每一结构的产生都遵循仅仅适用于它的非常特殊的规律，那就不是写一本书所能充分说明的了，这类知识的著作必将汗牛充栋。

这里我们面对着这么一种想法，它好像一条红线那样贯穿一切科学。一方面要搜集各种事实，另一方面又要力求得出一个统一的宇宙观。这种努力是人所熟知的，尤见于自然科学，如物理学、化学、生物学中，也见于哲学中。对物理学基本规律的探索，我们已耳熟能详。伊萨克·牛顿（1642—1727）的运动定律和万有引力定律，阐明了行星环绕太阳的运动，而这是古代人不能以统一的原理来解释的。詹姆斯·克拉克·麦克斯韦（1831—1879）使我们懂得，光无非是一种电磁振动，犹如无线电波那样。阿尔伯特·爱因斯坦（1879—1955）成功地把重力与时空联系起来。在化学中，德米特里·门捷列夫（1834—1907）首先用元素周期律把无数化学物质排列得井然有序。近代原子物理学能够从原子结构的基本规律导出周期律。在生物学中，孟德尔定律阐明了各种特性是怎样遗传的，例如不同颜色的花杂交时的情况。当代则发现遗传的化学基础在于一种生物化学大分子，即所谓 DNA（脱氧核糖核酸），从而圆满地揭示了生物遗传的本来面目。

类似的例子不胜枚举。它们表明，人们正在不断发现支配大自然功能的统一的基本规律。

虽然纷繁驳杂的现象可以归结为少数几条基本规律，而与此同时，科学研究又不断从更为复杂的现象揭示出种种新事实，以致我们经常被这浩如烟海的资料压得透不过气来。在科学探索中，一方面是大量涌现的新事实，另一方面是对它们分门别类，发现其意义和它们与普遍规律的一致性，这两者之间的竞逐永无止境。

分解或建构

怎样才可望理解其中的结构或过程呢？一种流行且往往有效的方法是把研究对象分解为越来越小的部分。物理学家把晶体（第 3 章将做出详细探讨）分解为原子，又把原子分解为更小的粒子，即原子核和电子。现代物理学研究的一个重要分支，就是与更为“基本”的粒子——夸克和胶子打交道，但二者也许还都不是物质的最基本构件。

生物学家把组织分割为细胞，再把细胞分解成诸如细胞膜和细胞核等组成部分，直至生物分子形式本身的组成部分。我们可以从各种各样的科学领域补充不可胜数的例子。确实，科学本身也已分为形形色色的分支：数学、物理学、化学，乃至社会学和心理学等。

然而，采用这种方法的研究者，其体验可能很像得到一辆玩具汽车的小孩。小孩很快想知道汽车为什么会跑，就把它拆成各个零件。一般说来，他不难做到这一点。但我们往往看到他坐在一堆零件面前哭鼻子，因为他还是搞不清汽车是怎么会跑的，他也没法将那些零件重新拼成一个有点意义的整体。因此，他小小年纪就体会到一句箴言的含义：整体大于部分的总和；或如歌德所说："部分已在我掌中；所惜仍欠精神链锁。"应用到各种科学领域，这意味着：即使发现了结构怎样组成，还得明白各组成部分如何协作。正如下文就要谈到的那样，这与结构是怎样产生的这个问题密切相关。协同学的问世就是为了处理这一问题。

如同许多科学术语一样，"协同学"源于希腊文，意为"协调合作之学"。我们希望这一概念会让我们发现，尽管大自然展示的结构千差万别，但有可能找到一些统一的基本规律，从而说明结构是怎样形成的。这听起来自然很是含混空泛。我必须承认，确切的答案必须以数学理论为根据，并在广泛的应用中证实其有效性。另一方面，我们手头现成的大量实例则使我们能相当清楚地描述基本过程。我们可以利用比如机械学方面的简单实例。这当然并不意味着，我打算在这里倡导一种机械论的宇宙观。但是，我们的语言借用了许多机械学术语。例如"平衡"一词，其原始意义让人联想起一架天平，两边放着等量的砝码。秤盘不动，意味着处于"平衡"状态。而当我们提及精神平衡时，谁也不会认为我们是用机械论来解释我们的心智。本书的读者对此最好谨记勿忘，因为我不但要探讨物质世界的结构，而且还要涉及精神世界的结构，例如经济或文化的发展。

生物结构与基本自然规律矛盾吗?

物理学自命为卓越的基础自然科学。它研究物质，而由于一切东西皆为物质所构成，因此一切物质的东西必然合乎物理学的规律。可是例如在生物学家中间，就未必总是持有这种信念。活力论者断言，在生物体中还有着它们自己的独特的生命力。在科学家成功地把化学反应基本上归结为物理反应(例如化学键或原子结构)之后，现今很少有人怀疑，有可能在理论上用物理过程来阐明基本的生物学过程。顺便提一下，我们在作此陈述时给自己留了一条后路，即加上了“在理论上”这一限制词。我们在下面还将看到，其后隐藏着一系列复杂问题。

让我们暂时来探讨一下物理学规律也适用于生物学这种过于简单化的论断。那些认真主张生物学可以归结为物理学的人，几年前就很快陷入矛盾之中。如果有人问物理学家，生命的起源是否遵照物理学的基本规律，那么他不能不严肃认真地予以否认。为什么?按照物理学的基本规律，更确切地说按照热力学的基本规律，宇宙的无序应当不断增加。一切有规律的功能过程应当停止，一切有序性应当瓦解。

许多第一流的物理学家认识到，摆脱这种困境的唯一出路是把自然界中有序状态的形成看成一种巨大的涨落现象，而按概率论的法则这应当是不可能的。这真是想入非非，可是这在所谓统计物理学的框架内却似乎是唯一可采纳的。

第 2 章将说明，为什么物理学家认为无序性必然有增无已。我们会清楚地看到，物理学为结构的形成，例如晶体的形成，留下了一条重要的后路。但我们也将知道，那些是无生命的结构。物理学主张生物学的过程是基于物理学规律，而生命的起源却又与物理学的基本定律相矛盾，它是否因此而陷入了一条死胡同呢？一个幸运的偶然事件帮助我们突破了这个恶性循环。我们发现，物理学自身提供了一个绝妙的例子，其中确立了一种已知类型的生气勃勃的有序状态，并严格地遵循物理学规律。这就是激光，一种已广为人知的新光源。这个例子会使我们明白，无生命的物质也能自发组织，产生富有意义的过程。我们将遇到一种非常值得注意的规律，它像一条红线贯穿所有自组织现象（图1·4）。

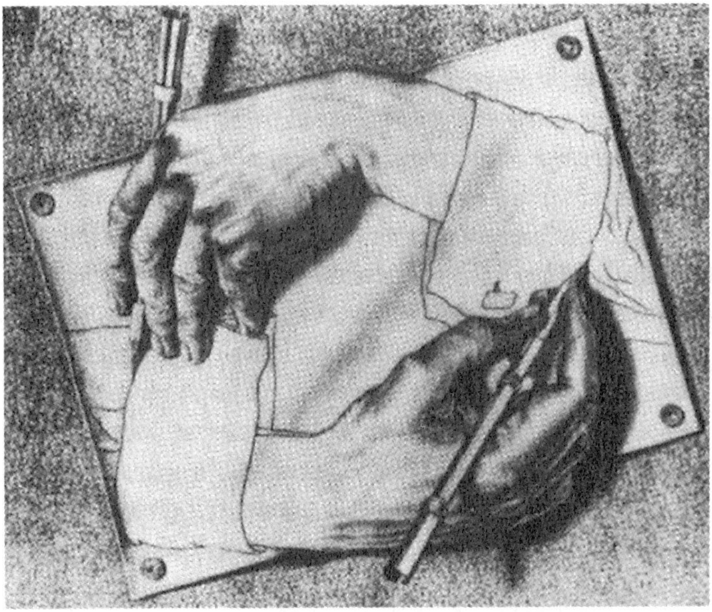

图1·4　埃舍尔①的双手互绘图显示了自组织的问题：序参数（一只手）引起了其他部分（另一只手）的行为；反过来，序参数的行为又为其他部分所决定。

① 埃舍尔（M. C. Escher，1898—1972），荷兰科学思维版画大师，20世纪画坛中独树一帜的艺术家。作品多以平面镶嵌、不可能的结构、悖论、循环等为特点，从中可以看到对分形、对称、双曲几何、多面体、拓扑学等数学概念的形象表达，兼具艺术性与科学性。——译者

我们将看到，诸个体部分好像由一只无形之手安排有序，但反之又是这些个体部分通过它们的协作才转而创造出这只无形之手。我们把使一切事物有条不紊地组织起来的无形之手称为序参数。然而这样一来，我们似乎又陷入了一个恶性循环之中。

序参数由各部分的协作而产生，反过来，序参数又支配各部分的行为。这样就又回到了先有蛋还是先有鸡的老问题。

用协同学的语言来叙述，序参数支配各部分。序参数好像木偶的牵线人，它使木偶们翩翩起舞，而木偶们反过来也对它起影响，制约着它。我们将看到，支配原理在协同学中起着核心作用。但必须指出，这里使用的“支配”一词丝毫不含贬义；它无非是表达一种因果关系，与“支配”的伦理学意义毫不相干。因此，例如可以说，一个民族的成员为其语言所支配。

我从序参数和支配的角度，首先对物理学，而后是化学，最后是生物学的其他现象加以研究时，一再发现相同的现象。结构形成的过程，似乎不可避免地朝某一方向前进，但并非循着热力学规律所预言的那种方向，甚至也并非循着无序性不断增长的方向。相反，本来还是无序的部分系统也被卷入现存的有序状态，而且其行为受有序状态的支配。

我们还会发现，上述从混沌建立有序的必然性，与过程中涉及的物质无关。在这个意义上，激光的性态与云雾的形成或细胞的聚合如出一辙。显然我们面对着一种统一的现象。这使我们意识到，这种规律性也会在非物质领域中遇到。

社会学中属于此类的有例如似乎突然倾向于一种新观念的整个群体的行为，诸如一种风尚、一种文化思潮、一种新的画派或一种新的文学风格。

我们马上就知道，这些规律是打开大自然成功的奥秘之门的钥匙。例如，在生命世界中怎么会演化出越来越复杂的物种呢？为什么有些物种能日益繁荣昌盛，而有些物种则受到排挤呢？另一方面，为什么尽管物种之间的竞争非常残酷无情，它们却可以共存，而且正是由于这种共存而能够彼此稳定呢？根据这一新的观点，一些过去被孤立看待的现象成为统一自然规律的实例。此前的困惑，甚至是矛盾，涣然冰释。我们将看到，许多单独的个体，无论是原子、分子、细胞、动物或人类，都是由其集体行为，一方面通过竞争，另一方面通过协作而间接地决定其自身的命运。但它们往往是被推动而不是自行推动的。

在这个意义上，我们可以把协同学看成一门在普遍规律支配下的有序自组织集体行为的科学。一门科学宣称自己具有极大的普遍适用性，必然会产生一些重要的后果。协同学延伸到完全不同的多种学科，例如物理学、化学、生物学，甚至还有社会学和经济学。因而我们期望，由协同学发现和阐述的规律，在各种学科中已经或多或少隐约地体现出来。这样，协同学就像图画拼板那样，用许多孤立的事实构建出一幅崭新的图景。

另一个后果也不容忽视。科学一贯告诫我们，不要轻率地认为一些规律是普遍有效的。我们不得不一再承认，一些自然规律，其有效性虽已在一定领域中被认识并得到肯定，但在更大的范围内就只是一种近似，甚或完全失去意义。因而牛顿力学只是爱因斯坦相对论力学的一种近似。而描述宏观物体运动的经典力学，在原子超微观世界中则必须用量子力学代替。在这个意义上，协同学在综合性上超过了关于热的理论——热力学，其应用范围要广泛得多。另一方面，协同学自身也有其局限性。要说明这一点，必须把协同学的目标和它迄今取得的成就区别开来。协同学的任务，是确定不同科学领域中系统自组织的规律。在人们最感兴趣的实例中，亦即在形成新的结构或系统的宏观状态发生急剧变化时，协同学在发现其普遍规律方面最为成功。但什么是宏观状态，什么是急剧变化呢？与其对这些术语做出冗长的解释，倒不如用实例加以说明。在本书中我将列举大量实例，希望以此引导读者一方面逐步了解协同学中问题的提法，另一方面也知晓其成果。

所有生命过程，从单细胞的生命过程开始，直到人类与自然的共存，都是密切关联的，所有部分都直接或间接地相互衔接。因此我们总要对付错综纷杂的系统，称为复杂性系统。不断增长的人口密度和日益进步的技术，使我们生活的世界的复杂性日益增加。同时，理解复杂性系统性态的任务也在不断加重。正如本书将反复指出的那样，协同学在这里提出了一个崭新的观点。一个复杂性系统犹如卷帙浩繁的书本。为了透彻了解全书，充分把握其内容，就必须把它从头读到尾。然而时间不够怎么办？可以用不同的方法进行，例如抽读其中的重要章节，或者阅读他人为我们所做的一个简短摘要，这种摘要可以是用完全不同的观点撰写的。一位读者可能认为书中的爱情故事是最重要的特色，另一位读者也许认为书中所描述的社会环境最为重要。最后，一本书也可以归入一个或多个类别，例如“历史小说”“专业书籍”“侦探小说”等。其他特征诸如“滞销书”或“畅销书”也是令人感兴趣的。因为我们人类的大脑(甚至所有科学家的大脑加在一起)只能接受有限的信息量，所以对待复杂性系统应该像读一本过于冗长的书那样，要加以浓缩，获得与我们的意图有关的信息。

即使能够收集到全部资料，那也只能使我们如堕五里雾中而无助于做出判断。“只见树木，不见森林”——没有其他谚语更能说明复杂性系统的问题了。我们不能困死在无关紧要的细节上，必须学会观察和把握事物的全貌，我们必须“减少复杂性”。正如协同学所指出，“有意义的信息”和全貌是由序参数提供的，每当系统的宏观行为改变时，序参数变得十分重要。一般说来，这些序参数是长期量，它们支配着短期量。我们将用很多事例来说明这一点。

如果这种普遍规律，在从混沌产生有序，或在一种有序性转变为另一种新的有序性的场合起作用的话，那么，在这类过程中必然同时存在某种内在的自动机制。倘若在经济、社会或政治领域中我们也学会辨认这些规律性，生活中的困难就将比较容易对付。例如，我们会理解，别人对我们所持的反对态度并非出于阴谋，而是根据某种集体行为模式而采取的行动，甚至是不得已而为之。认识这些自动机制，甚至可以使之为我们服务。正如运用杠杆原理可以用较小的力举起极大的重量，应用协同学的规律也可以用较小的努力获得极大的效益。在这个意义上，我们可以利用“大自然成功的奥秘”为自己谋福利。

我们会一再看到，生命世界之所以能够或必然发展到现在这个地步，只是因为它并不具有无穷无尽的应变能力。生命依赖有限的资源，而且其过程只能在有限时间内进行，恰如我们自己在生活中所遇到的。但正是这些外部制约促进了自然界的发展，并使物种不断更新。技术和文明最发达之处，并非那些长夏诱人困倦之地，而是寒冬迫人奋起之邦，我不认为这是一个巧合。

步入协同学这一新的领域，我们显然得从简单到复杂，逐步深入。因而，我们将从物理学和化学中的例子开始，以便进一步用于经济学、社会学和科学学中的问题。把从简单事例获得的经验应用于较复杂的问题，并不是什么新方法。例如，在社会学和经济学中，已经发展了一些模型，这些模型原来应用于物理学中，并广泛应用“熵”这个度量无序性的物理学概念。

伴随着起初在物理学中获得的新知识，其他科学分支也正在提出新思想。以前认为一个特定的社会结构是静止的，处于平衡状态，而现在的看法已完全改变。结构永远在形成、消失、竞争、协作或组成更大的结构。我们在思想观念上已经到达了一个转折点，即由静力学过渡到动力学。

在我们讨论所有这些问题之前，必须首先研究物理学对结构形成所唱的基本反调：无序性不断增加的原理。

2 无序有增无已？世界的热寂

自然界的单行道

物理学的优点是，可以让自然界中的变化过程在精确规定的实验条件下进行。当确定这些过程总是以同样的方式进行时，物理学就能制定普遍适用的自然规律。其中有些规律，就是在我们日常生活中也是显而易见的。加热铁条的一端，过了一段时间后整段铁条的温度会趋于均匀，最终铁条各处的温度完全一样(图 2 · 1)。然而相反的过程，即铁条突然一端变热而另一端变冷，还从未见到过。若把一个充满气体的容器与另一个空容器并列密封紧靠，而后抽掉二者之间的分隔物，那么气体就会咝咝地涌入空容器，直到均匀地布满两个容器为止(图 2 · 2)。相反的过程，即在一个充满气体的容器中，气体分子突然聚集到容器的半

图 2 · 1　一端加热铁条的温度趋于均匀分布，最终得到一条温的铁条

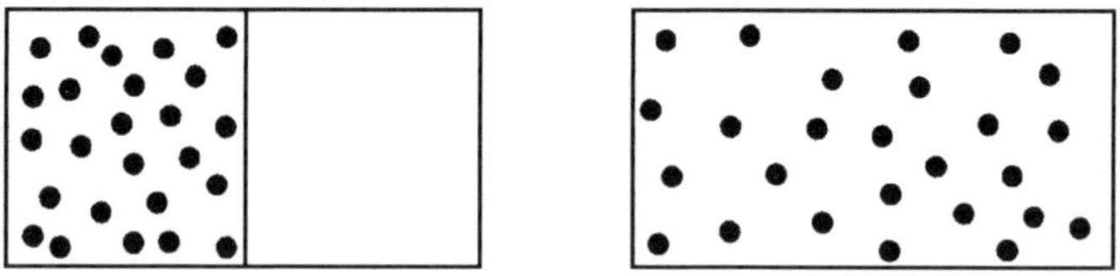

图 2 · 2　抽去左图两个容器间的分隔物，气体微粒便均匀地充满两个容器

边，却从未见到过。

我们若在驾驶汽车时刹车，汽车会突然停下来，而制动器乃至轮胎都会发热。然而，加热制动器和轮胎却从来不会使一辆汽车开动起来。显然，所有这些自然变化过程都只朝一个方向进行，相反的变化过程是不允许的。这些过程也被称为不可逆过程，因为人们从来无法使之逆转。19 世纪末，卓越的奥地利物理学家路德维希·玻耳兹曼（1844—1906），首次成功地对为什么自然变化过程只朝一定方向进行做出了决定性的回答。这是因为变化过程总是朝着有增无已的无序方向进行的。

什么是无序？

可是怎样来给无序下定义呢？物理学中无序的概念与日常生活中人们熟知的杂乱无章这个概念密切相关。比如一个孩子的房间为什么杂乱无章？那还不是因为没有收拾好，或者换句话说，因为各种东西（例如练习本和课本）没有摆在它们应有的位置上（图 2·3）。显然，在混沌中任何物件都不在其应有的位置上（如在垃圾箱中那样）。比如生物学课本没有放在书架上该放的地方，而是扔在桌子上、窗台上、椅子上、床上、地板上或者任何别的地方。书放在什么位置的可能性多得很。练习本、钢笔、橡皮的情况也一样。反之，若所有东西都各就各位，那么房间就收拾好了，就是有条不紊了，也就是呈有序状态。因此，有序状态仅有一种。同时很明显，无序是与物件所在之处有数量极多的不同可能性相联系的。要在一个无序状态中寻找所需物件之所以如此困难，原因就在于此。再讲一遍，正是物件所在位置的数量极多的不同可能性，造成了无序状态。

这种大量不同的可能性也是物理学中无序的量度。这一点可以用关于气体的一个极简单的例子来说明。让我们来看一个仅由四个分子组成

图 2・3　画家埃舍尔描绘的有序和混沌

的气体模型。这四个分子依次编号为 1—4，并可以分放在两只盒子中。

四个分子在一只指定盒子中的可能性只有一种，如图 2・4 左上。从该图又可以看出，若这些分子两两分放在两只盒子中，那么有六种可能性。就宏观状态而言，即粗略地说，所有的分子不是在一只盒子里，就

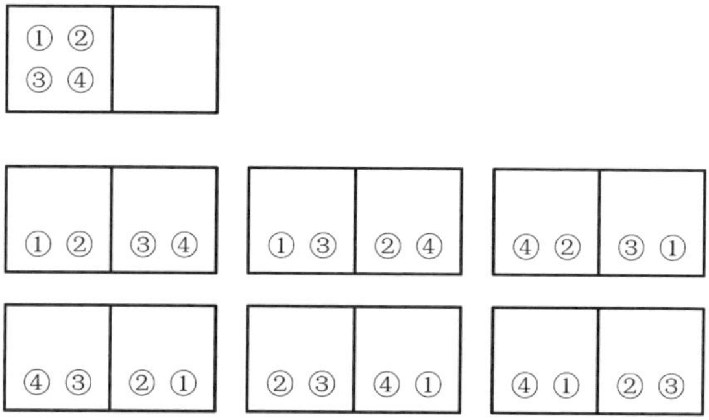

图 2・4　玻耳兹曼计算最大熵规则的示意图

上：四个球在一个容器中只有一种可能性
下：四个球均匀分布于两个容器中的六种可能性

是在两只盒子里各有一半。按照玻耳兹曼原理，自然界力图实现可能性数目为最大的那些状态。物理学家应用的“熵”这个概念，按照玻耳兹曼原理是根据可能性的数目(更精确地说，根据可能性数目的对数)来确定的，自然界力图实现熵值为最大的状态。

在我们这四个分子的例子中，“均匀分布”与“所有分子在一个盒子中”的可能性之比为6∶1。在自然界，例如在一立方厘米中，气体分子的数目已经大得惊人，因而分子均匀地分布于两个盒子的各种可能性也简直无法估计。结果，自然界实现均匀分布状态的机会更是非常之大，对此的任何偏离，最多只是一个小小的涨落——例如一个微小的密度涨落而已(图2·5)。

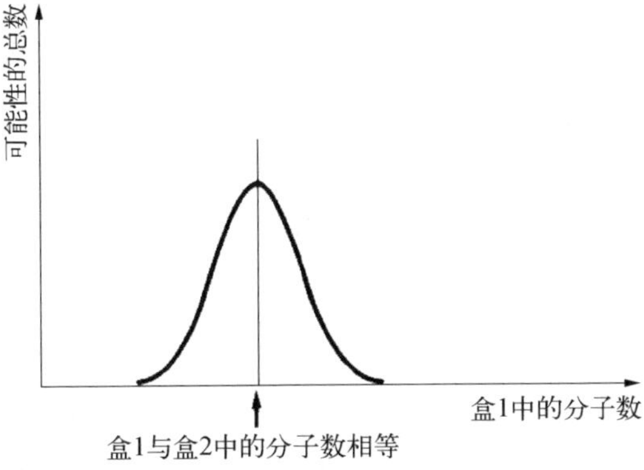

图2·5　这是一张对大量分子的所谓分布曲线图。曲线的峰值表示气体分子在两个容器中均匀分布的状态。如果分布趋于不均匀，那么不同可能性的数目将急剧下降。

然而，只有当我们把运动过程考虑进去后，才能充分理解玻耳兹曼原理，因为这也与可实现的各种可能性有关。一位教授的书桌看上去常常凌乱不堪。但如果清洁女工把书桌上的“一团糟”“整理”过后，这位教授先生第二天一来，定会大为恼火，因为，正如他所说的，他再也找不到他所要找的东西了。为什么？究竟这只是他的脾气乖戾呢，还是他的抱怨确有道理？

对这一矛盾可做出如下解释。虽然由外人看来书桌很凌乱，但去哪里找某一本书或某一页手稿，教授却了如指掌。所以尽管貌似混乱，但这却也是他能从中找到所需之物的一种确定状态。但经过清洁女工整理后，她创建了一种新的状态，这位教授就再也不能在“正确”位置上找到东西了。前面我们讲过分子在几个盒子中的分布有着各种可能性，那么种种可能性的不断更新实现也包括在无序的概念中。换句话说，当教授书桌上的东西不断地被搬动时，这张书桌就呈现了无序状态。

自然界对待它的气体分子并无二致。因为这些分子（例如室温下的氧）的运动速度为每秒 460 米，它们不断回旋翻滚——在两个盒子里不断实现分子的新分布。大自然就像在玩扑克牌，它在我们面前飞快洗牌，而我们却看不清它的动作的细节。分子不断占有新位置的运动本身又是无序的——这就是热运动。

能量不断贬值

上述知识也可以用别的方法来说明，如以汽车为例。汽车行驶时，它的全部能量存在于前进的运动中，或者说存在于动能中。由于运动发生在汽车前进的某个方向，按照物理学家的说法，汽车只有一个自由度。当汽车刹车时，它的动能转化为热能，制动器和轮胎变热（图 2·6）。但是热意味着许多原子或分子的微观运动。众所周知，某物体比另一物体热的原因在于，前者的单个分子运动比后者的单个分子运动更为强烈。但是由于至少在微观范围内，分子可以在不同的方向上运动，而且分子本身的数量又极多，于是热能就被分配到多个自由度上。换句话说，汽车刹车时，一个自由度的能量被分配到很多个自由度上，而安排这种分配的可能性也非常之多。与之相反的过程意味着所有分子好像听到号令一样，突然间向同一方向飞去，从而令很多个自由度减少为一个自由度。然而按照热力学的基本定律，这是不可能的。我们虽然能够把一个自由度中蕴藏的能量，即汽车的动能，转化为热能，但却不能或者至少不能完全逆转这个过程。正如我们即将看到的那样，集中在一个自由度中的能量与在许多个自由度中分布的能量相比具有更高的价值。

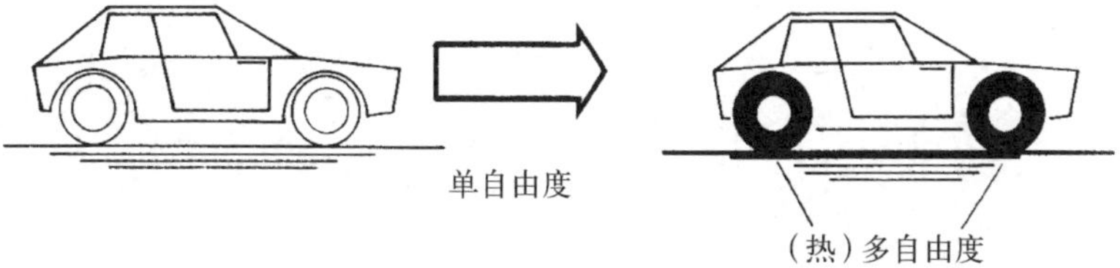

图 2·6　一辆行驶中的汽车（左）只有一个自由度。刹车时这一个自由度会转化为非常多个（例如车轮和制动器的）热运动的自由度。

对自然界中无序性增加的趋势可加以一定的限制。例如在容器中插入一块隔板，就可以阻止分子的进一步分布。在这个意义上我们必须经常想到，自然界并非必须达到最大的无序状态，而可从外界加以限制。使用一些技巧，人们就能在技术上成功地把一部分热能转化为可利用的能量，例如在内燃机中使活塞运动。汽油猛烈燃烧中产生的热部分地转化到活塞运动这个自由度中，但大部分热能则损失掉并耗散在冷却器的水中。物理学表明，“回收”高价值能量在原则上有一个限度，而且还需有人脑构想和人手制造的机器。在宇宙中，看来并不存在阻止无序性增长的这种限制。从而物理学家得出结论：世界竭力趋向于一个最为无序的状态，此时所有有序状态都将瓦解，生命将不可能再存在，世界趋于“热寂”。著名的赫尔曼·冯·亥姆霍兹（1821—1894）解释说：“从此以后宇宙被判处进入永恒静止的状态中。”同样著名的鲁道尔夫·克劳修斯（1822—1888）则说：“宇宙越接近于熵值最大的极限状态，出现进一步变化的机会就越小。”一旦到达这种状态，那么“宇宙就处于无变化的死寂状态中”。

与未来的瞻望相同，宇宙的过去也未必展示生命存在的机会。几乎所有物理学家都认为，世界是大约 100 亿年以前在一次“大爆炸”中形成的非常热的火球，其中并无有序性的支配，也就是说，世界之初是混沌和没有秩序的。而后无序性应当越来越增加，直至极大。那么哪里还有有序的、有意义的结构，乃至生命的余地呢?

3　晶体——有序但无生命的结构

在上一章中我们指出，较高的温度导致了分子较剧烈的热运动，从而造成较大的无序。由此可以想到，从一个系统中消除热能也许能建立一种有序状态。正如日常经验所表明的，在冷却过程中确实出现这种状态。当我们把水冷却到一定程度时，水会变成冰，或更确切地说，会形成冰晶体(图3·1)。

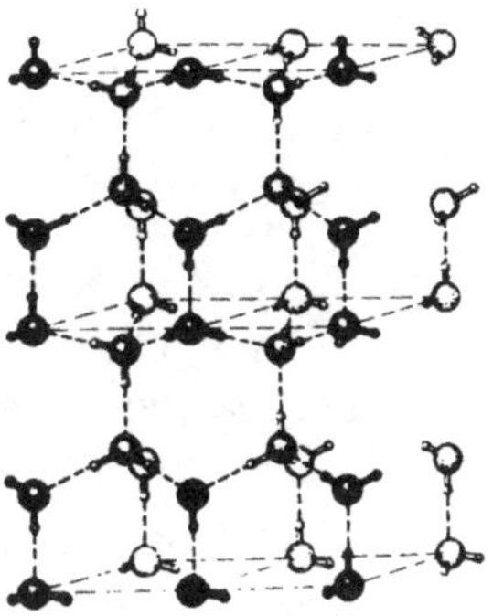

图3·1　在冰晶体中，水分子周期性地排列在一个固定的点阵上。大球表示氧原子，球上突出的臂表示氢原子。

由于单个水分子极其微小，仅约1毫米的百万分之一，即使我们用倍数最大的显微镜也无法看到它们。但用伦琴射线或电子波可以如此精准地探测晶体，使物理学家得以画出晶体结构的详细图形。晶体中的各个分子排列成行，它是一种秩序井然且刚性的物质状态。在水中，水分子能相对位移，因而水能流动。把水加热到沸点，它就会汽化。在水蒸气中，水分子像许多小网球似的到处乱飞，不断相互碰撞而改变飞行方向，从而出现一种完全无序的状态(图3·2)。

在物理学中，不同的聚集态——固态、液态、气态，亦称为相，而不同相之间的转变，则被称为相变。因为相变显然形成截然不同的有序或无序，物理学家早就对这种转变产生了浓厚的兴趣。他们至今仍在对

图 3・2　水的不同聚集态

此进行研究。那么相变的特点是什么呢？

水的例子清楚地说明，不同的相——水蒸气、水和冰晶体——所含的分子是完全一样的。在微观上，不同的相之间的区别只在于分子间的不同相对位置。在水蒸气中，这些分子到处乱飞，速度很快（每秒约 620 米）。在这种情况下，除非分子相互碰撞，它们之间实际上没有作用力。在液相，原子间相距很近，并受到吸引力的作用，但各个分子还能够相对移动。然而在晶体中，各个分子排布在一个严格的周期性“点阵”中（图 3・3）。

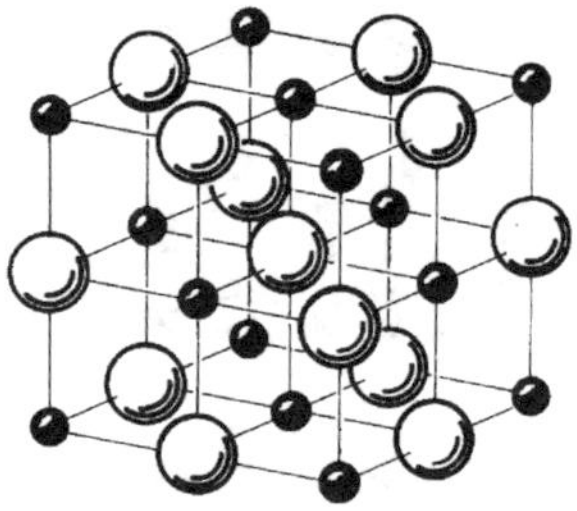
图 3・3　食盐（NaCl）晶体中原子的配置。大球表示氯离子，小球表示钠离子。

与这些不同的微观有序状态相联系的是完全不同的宏观性质。特别引人注目的是机械性质的差别。例如一种气体（或水蒸气）很容易压缩，不像水那样几乎不能压缩，而冰则是一种固体。其他例如透光性这样的宏观物理性质也发生变化。这些例子说明，微观变化何以产生物质（不仅是水）全新的宏观性质。

相变的另一个性质也值得一提。在其他条件如压力不变的情况下，相变发生在一个完全确定的温度下，这个温度称为临界温度，例如水在 100℃沸腾并在 0℃结冰（摄氏温度计就是这样设计的，这两个温度分别标注为 0 和 100）。其他物质在完全不同的温度下熔化，例如铁在 1 535℃熔化，金在 1 064℃熔化。① 它们分别在更高的温度下升华。

① 原文数字有误，已改正。——译者

超导性和磁性：微观有序性产生宏观的力量

这种类型的相变并不一定发生在不同的聚集态之间。晶体本身也还有进一步的性质，且有可能突然出现。在技术应用中，超导性是一种饶有兴趣的现象。为了理解这种性质的特异之处，让我们想一想电流在导体如输电线或收音机中的情况。在金属中传输时，电流是由最小的带电粒子即电子传递的。金属多数构成晶体点阵，电子在其中如同气体分子那样运动，但与点阵的各个原子相碰撞，因而失去能量(图3·4)。换句话说，它们与晶格点阵相摩擦，并放出一部分能量，这些能量转化为点阵原子的无序热能量。这样，电子流的能量就不断地损失并转化为热能。电熨斗应用的正是这种效应，但如在输电线中就不是这样了。这里用户希望最好接收到发电厂生产的全部电能，而不是把输电线加热。然而遗憾的是，由于上述被称为电阻的摩擦过程，损失了许多能量。早在1911年，荷兰物理学家克默林·翁内斯(Kammerlingh Onnes)就已发现，某种金属，比如水银，当冷却到低于某个很低的温度时，会完全失去它的电阻(图3·5)。他称这种现象为超导性。在这个现象中，真正使人大惑不解的是出现了某种全新的东西。电阻并非变得非常小，而是明显地完全消失了。这已为实验所证实：把导线弯成一个封闭的回路，电流在其中流动了一年多而毫无衰减。倒是物理学家不耐烦了，他们把导线加热而结束了这个试验。对这一现象，40多年以后才在理论上得到解释。我们现在知道，超导过程的基础也是一种非常特殊的微观有序状态，其中，金属中的电子总是成对地在晶体中运动。这些成对的电子自身又处于一种严格有序的运动状态，从而能抵抗晶体原子的阻挡作用。这就好像一个行进中的纵队手拉着手通过灌木丛，灌木丛不再能改变行进者的方向。这里也和其他相变一样，一种新的微观有序(“成对行进”)与一种全新的宏观状态(电流不受阻挡)相联系。①

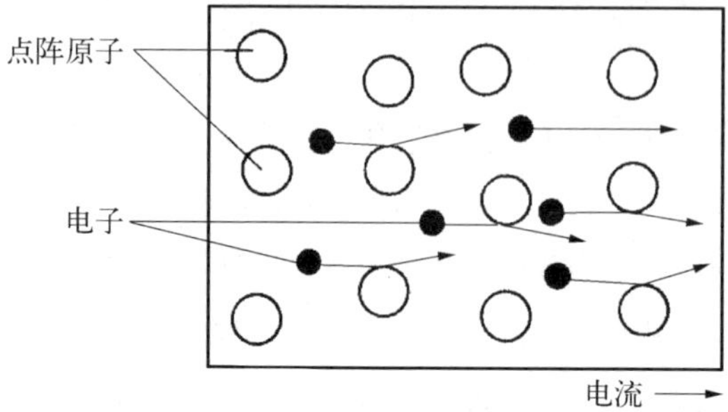

图3·4　一个金属点阵的微观面貌。晶体的原子用大圆圈表示。由于热运动，原子不断振动。用小黑点表示的电子与这些振动的原子相碰撞，被逐出其轨道并减速。在此过程中，电子把它的部分能量给予金属原子，于是金属被加热，同时电子流减弱。

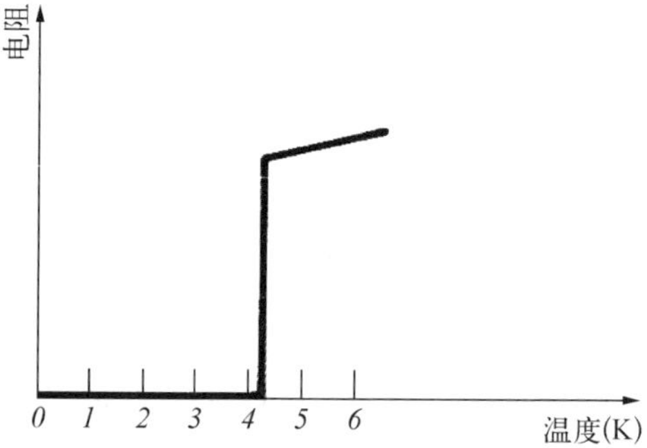

图3·5　图中横坐标为温度，纵坐标为电阻。低于“临界”温度(这里是4. 2°K［绝对温度］)时，电阻完全消失，在临界温度以上电阻为一个有限值。

---

① 超导性由翁内斯于1911年发现，他因此获得1913年诺贝尔奖。一般用BCS理论(得名自1957年巴丁、库珀、施里弗发表的一篇文章)解释超导原理。该理论指出，金属晶体中的外层价电子处在带正电性的原子组成的晶格环境中，带负电的电子吸引原子向它靠拢，在电子周围形成正电势密集的区域，从而吸引第二个电子，形成所谓“库珀电子对”。这种库珀电子对的能量低于两个单独电子的能量，在晶格中运动没有任何阻力，因而产生超导性。——译者

为什么我们现在没有把超导体用于输电线呢？困难在于，超导性只有在很低的温度下(例如-260℃)才出现，而冷却导线的费用是十分昂贵的。[①] 然而还有其他很重要的应用，对之冷却的费用是完全值得的。我们知道，电流可以产生磁场。超导性可以产生极强的磁场，例如现在已应用于通过核聚变在地球上产生太阳能的装置。用极少量超导体可以制造计算机的开关元件——下一代计算机将由这些电子元件构成，它们只能在接近绝对零度的低温下工作。[②] 物理性质发生剧烈突然变化的另一个例子是磁铁。铁晶体在室温下具有磁性，但当加热到一定的温度即774℃时，磁性突然消失(图3·6)。这里，在微观层次上去寻求其解释也是很有趣味的。物理学家把磁铁一再分割后发现，它是由越来越小的磁铁所构成的，其中最小的是铁原子本身(更确切地说是铁原子的电子)。这些“元磁体”相互间有着力的作用。异于相同的磁极通常相斥，元磁体却具有相反的性质，即同性相吸。换言之，并以物理学上更正确的语言来表达，元磁体喜欢在相同的方

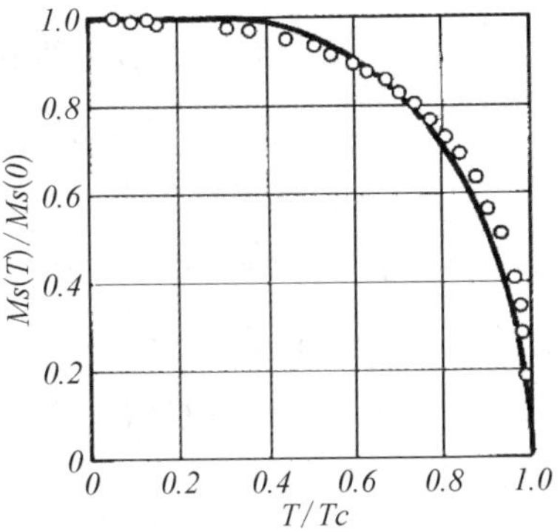

图3·6　横坐标仍表示温度；纵坐标表示磁铁的磁化程度。当高于某一温度 T=Tc 时，磁性消失，即磁铁突然变为非磁体。

① 在第一版(1981)与本扩充版(1994)之间，贝德诺尔茨(J. G. Bednorz)和米勒(Al ex Müller)有了一个惊人的发现，即一些材料也可能在高得多的温度下呈现超导性。在此期间开发了一些材料，其“跳跃温度”高于-140 °C。可惜这些材料很脆，在投入实际应用之前还有大量开发工作要做。此外，这一跳跃温度对于远距离输电应用而言还是太低。

② 至少在写作本书第一版时，情况似乎确实如此。但其间相关的计算机公司投入了相应的开发工作。半导体技术的不断改进使得开发出越来越小和越来越快的元件成为可能，于是无需超导元件就可以制造非常有效率的计算机。

向上排列(图 3·7)。只有根据海森堡所创建的量子理论，才能对这种奇异的性态做出解释。但如果详细讨论则将使我们大大偏离本题。所有微观磁场合并在一起产生了我们从磁铁所知道的那种宏观磁场。

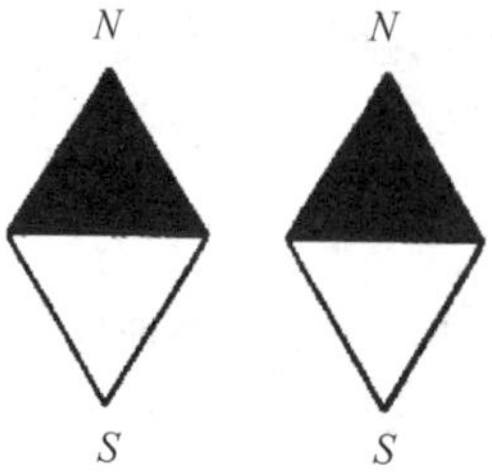

图 3·7　磁铁内的微观元磁体力图平行排列，并且总是北极靠北极，南极靠南极

相变：从无序到有序或者从有序到无序

当磁铁处于无序状态时，元磁体可以指向任何方向。这时如人们所说，是一种对称状态，没有哪一个方向较为优先。但若总的状态是磁性的，那么所有元磁体都指向某个方向。虽然在相变前所有方向都是等价的，但相变后却选出了一个完全确定的方向。原来的方向对称性被“打破”了(图 3·8)。

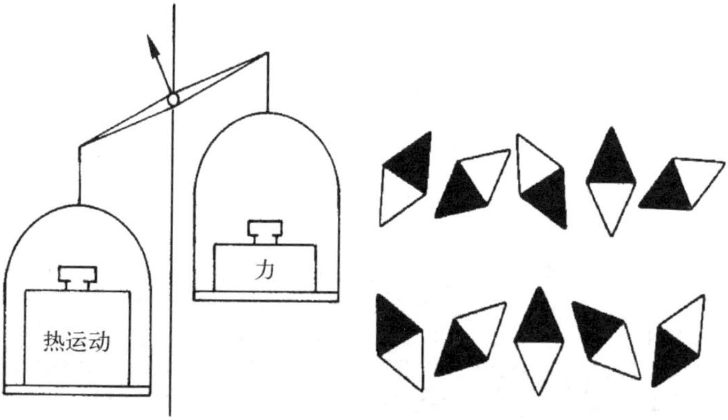

图 3·8　天平表示热运动与使元磁体趋向平行排列的力之间的竞争。如果热运动较强，则元磁体指向各个不同的方向。

磁铁的例子非常清楚地说明了在微观范围内相变是怎样进行的。在有序的磁相中，所有元磁体排列整齐，而在无序相中，它们各自指向所有可能的不同方向。产生这两种根本不同的相的原因，在于两种根本不同的物理力之间的竞争。一种力促使元磁体平行排列，另一种力则以热运动为基础。事实上，热就是无序随机的运动。因而，热运动会使元磁体取向不同。我们可以用一架天平来做比喻。一个砝码表示热运动，另一个砝码表示促使平行排列的力。如果热运动“重量”较大，那么它就成了主导力量，即天平向一边倾斜，也就是说在磁铁中无序运动占主导地位(图3·9)。单个小磁体对外的作用相互抵消，我们观察不到宏观的磁化。但若把铁条中的热能去掉，即如果让天平这一端变轻，那么元磁体之间的力将占主导地位。天平将向另一边倾斜，也就是说，所有元磁体都排列整齐了(图3·10)。

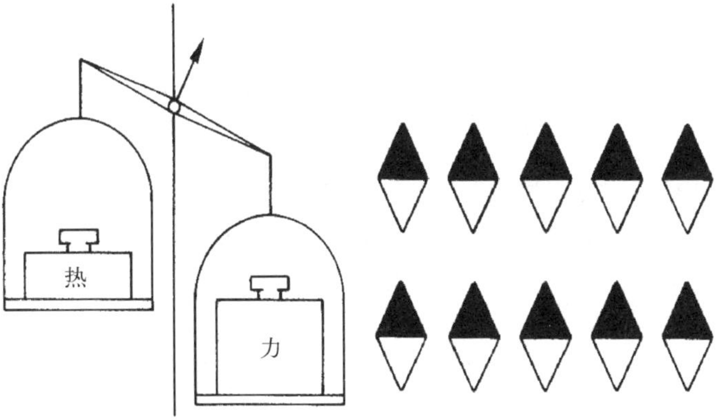

图3·9　与图3·8相同，只是热运动较弱。力占优势，从而使所有元磁体相互平行排列。

以后将在协同学框架中观察的许多过程(不仅在物理层面，也包括社会学和心理学)中，我们已在相变过程中认识到的一些概念是重要的。

许多相变过程的这样一些重要性质，我们可以当液体沸腾时用肉眼

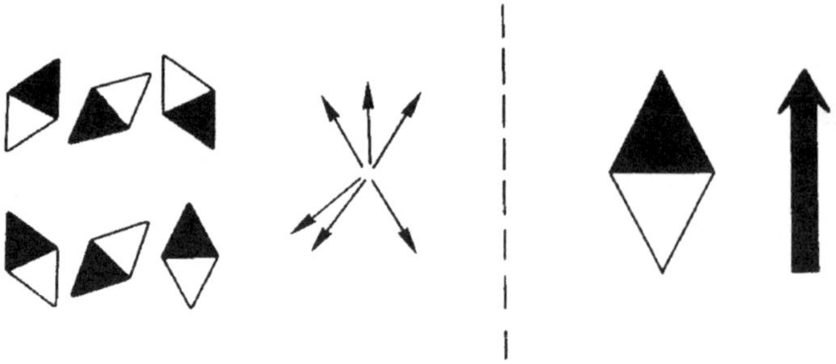

图3·10　图3·8与图3·9的对照图

左：如果元磁体指向不同的方向，则它们对外的磁效应被相互抵消，即磁化程度等于零。

右：如果所有元磁体都指向同一个方向，则它们对外的磁效应增强，出现强磁化，即磁铁呈现磁性。

观察到。例如水在沸点之下是透明的，在沸点之上，水的蒸气相也是透明的。但若缓缓地把水加热，则当接近沸点时，水会变得不透明，呈乳白色。这是因为透过水的光线被水分子的运动强烈地散射。这种光线散射又表明，当水接近相变点时，分子的运动特别强烈。这时出现了临界振荡，或者如物理学家所说的“临界涨落”。为了易懂起见，可以用公共场所中举行的集会散会时的情况来比喻。人流突然互相分开，出现了剧烈的运动，人群一会儿较密，一会儿较疏，直到最后各自走自己的路（图3·11）。正如我们开始时已经说明的，相变在今天也仍然是物理学的一个重要研究课题。令人惊讶的是，最近几年里发现，尽管所涉及的物质和现象的性质各异，但它们的相变过程却都遵循相同的规律，而且总是不断地出现相同的基本现象，例如临界涨落和对称破缺。也是在最近几年中，物理学家们得以成

图3·11　会议散了，参加者的分布密度出现了很大的涨落

功地建立了统一的规律。在相变中突然出现的有序性，显然会引导我们把这些现象直接应用到生命过程中去，因为其中我们所面临的也是在某种意义上有序的系统。但对此有强烈的反对意见，因为在我们讨论过的例子中，物质只能随着温度的降低而呈现有序状态。然而生命过程却随着温度的降低而缓慢下来，事实上，生命过程在很低的温度下会完全停止，许多生物甚至会死亡。

生物通过不断摄取和加工能量与物质来维持其生命。较高级的生物——恒温动物——根本不与其周围环境处于热平衡状态，而是恰恰相反。我们的体温是37℃，而正常室温约为20℃。显然，生命过程必须以完全不同的原理作为其基础。那些原理与超导性或铁磁性出现时的晶体构成毫无关系。如此看来，物理学对生命的解释似乎毫无用处。但我们不要过早下结论，还是先研读下面各章。

4　流体模式、云图和地质构造

大家都知道，力学中有不同的平衡类型(图4·1—4·3)。如果我们设想在倒放的钟形罩中有一只球，那么这只球将处于最低处而保持平衡。如果把球稍微推动一下，它又会回到原来的平衡位置，球的这种平衡称为稳定平衡。把球放在水平的桌面上，然后推动它一下，那么它将静止于一个新的位置，这是所谓的随遇平衡。如果设法把球放在钟形罩的顶上，那么球又处于平衡状态。但如果把球稍微推离罩顶，它就会离开罩顶越来越远，这是一种不稳定平衡。我们需要应用这些简单的概念来更好地理解流体运动中的某些有趣现象。对这些现象，我们都很熟悉，但很少对它们关注。例如，我们有时会眺望天空中的云街——严格有序飘浮着的云的行列(图4·4)。滑翔机驾驶员们知道，这些行列并非静止的、而是运动着的气团，它沿着一条云街上升，而沿着另一条云街下降。这样，空气就以滚卷的方式运动。

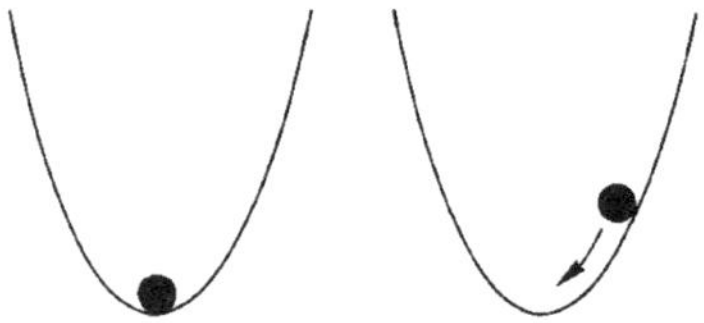

图4·1　倒放的钟形罩中的球处于稳定平衡状态

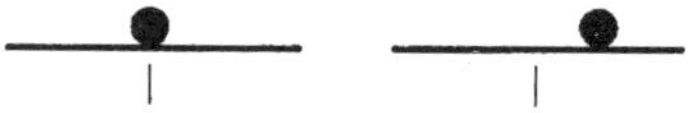

图4·2　水平面上的球处于随遇平衡状态

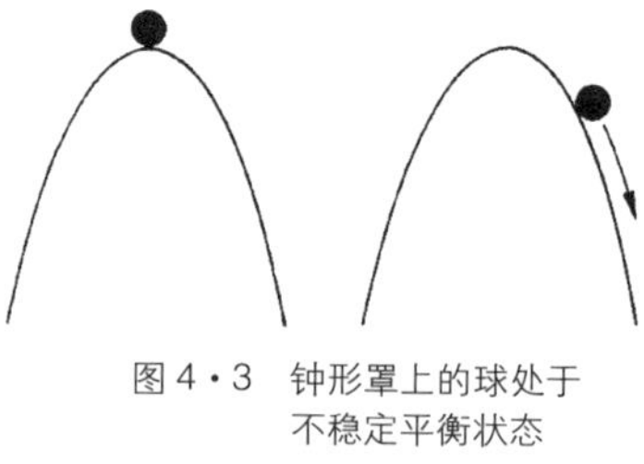

图4·3　钟形罩上的球处于不稳定平衡状态

图 4・4　云街

在实验室里，可以不用空气而用液体在小得多的规模上产生这类运动。底部被加热容器的液层中，就会出现这种现象(图 4・5)：若顶部和底部之间的温差很小，那么液体不会产生宏观运动。当然液体会试图通过热量传递来缩小温差，但我们知道，热是一种看不见的微观运动。

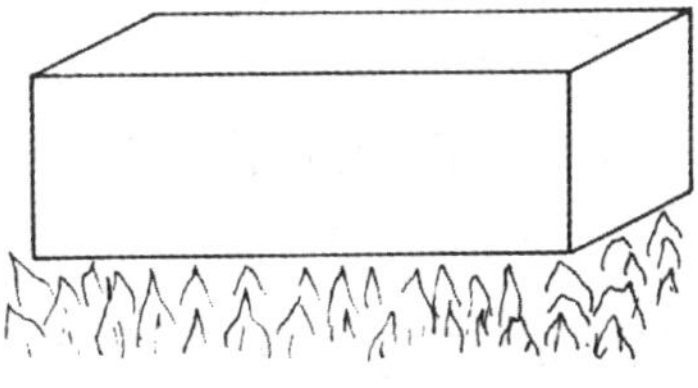

图 4・5　底部被加热的液层

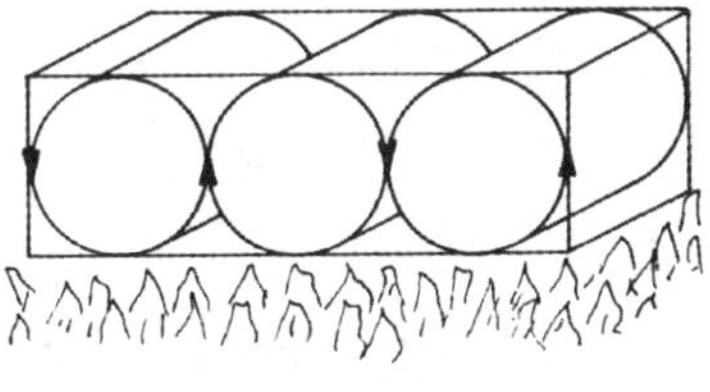

图 4・6　液体的滚卷运动

进一步增加温差会出现一种完全出乎意料的现象。液体开始作宏观运动，并且毫不混乱，而是一种极有规律的滚卷运动(图 4・6)。液体以长条的形式上升，表面被冷却，然后下降到底部。形成这种滚卷的惊人之处是，液体分子似乎必须在对它们而言相当大的距离内配合默契，才能产生一种集体运动，因为液体滚卷要比其单个分子大上好几十亿倍。我们先观察一个静止的液层，若从底部把它加热，那么较低部分自然会膨胀而试图上升。较冷因而较重的液体从上向下压。然而，试图上升与试图下降的液体部分之间保持着平衡(图4·7)。这种平衡是稳定的还是不稳定的呢？乍看起来，这种情况似乎是不稳定的，因为上层的液体试图下降，而底部的液体试图上升，从而只需轻轻一推就可以使液体运动起来。但我们很快就会发现，情况要稍微复杂一点。

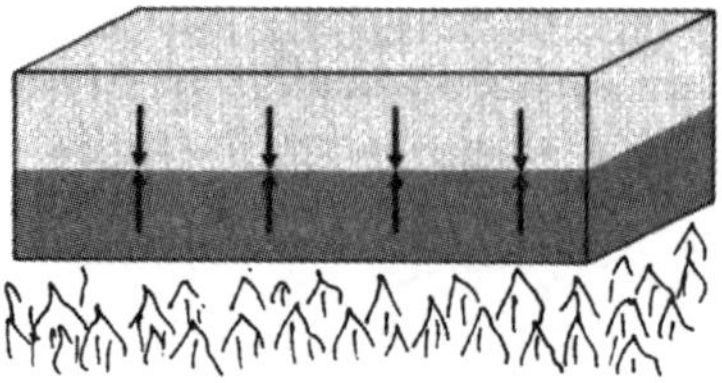

图4·7　还是静止的液体

设想一个加热的小液球向上升(图4·8)。它与较冷的液层接触时将释放热量。它将冷却和收缩，并失去上升的趋势。此外，它的运动还会由于周围物质的摩擦而受到阻碍。液球由于一方面被冷却，另一方面受摩擦而停止上升，因而液层最后归于静止。但这种情况只在温差不太大时保持。如果液体被充分加热，那么热液球终将上升而引起宏观运动。奇怪的是，那种热液球并非无规则地，而是均匀有序地上升。似乎有一种外部力量在起作用，我们不难通过一个类比来理解它。

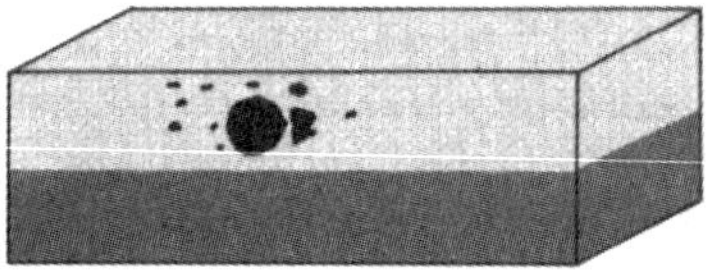

图4·8　上升的液球

设想在一个游泳池中，游泳者从池的一端游向另一端。夏日炎炎，游泳池中人满为患，如果游泳者这样游泳，必将相互妨碍(图4·9)。因而某一游泳救生员建议游泳者进行环游(图4·10)，这样，相互间的妨碍会大大减少。这里，游泳救生员引导游泳者们所进行的是一种集体运动。但即使没有游泳救生员的指导，游泳者们也会想到环游这个主意。开始时也许只有几个人，但当他们发现这种游法对他们很方便时，越来越多的人将会参加进来。于是最终在没有任何外来指导的情况下出现了一种集体运动，这是一种自组织。大自然对液体亦以同样方式行事。它发现，进行规则运动的加热液体部分，输送起来比较方便。然而液体怎样做到这一点呢？通过涨落。液体不断地试探各种可能的运动方式，它一再输送出少量的热液体，而较冷的液体相应地下降。我们可以设想把各种可能的不同运动方式分解成非常简单的运动，也就是可以把液体的任何剧烈运动分解成看起来有规律的运动方式。图 4・11 和图 4・12 描绘了两种运动方式。液体发现有一种方式特别有利于热的部分上升。于是这种运动方式越来越占优势，越来越多的液体卷入这种运动，也就是为这种方式所“支配”。另一种运动方式则经过一段时间后渐趋减弱，它只是某种类型的涨落。我们在此遇到了不同的集体运动类型之间的竞争：一种运动方式越来越占主导地位，并同时抑制了所有其他方式。这种滚卷运动起着序参数的作用，它指挥液体各部分的运动。只要在液体的一部分区域中建立起这种运动方式，液体的其他部分便也将进入这种方式的运动。或者换句话说，它们将为序参数所支配。有趣的是还可以精确地算出，最终哪一种集体运动将占主导地位和哪些其他运动将受其支配。然而对此必须谨慎对待。如果我们观察单个滚卷，比如位于中间的那一个，显然它既可以顺时针转，也可以逆时针转（图 4・13—4・14）。究竟出现哪种运动完全是偶然性的。顺时针或逆时针运动的对称性将被偶然的初始涨落所破坏。一旦液体的初始静止状态不稳定了，那么只需要一个小小的涨落就足以使滚卷运动出现。而且正是这样小小的涨落，便可以确定宏观运动。我们不久将在社会科学中发现，在政治或经济决策中，常常只是一个小小的涨落，比如一个意外，就将最终决定事件的主要发展方向。这种选择一旦做出，另一种选择就被排除，而且决定是无法逆转的。小小的涨落常常决定采取哪一种选择。而如果选择已经做出，那么不管是否愿意，所有的部分都必须接受这种选择。

图 4・9　池中的游泳者进行无序运动

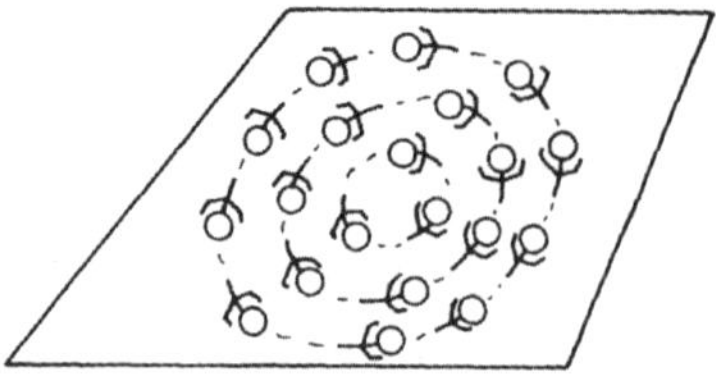

图 4・10　池中的游泳者进行环形有序运动

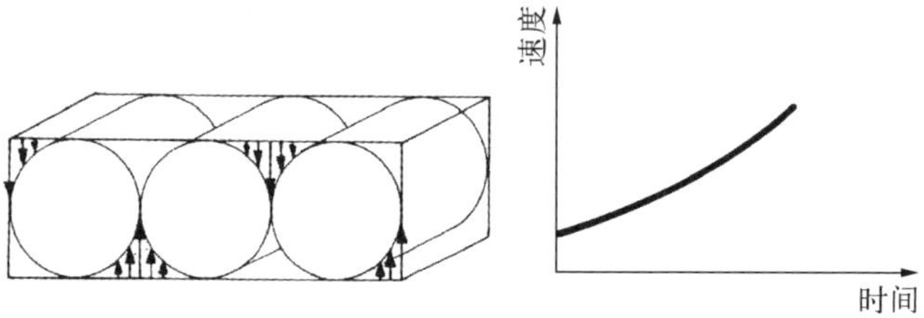

图 4・11　左：运动滚卷的一种可能形态
右：随着时间（水平轴）的推移，滚卷速度（竖直轴）不断增加

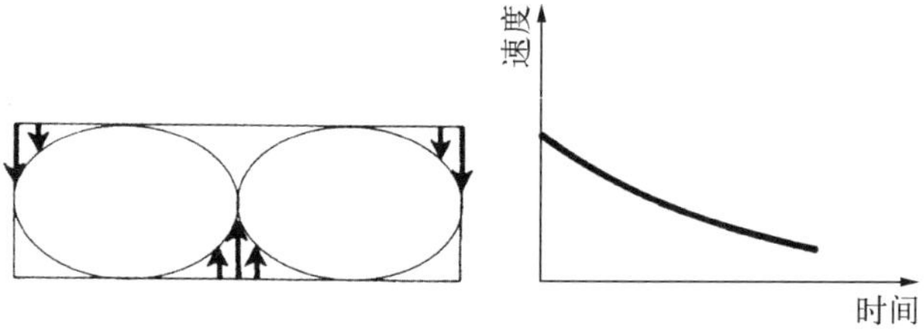

图 4・12　另一种滚卷形态，其旋转速度随着时间的推移而减慢

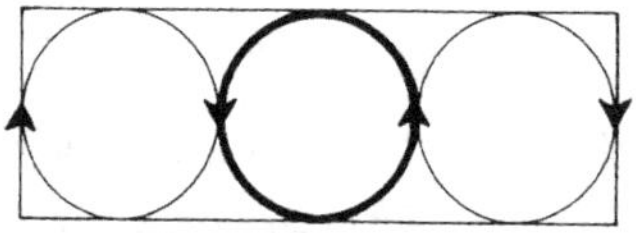

图 4・13　对称被打破。在本情况，中间的滚卷逆时针旋转。

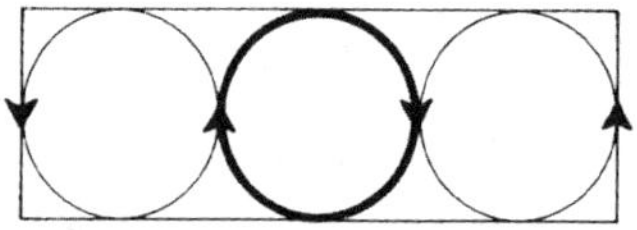

图 4・14　类似于图 4・13，但中间的滚卷顺时针旋转。相应地，其余滚卷的旋转方向也被逆转。

本章开始时，我们用一个简单的力学模型，即一只球和一个钟形罩，说明了各种平衡类型。这也可以用来帮助理解滚卷的稳定化过程。在图 4 · 15 中，横坐标是最大竖直速度；我们通过球的偏移来表示速度的大小。如果液体处于稳定的静止状态，那么这个速度的所有涨落都必将趋于零。如果我们不断从底部加热液体，静止状态将不稳定。一个小小的涨落就将增加竖直速度。新的不稳定平衡状态可以用图 4 · 16 来说明，如同本章开始时所述。但由于滚卷最终稳定，速度不可能再增加，它已达到一个稳定的最终值，球又回到钟形罩底部。把这些图放在一起，就得到了图 4 · 17。球做顺时针运动和逆时针运动的机会相等，所以我们的图形必然是对称的，亦即图 4 · 18 对以球的位置来表示的速度是适用的。这样我们可以清楚地看到上面已描述过的对称破缺，但用另一种方式表示出来。球的位置表示滚卷的速度，在原则上球可以有两个等价的位置，但当然必须选定其中的一个，这样一来就打破了对称。

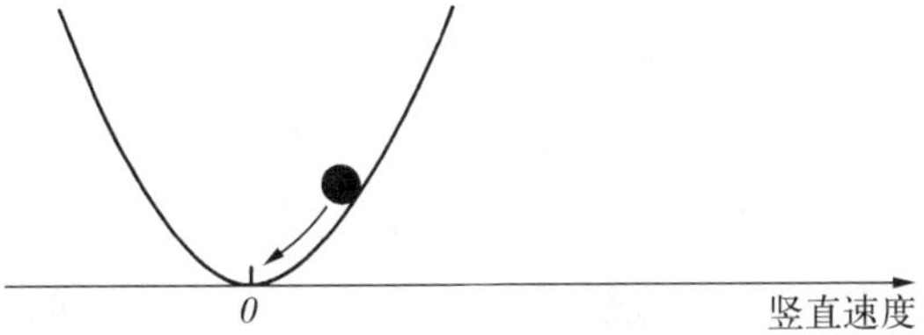

图 4 · 15　表示液体底部被轻微加热时的平衡状态。横坐标是液体的竖直速度，其位置表示竖直速度的球受到扰动后会回复到它的静止位置。

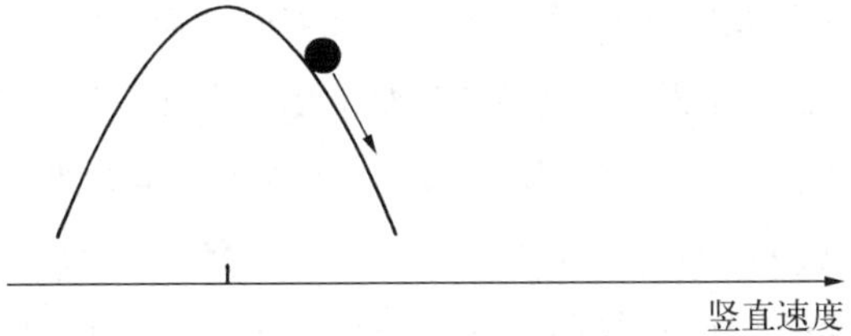

图 4 · 16　液体上下表面之间的温差大到一定程度时，滚卷的竖直速度增加。在我们的力学比拟中，这意味着球的位置不稳定。

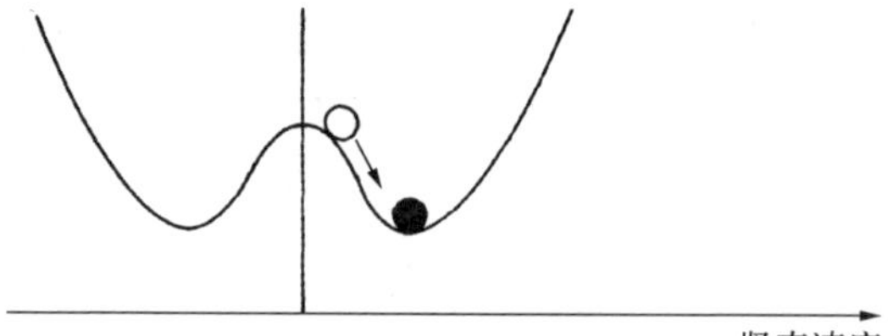

图 4 · 17　由于竖直速度不会无限增加，而是最终趋于零，球最终必然由图 4 · 16 中的不稳定位置转入本图所示的稳定位置。

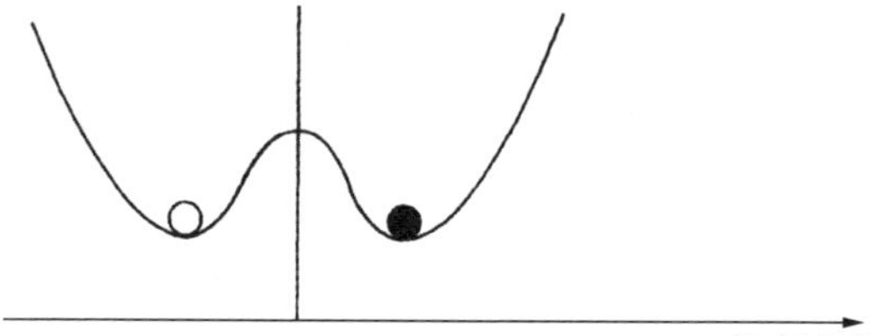

图 4 · 18　对称被打破。球可以取两个等价位置之一。这意味着，滚卷既可以顺时针也可以逆时针旋转。

当流体实际上有无穷多可能性供选择时，也可能出现对称破缺。例如当液体处于一个圆柱形容器时，就可能出现这种情况。这里滚卷轴的水平方向仍然是完全任意的。滚卷轴所取的方向，取决于一个微观的小涨落。但我们也可以人为地预先给定一个滚卷方向，例如通过在液体底部相应地局部加热。图 4 · 19 显示了一个对应的计算机计算结果。在其他物理条件下，不仅可能出现不同滚卷之间的竞争，最终某一个滚卷方向获胜，而且不同方向的滚卷运动可以相互牵制而稳定下来。图 4 · 20 是人们最熟悉的一个例子，其中各滚卷相互支持而稳定下来，犹如三根相互支持的杆子，直立不倒（图 4 · 21）。如果再把各滚卷的单独运动叠加在一起（稍微费一点事），我们将得到一个蜂窝，也就是一个六角形模式。液体在这种六角形的中央上升，沿边缘下降。例如，加热一个圆罐中的滑雪板用蜡时就会产生这种模式。

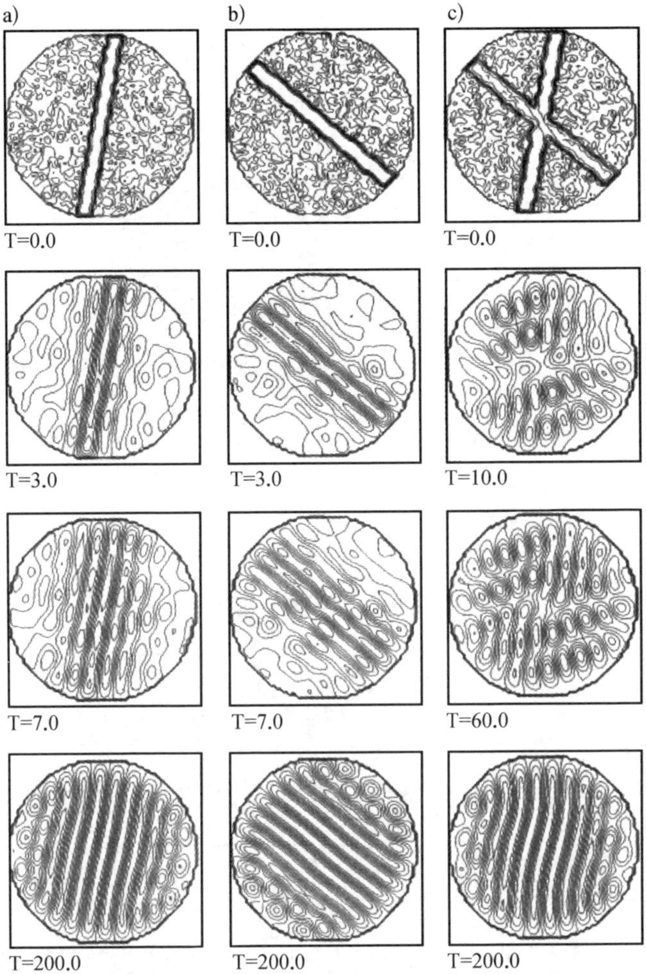

图 4 · 19　底部加热圆柱形容器中，液体内部滚卷系统形成的模型计算。适当选择上表面和下表面之间的温差，使滚卷能够形成。预先给定一个初始旋转方向，随着时间的推移，液体会补充其他滚卷，从而出现整个滚卷系统。

中：这里预先给出另一个滚卷方向，于是出现相应的另一个总体滚卷模式。

右：预先给出两个滚卷方向，其中一个比另一个稍强，于是出现某种形式的竞争，开始时稍强的滚卷方向决定了液体滚卷的总体方向。

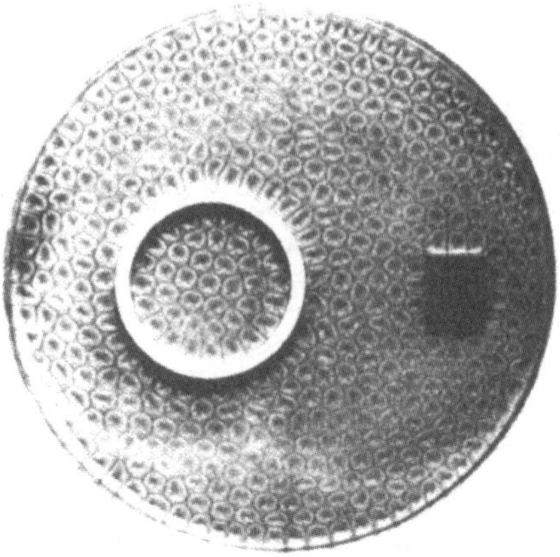

图 4 · 20　液体运动的蜂窝状模式。液体在每个蜂窝的中央上升，在其边缘下降。

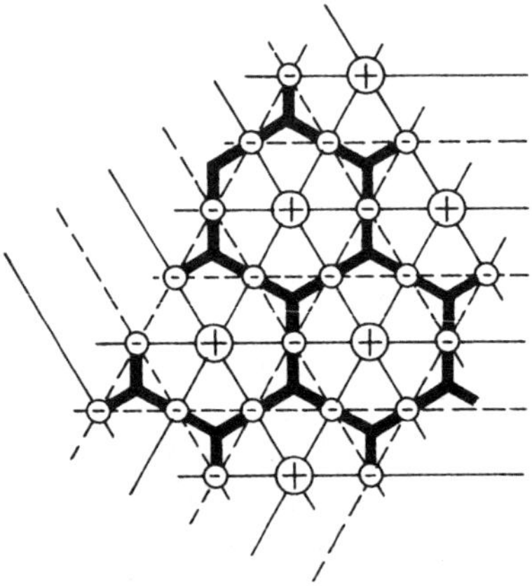

图 4 · 21　本图表明因不同取向的滚卷的叠加而导致图 4 · 19 六角形蜂窝状模式的形成。在用正号标记的圆圈中液体上升，而在用负号标记的圆圈中液体下降。实线和虚线给出滚卷的边界。液体沿实线上升，沿虚线下降。粗线表示产生的六角形，液体在此向下运动。

这个例子表明，流体这个概念有着广袤的外延。事实上火山熔岩也可以作为流体处理，它在凝固时形成六角形岩块。在底部因地热被加热的盐湖里结晶出来的盐片，会多少呈现六角形。如果其上生长着紫色细菌，那么就会得到图 4 · 22 所示的形状。有人假设，天文学家在太阳表面观察到的称为米粒组织的结构，就是在上述现象中产生的(图 4 · 23)。

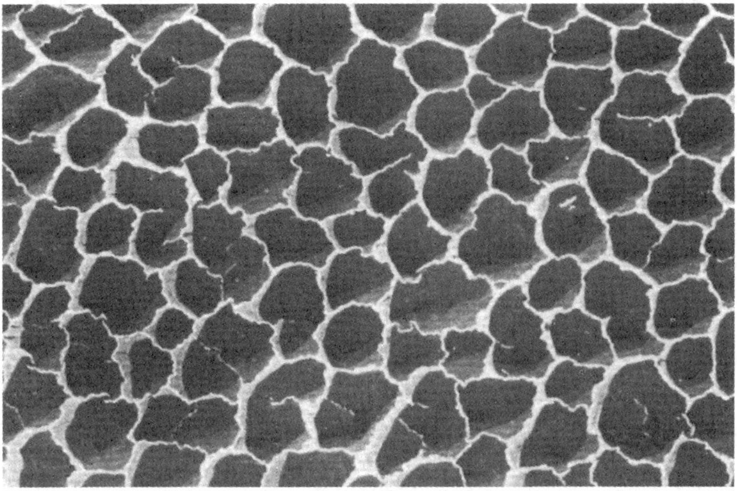

图 4 · 22　六角形盐沉积物。紫色细菌给东非纳特龙湖(Natronsees)的干裂湖底添上颜色。

如果一种已形成蜂窝状模式的液体从底部被更强地加热，这一模式可以被简单的滚卷所取代，亦即这一情况可以用图 4 · 6 而不是用图 4 · 20 来说明。有关的数学分析可以对此做出既有趣又发人深省的解释，但我们显然不能在这里详细介绍了。在新的条件下，三个相互稳定而呈蜂窝状结构的原始滚卷，出现了方向上的竞争。其中之一又是通过一个偶然的涨落而获胜，从而

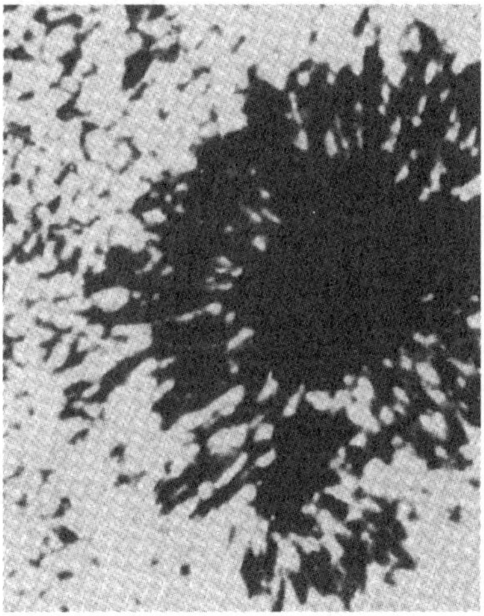

图 4 · 23　太阳表面的米粒组织

支配其他滚卷，也就是迫使其他滚动都按照它的方式进行。

由以上可见，自然现象的表现与在心理学或社会科学中起作用的那些现象的表现有所吻合。这里观察到的各种自然过程的优点，在于它们可以分别用数学方法计算和跟踪。令人惊奇万分的是，多种完全不同的自然现象竟然都会遵循完全相同的规律，对此本书还将进一步举例说明。

但即使现在，我们关于这一议题所具备的知识，也已能确立这个基本原理。若改变外部条件，例如改变液层上下表面之间的温差，则原来的——比如静止的——状态将变得不稳定，并将为一种新的宏观状态所取代。在转变点的附近，该系统通过不断涨落探测一种有序宏观状态的各种新的可能性。在不稳定点本身及稍过处，新的集体运动形式将越来越强，最终压倒所有其他的集体运动。在有些集体运动中，竞争并不是唯一的反应。等价的力量间可能出现协作而产生新的模式。但与热平衡相变不同，这里将一再创建出新的运动模式，也就是说，我们总是与动力学打交道。在结构的形成中，边缘的形状有时起一定作用。例如，若边缘的形状是矩形的，那么可能有两个相互垂直的滚卷形式共存，从而会造成图 4・24 的模式。

图 4・24　底部加热而形成两个相互垂直的滚卷运动的液层俯视图

图 4・25 给出了关于周边重要影响的另一个例子。如果周边被加热，图 4・20 的蜂窝模式会完全自发地变换为螺旋形模式，这既为理论又为实验所证实。

也可以观察到甚至更复杂的形式，见图 4・26。这种模式不再是静止的，而是肉眼可见的连续运动，并不断显示液体运动的脉动，有时看来几乎像液体是在呼吸。

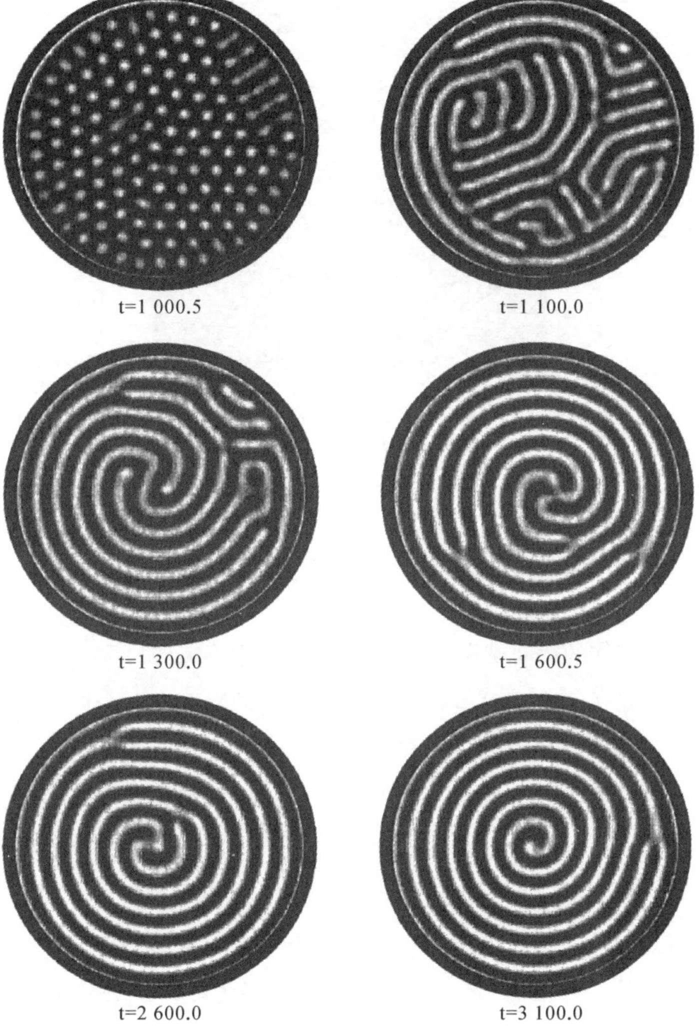

图 4・25　不仅在底部也在周边加热的圆形容器中的液体能自己形成螺旋。本图表明从一个六角形模式开始的转变。

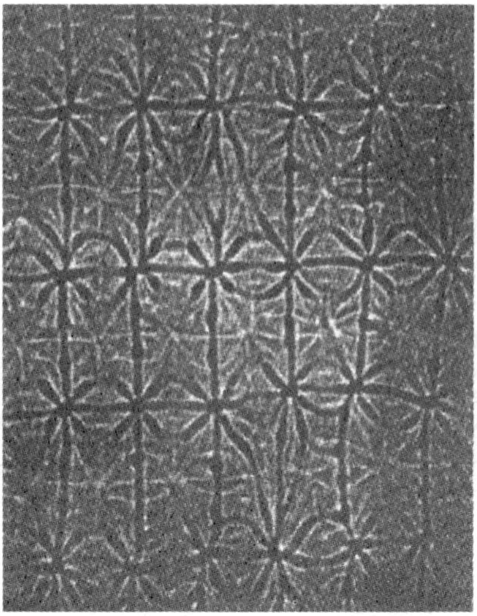

图 4・26　底部被加热而形成复杂运动模式(看起来几乎像地毯图案一样)的液层俯视图

运动模式的梯级

但是液体的运动模式并不只是通过加热而形成的。

以下是一个在实验室相当容易进行的试验。在两个同轴圆筒之间灌满液体，并使内圆筒旋转。在旋转时它自然将带动液体，但尚有部分液体附着于外圆筒的内壁上。内圆筒旋转速度较低时，出现同心的流线。但若把内圆筒的速度增加到高于一个临界速度时，就会出现一种完全不同的运动，即如图 4・27a 所示的滚卷运动。这些滚卷有点像一个罐头里弯扭在一起的法兰克福香肠。进一步增加旋转速度，滚卷开始振荡。并有波绕行(图 4・27b)。在更高的速度下，这种振荡变得更为复杂(图 4・27c)，然后在最后一个速度阶段转为一种完全无规则的运动。这种运动称为湍流，最近也有人称之

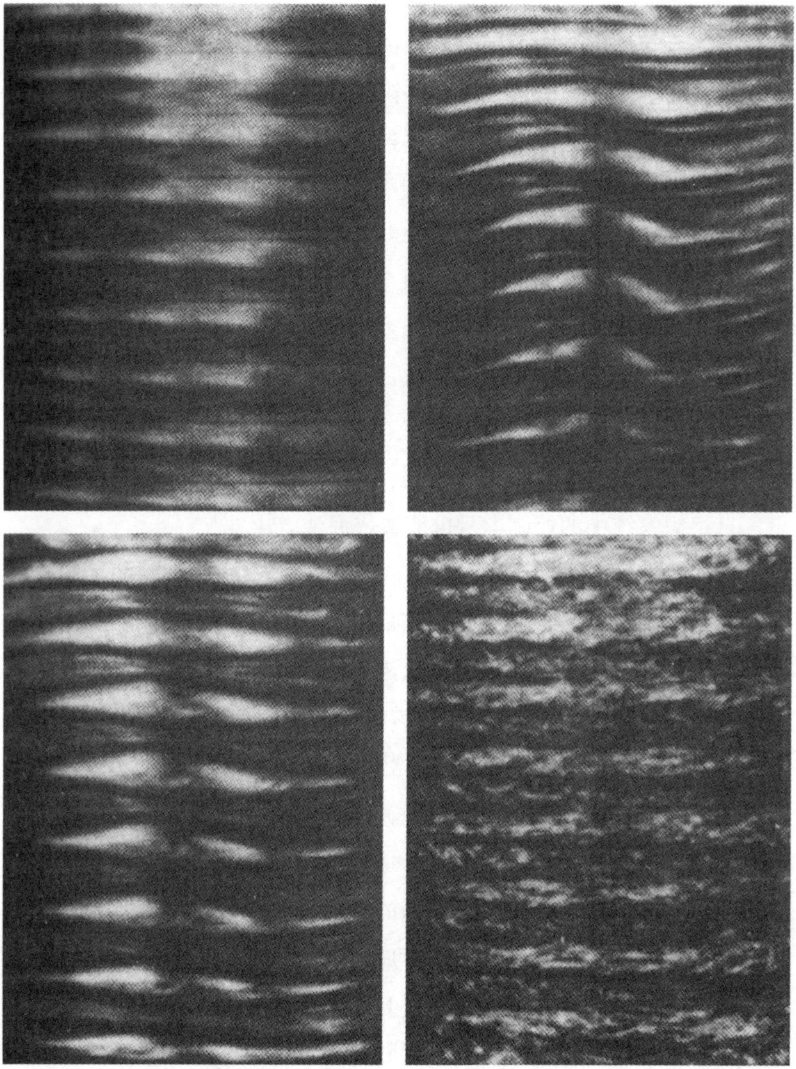

图 4 · 27　在两个竖直同轴圆筒之间的液体运动。外圆筒是静止透明的，内圆筒旋转。内圆筒不同的旋转速度形成不同的流体模式：（a）内圆筒周围好像小香肠的滚卷；（b）滚卷振荡；（c）滚卷运动变得更加复杂；（d）无规则的混沌运动。

为(确定性的)混沌[1](图 4 · 27d)。

流体运动的这个例子表明，通过自组织可以形成越来越复杂的运动模式。用协同学的语言来描述：新的序参数不断地接踵而来。完全无规则的混沌运动的出现，使人想到这时序参数可能已丧失其控制能力。我们将在第 12 章回答这个问题。

这个例子的重要性还在于，它表明在某种严格规定的实验条件下，在自组织过程中也能产生混沌运动。近年来对这种混沌运动的研究方兴未艾。数学模型证明，不仅在物理学中，而且在其他大不相同的学科，例如经济学中，这种现象也不可避免。我们因而发现，我们不得不放弃经济学理论中的某些教条。若读者现在想要推断自组织可能导致混沌，而组织，也就是外部控制，可以避免混沌，我们要在这里指出，自组织系统中的控制本身也能造成混沌。

但让我们暂时再回到物理学。在流体力学中，越来越复杂的模式的形成是一种普遍现象，对此我们最终要用图 4 · 28 来说明。液体在圆筒周围流过，图中由上至下流速越来越快。出现了次序严格规定的不同的模式，它们都与旋涡的形成有联系。

所有这些现象看起来都有点古怪，研究它们似乎意义不大。但本章开始时云的形成一例让我们看到，这些现象可以在大得多的范围内出现。这些现象甚至可以用来解释地壳的大陆漂移。观察地球仪可以发现，例如南美的东海岸线与非洲的西海岸线正相吻合。不仅是这种粗糙表面的观察，而且通过地质形成的深入科学比较以及对动植物种群的比较，德国地理学家魏格纳(1880—1930)提出了他的大陆漂移说。根据这一理论，几亿年来，大陆在地表漂移了好几千公里。这种假设自然显得很大胆，因为人们总认为地壳是一种坚硬和刚性的东西。

---

① 湍流的本质十分复杂，近年有人试图用混沌理论加以解释，但尚在探索中，因此二者并不等同。哈肯教授 1986 年在上海讲学回答提问时曾提及以上看法。——译者

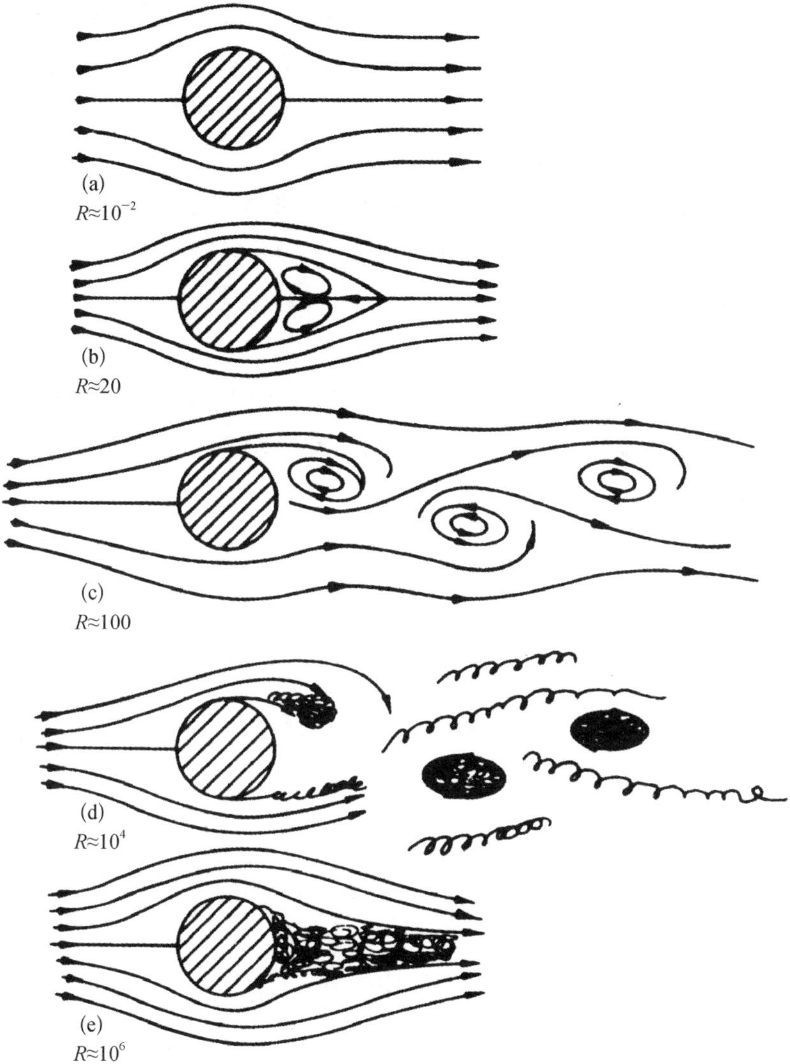

图 4・28　流体在圆筒四周流动时形成的流线图。
随着流速的增加，流动模式越来越复杂。

然而必须记住，地球内部非常热，其性态很像是一种黏性液体。这马上给了我们一个提示。我们可以把地球内核与其外壳之间的地壳看作流体层，它的底部被加热，而上表面保持一定的温度。这正好会使对流发生，它们像滚卷一样运动，并因此能够移动整块大陆。这里涉及的过程自然是非常非常缓慢的。

类似地，也可以用一个灌满液体的旋转玻璃球来做模型试验。这里也会形成特定的模式，有点像液体表面移动的条纹，而这为木星上不同种类的气体光环提供了模型。在另一个模型试验中甚至还对大红斑——木星大气中的巨大漩涡流——进行了仿真。

理论物理学家和天体物理学家能够计算和预测这类模式的形成。这里的基本现象总是相同的：某种模式，亦即某种运动形式成长起来，并将根据支配原理自行稳定下来。

5 “要有光”[①]——激光

光有多种

1960年，我在美国默里山的贝尔实验室任科学顾问。与欧洲相比，美国大公司拥有的大型研究实验室的规模要大得多。在这些实验室里，深入的基础理论研究与实际应用之间的紧密联系是不言而喻的。[②]不久我就获悉了当时研究工作的一项核心机密，有好几个小组参与其中。人们试图开发一种具有全新性质的光源。这项研究的推动力来自1958年阿瑟·肖洛(Arthur Schawlow)和查尔斯·汤斯(Charles Townes)发表的一篇文章。汤斯在此之前(1954年)就与他的同事一起设计制造了以崭新的方式产生所谓微波的一种仪器。微波与无线电波、雷达波一样是电磁波，所有这些电磁波都不能为我们的感官所感知，然而它们确实存在。这就像我们在漆黑的夜间伫立在海边。海中的波浪是不可见的，但若有一艘点着灯的小船随波起伏，我们就能感知到波浪的存在。这种情形犹如电磁波，例如，利用收音机可以证明电磁波的存在。经过对电磁振动的某些变换之后，收音机把这些波变成了我们听得见的声音。

贝尔实验室(以及与之竞争的其他美国实验室，它们也没有在那里睡大觉)的任务是，根据汤斯产生微波的原理来产生光波。这一原理被称为“Maser”(脉泽)。同现代科学和技术的许多其他术语一样，Maser是一个人造词，几乎像一种文字游戏。它由几个英语单词的首字母组成：Microwave amplification（by）stimulated emission（of）radiation，意思是：受激发射引起的微波放大——还是莫名其妙的东西。很快又出现了“Laser”（激光）这个词：这里用光波而不用微波，因而就成了 Laser = Light amplification（by）stimulated emission（of）radiation（受激发射引起的光波放大）。

我们不再做文字游戏了，下面让我们来看看激光器相较于普通灯泡而言跃出了多大的一步。为了正确评价这种进步，必须先稍微了解一下普通灯泡和它发射的光。我们将看到，这样做还会发现一条通向协同学基本思想的捷径。

让我们把所谓充气管作为普通灯泡的一个例子。这是一根充满某种惰性气体（例如氖）的玻璃管，单个气体原子由带正电荷的原子核和一系列带负电荷的电子组成，这些电子环绕原子核运动，好像行星环绕太阳运行一样。为简单起见，下面只研究一个电子，即所谓“光电子”的性态（图 5・1）。丹麦物理学家尼尔斯・玻尔（Niels Bohr）在 1913 年发现，一个电子只能占有某些严格确定的轨道，其他轨道则拒绝它进入。这种性态只能用量子理论来解释。根据量子理论，电子的性态不仅像一个粒子，而且也像一种波，它绕原子核运行时必须

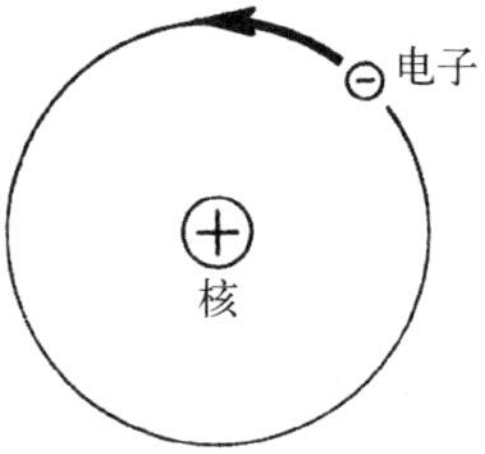

图5・1 氢原子示意图。带负电荷的电子环绕带正电荷的原子核运行。

---

① 语出《圣经・创世记》（1：3）。——译者

② 在第一版与本版之间，这一情况发生了根本的变化。美国反垄断管理局把贝尔实验室所属的美国电话公司（AT&T）拆分为多个公司。于是科研政策也发生了根本的变化：替代基础研究，应用研究被推动，而这在其他公司中也并无二致。贝纳尔多・休伯曼（Benardo Huberman）指出，其重要后果之一是：当每个公司都觉得“为什么我要做基础研究，我可以从别人那里学到手而无需花钱”时，最终没有一家公司愿意推动基础研究，新发展的源泉因而枯竭；这一点被用于社会矛盾建模中。我们将在第 14 章中回到这类协同效应（在此是负面征兆）。

“首尾衔接”。因此只有在严格确定的运行轨道上才可能做到这一点。通常，电子好像在一个山谷里，也就是在最低的轨道上运行(图5·2)。如果让电流通过这种管子，那么因为电流是由许多自由飞驰的电子构成的，这些电子就会与气体原子相碰撞。这时一个原子的“光电子”可能会被撞击到一条能量较高的轨道上(图5·3)，它也能自发地，也就是在不可预测的时刻，突然跃回原来的轨道。电子在这一过程中释放出来的能量进入光场(图5·4)，并在最低的轨道上继续运行(图5·5)。这就产生了光波，如同向水中扔石块产生水波一样。

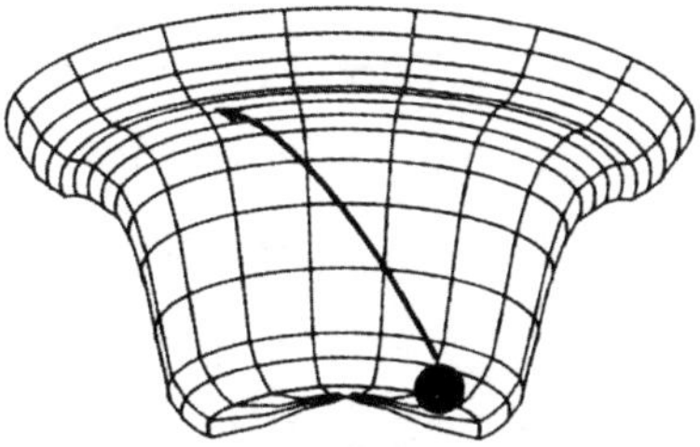

图5·2　电子(黑色的球)环绕原子核运动。电子在槽形谷中运行，通过外界能量的供应，例如光照，可以把电子从最低的槽提升到一个较高的槽中。

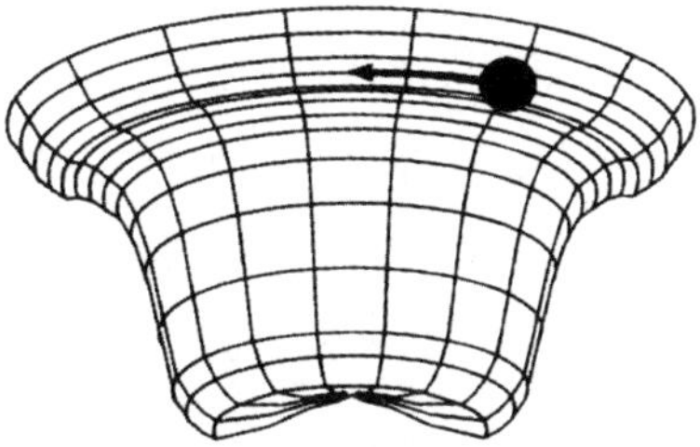

图5·3　电子在较高的槽中运行，这相当于原子的受激状态

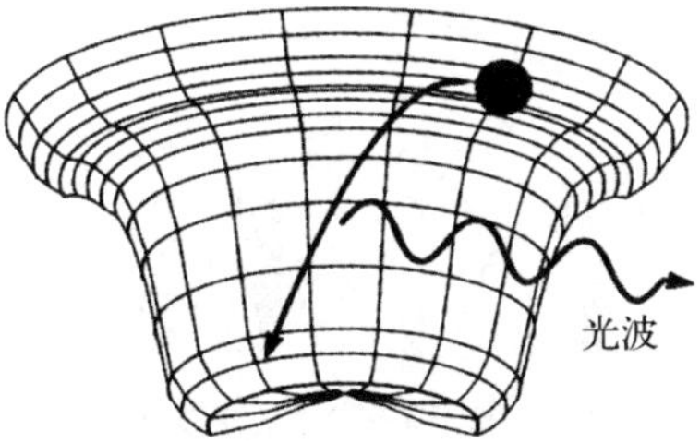

图5·4　电子由较高的槽落回到较低的槽中，此时以光波形式释放能量

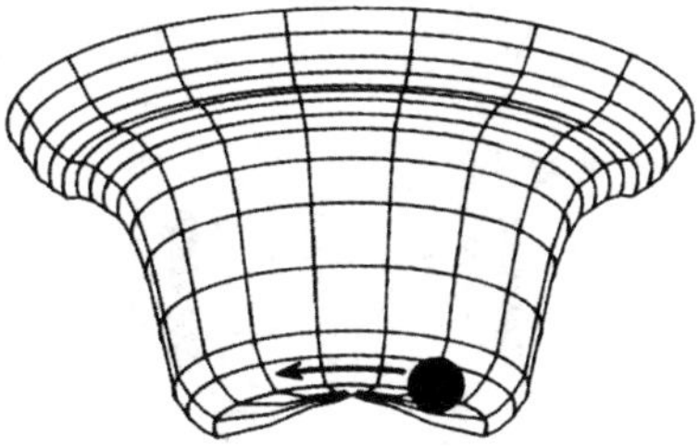

图5·5　电子又在最低的槽中运行

在一个充气管里，许多“光电子”自然都会经历这样的命运。这时产生了光波，就像把许多石块随意扔入池塘中产生水波一样。正像在水面上那样，将出现由面条般一条条波列组成的光场的剧烈运动。如果不断提高通过气体的电流强度，则越来越多的原子受到激发，可以预期，波列的缠结将越演越烈。这确实也是许多物理学家的看法。

我第一个在我的激光理论中指出(对此我至今感到自豪)，在激光器中所发生的情况将完全不同。出现的将是一种完全均匀的、几乎是无限长的波列，而不是一团乱麻。随后在全世界许多不同的实验室中所做的实验，完全证实了这个预言。因此普通灯光与激光大不相同。以下类比将说明这为什么如此奇妙。

这里我们用站在充水的水渠中的小人们来表示原子(图5·6)，用水象征光场。平静的水表面对应于没有光场存在的情况，也就是黑暗。如果小人们把棒插入水中，那么水表面将被激起波动，这对应于原子产生的光场。在一个普通灯管里，产生的是完全无规则的运动。而激光的情况就像小人们听到一声号令，同时把棒插入水中，造成均匀运动的水表面。在人类领域中，小人们何以如此协调动作是不难理解的。在他们身后站着一个老板或一个工头，这个人不断吆喝着“干，干，干”，因而

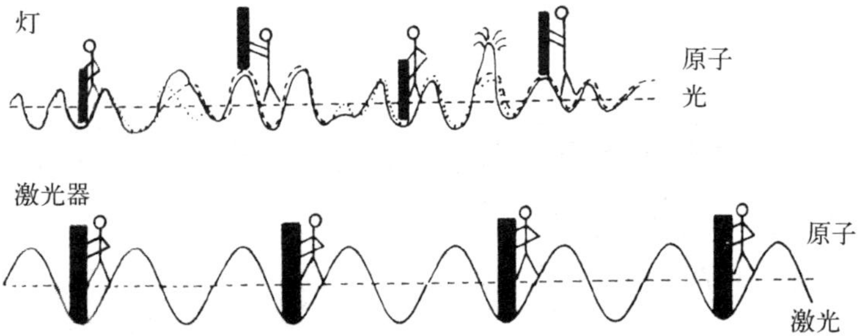

图5·6　普通灯光与激光作用原理示意图。小人们持棒站在充水的水渠中。

上：他们分别互不相关地把棒插入水中。扰动的水面表示一盏普通灯的光场。
下：他们同时一起把棒插入水中。引起了相当于激光束的齐整水波。

棒的插入得到了严格的控制。然而没有人对激光原子这样发号施令。原子的行为是自组织的。这样，激光提供了一个通过自组织而建立有序状态的例子，其中无序运动被转变为有序运动。这就使激光成了协同学的一个理想范例。可以用它来比拟完全不同领域中的许多过程，特别是社会科学中的过程。

但我们在进一步论述之前必须更深入地探讨协同学的基本思想，这一点之所以重要是因为，如若不然，可能会造成这种印象，似乎我们不假思索，就轻易地把物理学中的研究成果直接移用到像人类社会那样复杂的现象中去了。我们总能从激光中，以简单方式认识一些要点，使我们在理解自然界生命过程方面更进一步。

激光器中的自组织

让我们仔细观察激光器，以揭示其自组织的秘密。激光器与普通充气灯管的不同之处，只在于激光器在其玻璃管的两端有两个单面镜(图5·7)，它们的作用是使沿着灯管轴线行进的光波能尽量长久地逗留在管中(图5·8)。如果使其中一个镜面稍微透明一点，一些光线就会通过它射出。那么，为什么要使光较长久地逗留在激光装置里呢?

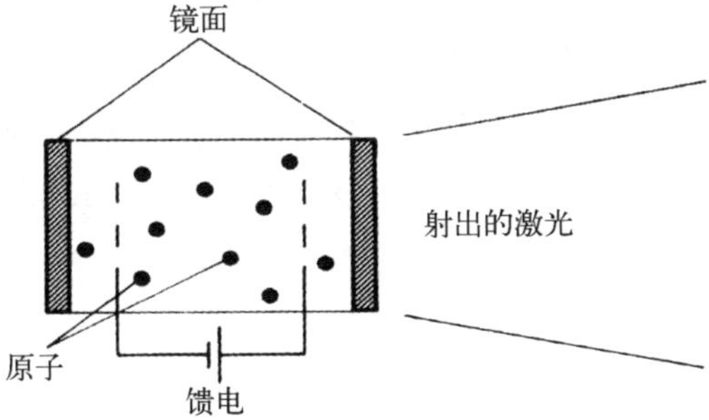

图5·7　典型激光装置

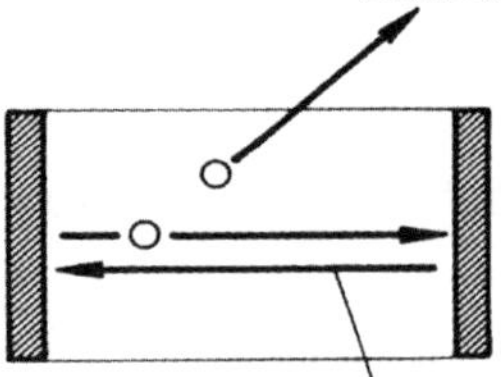

图5·8　两个镜面之间光波的不同性态。相对于轴线倾斜地行进的波很快逸出；沿轴线行进的波则在激光器中长久逗留。

因为，由此可以实现本世纪初爱因斯坦预言的一个过程。已有的光波能迫使受激的光电子以相同的节奏一起振荡，一起跳舞。正如一个疯狂的踢踏舞者跟着乐队加快的节奏跳舞，最后精疲力竭地倒下，电子也这样加强光波，亦即提高波峰，直到把它的能量完全交给光波，然后又回到它的基本状态，即“静止状态”。

由于镜子的存在，光波逗留在激光器中更久，它能够支配越来越多的受激发光电子，使波峰越来越高。

但即使两个波的高度相同，它们也不一定一样。有些波的相邻波峰彼此紧接，而另一些波的波峰则相距较远(图5·9)。事实上，激光器开始时发射的那些激光波，在这个意义上是完全不同的，它们是由几个“冒失”的光电子发射出来的。这些波相互竞争，希冀被其他受激光电子加强。但是，这些电子对不同光波加强的方式并不完全相同，它们通常把自己的能量有所偏爱地交给确定的某一种波——与光电子的固有“跳舞节奏”最为接近的那一种波。虽然这种特定的波常常只占很微弱的优势，但它将以压倒性优势得到加强，最终战胜所有其他的波。其他的波受到抑制，光电子的所有能量都将传递给那种以特定规律振动的波。反之，一旦这种波建立了它的主导地位，它常常将支配原子的每一个新的受激光电子，使之按它的节拍共振。这种新生的波确定了激光器中的序，它起着序参数的作用，序参数这个概念我们已经多次提到过了。

由于这个序参数使各个电子恰好按同一节拍振荡，从而在各个电子上打上了其作用的印记，所以我们说，电子为序参数所“支配”。

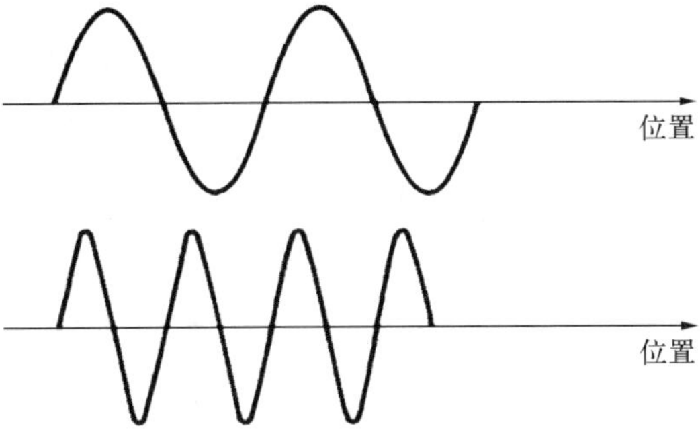

图 5·9　“并非所有的波都相同”。波峰间距不同的波的例子。

反过来，正是电子通过它们一致的振荡而产生了光波，即产生了序参数。一方面是序参数的存在，另一方面是电子的相关性态，二者相互制约。人们称这为一个“循环因果关系”。我们又有了一种典型的协同现象。为了使电子按同一节拍振荡，需要有一个序参数——光波。然而又只有通过电子的一致振荡才能产生光波。人们会觉得似乎需要假设一种首先创建有序状态的较高层次的控制力，然后有序状态才能得以保持下去。但正如我们刚才所看到的，事实并非如此，先于有序状态的是一种竞争，一种选择过程，所有的电子都受某种波的支配。这里有趣的是，开始时各种波完全是由电子偶然地、自发地产生的，但后来按照竞争规律受到筛选。这里有协同学中典型的偶然性与必然性之间的相互作用，其中的偶然性是自发的发射，而必然性则是不可抗拒的竞争规律。

激光器——一个具有相变过程的开放系统

只要在任何一根普通灯管的两端装上平面镜，就能构成一个激光器吗？差不多就是这样，但我们还需要注意另一个关键点。在普通灯管中，受激光电子发射的光波迅速逃逸，以致没有时间得到其他光电子的加强。这就是说根本不可能产生受激发射，而各种不同的波系均不能延长其寿命。各种极不相同的波万箭乱发似的发射出来。激光器上平面镜应当阻止沿着激光器轴线的那些光波的逃逸，以便为通过受激发射加强光波提供足够的时间。但是不存在能把光波永远滞留在激光器中的完美镜面。此外，光波还可能由于其他原因如散射而损失。再则，在激光器的所有实际应用中，平面镜也需要放走一些光。因为我们毕竟想要尽一切可能去发射激光。

这就使如何可以产生激光成为一个量的问题。我们必须迅速而连续地使光电子受激，使它们能足够快速和有效地加强光波，以补偿由镜面造成的损失。换句话说，我们必须保证光波的能量损失能够通过受激发射产生的能量增益而得到补偿。这表明，当增加通过灯管的电流时，普通光将突然转变为激光。这里有一个临界电流强度，在此电流强度只要有一个小小的变动，就会大大改变激光器中的有序状态。只有通过不断地向激光器输入能量（例如电流），才能保持激光发射。同时，能量以激光的形式（以及其他损耗）不断地发射出来。于是激光器不断地与周围环境交换能量。它是一个*开放*系统，同时它又远不是一个热平衡系统——完全像一台内燃机。

宏观有序状态的突然出现，很容易使我们想起磁铁或超导体的性态，那里也存在着具有完全新型物理性质的有序状态，虽然那些系统与激光器不同，它们与其周围环境处于热平衡之中。我们在斯图加特，以及与此同时一个研究小组在美国，得以向人们展示，激光转变表现出通常的相变的全部性质，包括“临界涨落”和“对称破缺”，这使许多物理学家大感意外。因而激光器成为无生命自然界和有生命自然界之间的一座桥梁。当我们增加激光器的能量供应时，它便通过自组织而达到了有序状态。同所有生命系统一样，它也是一个开放系统。

化学激光器比其他一切东西更能提供联系生命过程的一座有趣的桥

梁，因为其中进行着某种新陈代谢作用。诸如氢和氟等物质被加入化学激光器中。这两种物质之间反应激烈，氢原子与氟原子之间建立起新的伙伴关系。两个伙伴之间的这种化学键合是如此强烈，以致能把光电子激发出来。这些光电子以我们前面已了解到的方式发射激光。

这里，能量是在化学反应中产生的。常以热的形式释放出来的化学能量，被转变为激光的严格周期波动的有序能量。我们因此似乎有一种新陈代谢，在其中低质量的燃烧能转化为高质量的光能。这好像是在一个发动机汽缸中气体混合物发生爆炸时那样，分布在多个自由度中的热能转化为活塞的动能，最终驱动汽车。我们以后还将一再发现，微观能量转变为少数几个自由度的宏观能量，看来是生物过程中的基本原则之一。

激光的发射不仅可以通过增加电流强度、频繁地激发光电子而实现。还可以设想另一种过程，其中保持原子的泵入强度不变，而只是不断增加激光原子的数目。我们随后发现，当激光原子少于某个数目时不可能发射出激光，而只有当激光原子的数目增加到高于某个确定的临界值时，激光才突然发射出来。这里我们事实上面临着一个从量变到质变的转变。这些例子表明，自组织过程可以通过各种方式产生。下面讨论在生物学中的应用时还会常常提到这一点。

从另一个角度来看，激光也可能构成通向生物学的桥梁。通过安装两个镜面，我们为激光原子和它们产生的光波创造了一个严格确定的“环境”。根据物理学定律，两个平行的镜面之间只能传播某些波长完全确定的光（图5・10）。这意味着，一开始

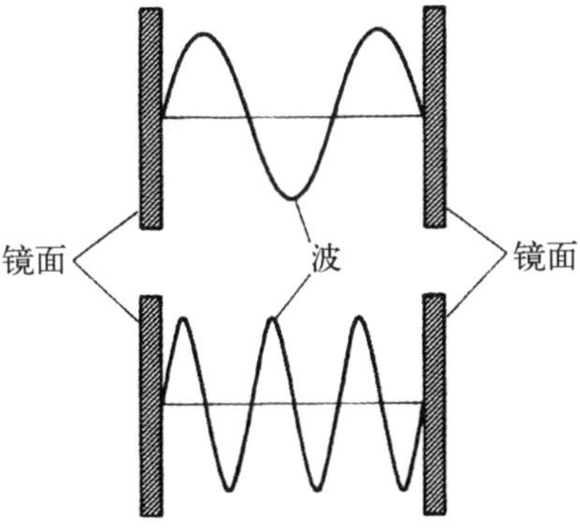

5・10　在两镜面之间只适合某些完全确定的波

就只有这些波才能成为激光光波。很可能原子的光电子最喜欢向之发射的波，根本不适合作为这两个镜面之间的波。然而电子并不放弃发射激光，而是选择那些与它们自己喜欢的节拍最为接近的光波（当然只能在一定限度内）。缓慢地改变平面镜之间的距离，也就相应地改变了电子的激光发射——它们适应了新的环境。这时可能出现一种非常值得注意的情况：镜面之间出现一种新的波，它比迄今被接受和支持的波更接近于电子“喜欢的波”。然后首先有几个电子自发地以一种涨落的形式开始在这种新的波中发射其能量。不久所有其余的电子都很快支持这种新的波，而完全放弃了原来的波，也就是，这些电子适应了一个新的、由一个涨落引起的“镜面环境”。

流体像激光一样，可以通过增加能量供应而达到一种宏观有序状态。不断增加流体的能量供应，就会出现越来越复杂的模式，直到最终出现湍流。对于激光，情形完全相同。若进一步增加电流强度，则激光器将突然开始规则地放射出短促而强烈得难以置信的闪光。每次闪光放射的功率都相当于美国所有发电厂功率的总和。一次闪光只延续万亿分之一秒。这种闪光——也称为超短激光脉冲——是许多不同的波协作的产物。它们之间的竞争已经停止，取而代之的是一种巨大的协同力量。最后，我们的理论预言，激光器还可能产生一种新型的光——光湍流，这是实验物理学家的一个新的研究领域。

本书初版几年后，光湍流或所谓确定性光混沌已被发现。这很好地证实了我们的理论所做出的预言（亦见第 12 章）。

6 化学模式

化学里的牵线搭桥

近代化学为我们提供了大面积模式的绝妙例子。大家知道，某些化学物质能相互反应而构成新的化合物。最常见的例子自然是燃烧过程，在其中一些化学元素，例如碳和氧，进行化合。化学反应往往并非像这个例子所示的那样自发进行，例如，点火需要一个最低温度。但是，化学家们发现，常常还有使化学反应能够进行或至少便于其进行的其他可能性：通过添加某种物质可以使某种化学反应进行，否则反应就不能发生，或即使能发生，也非常缓慢。这种物质可以是某种金属（例如铂）片。它们本身在化学反应中保持不变。可以把它们比作撮合结婚对象的红娘，就是它们使一些化学物质结成新的伙伴关系。化学家把它们称为催化剂（图6·1）。这里化学家遇到一种现象，过去总被认为是罕见的奇事，而现在已具有日益重要的意义。这就是存在一些能自行催化的物质。这听起来十分复杂，实则上无非意味着这种物质的分子能在一定程度上自行增殖而已。它们能转变与合并其他

图6·1 作为化学“红娘”的催化剂

分子，产生与自己相同的分子(图6·2)。从这种能力中，我们已可见到生命的一种特性，以后我们在进化论中再遇到这种反应时便不致感到意外。物质自行催化的反应叫作自催化。那么，化学反应中在微观和宏观范围内发生什么情况呢？在微观范围内，物质由分子组成，而大家知道，分子又由原子构成。这些分子，让我们把它们称为1型和2型分子，在化学反应中相遇，形成一个称为3型的新分子。这样，分子的物理性质和化学性质一般将发生变化，例如颜色改变了。这可以在化学反应中明显地看出，例如一种蓝色的液体和一种无色的液体可以产生一种红色的液体(图6·3)。通常，这种新构成物质的颜色十分均匀，并且以后一直保持这种状态。但也并非一定如此，这就把我们带入本章所要讨论的课题。在20世纪人们发现了一些相当复杂的反应，其中出现的宏观模式的尺度，要比分子本身的尺度大几十亿倍。

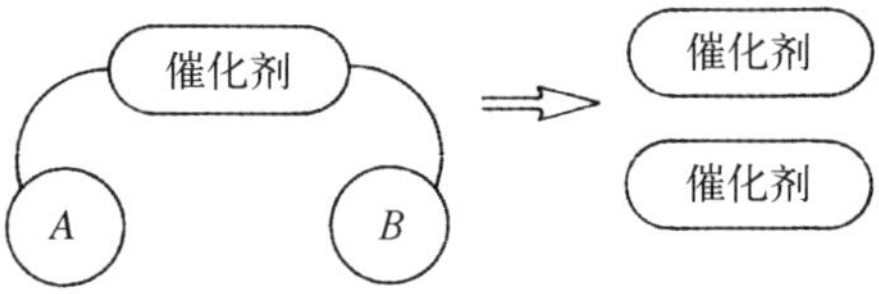

图6·2　一种催化剂把两种分子结合在一起，从而产生了与自己一样的催化剂。这称为自催化。

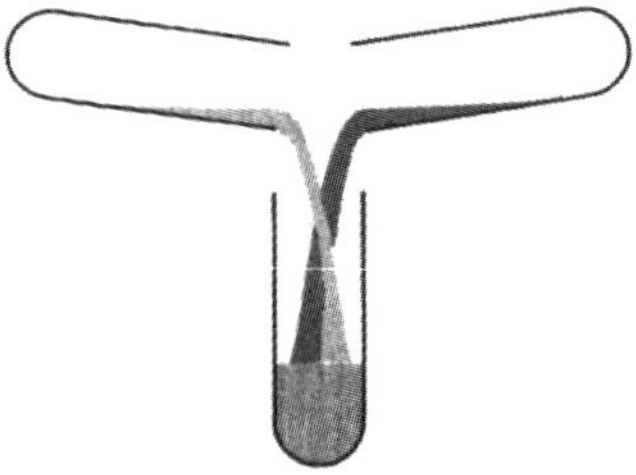

图6·3　混合和搅拌化学物质通常也导致均匀的最终产物

化　学　钟

最著名的例子是由俄国人别洛乌索夫(Boris P. Belousow)发现的，而后由扎博京斯基(Anatoli M. Shabotinski)进行了系统研究的一种反应方式。这种反应十分复杂，我们不打算在此详细介绍，但它形成的化学模式非常有趣。随着时间的推移，溶液的颜色发生周期性的变化，从红色到蓝色再恢复到红色，依此类推(图6·4)。根据这种反应可以制成一个钟，因为钟无非是一种不断指示某种周期性时间延续的装置。需要指出的是，在原来的实验中，一次性地把几种物质放在一起，并充分混合，而后它们自行进行的反应就显示出周期性的颜色变化。然而这种颜色变化不会永远进行下去。约几分钟后，就会达到最后的静止状态。然而可以把实验改变一下，不断添加新鲜物质到反应的容器中去，并取出反应的产物。这样一来，这种周期性颜色变化确实可以永久进行下去。

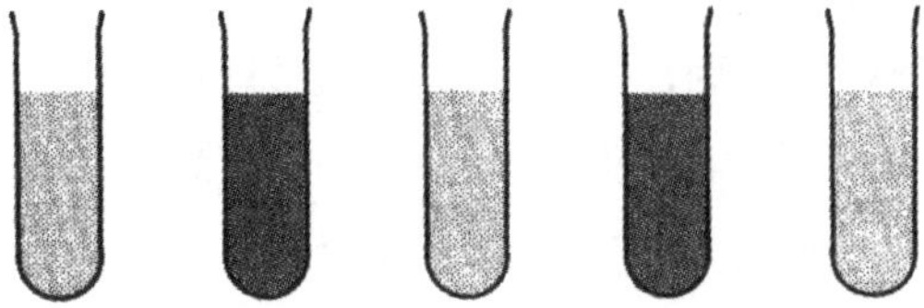

图6·4　别洛乌索夫-扎博京斯基反应中由红色到蓝色的周期性颜色变化

这类波动的发现对生物学家有着极为重大的意义。生物体中的活动过程归根结底基于化学或电化学过程，其中许多反应是有节奏地进行的。一旦明白了化学钟起作用的道理，我们就在理解生物体中的有节奏过程(例如心脏跳动)方面迈出了一大步。如同在激光中那样，在波动现象中序参数概念和支配原理也起着作用。当加进去的物质达到某个浓度时，本来稳定的反应变得不稳定，并将由周期性的变化(即波动)取而代之。这种波动起着序参数的作用，支配着各个分子。它迫使分子周期性地化合后又分解，分解后再化合，于是宏观上溶液周期性地呈现红色或蓝色。对这种波动过程进行数学处理，并确定序参数的确切含义，这是有可能的。

新近的研究表明，与能量转换相联系的单个细胞的代谢过程是有节奏的和周期性的。

化学波和螺线

还有许多现象比刚才所讲的更美妙、更复杂。图6·5中显示了几种这样的模式，这些也是别洛乌索夫-扎博京斯基反应造成的。一些蓝点起先无规则地出现在红的底色上，蓝点扩展成蓝色圆盘状，随后又出现一个红点并很快扩展成一个红色圆盘。盘中以后又出现另一个蓝点，如此反复不已。同心蓝色环向外扩展。在其他实验条件下，例如用钉子划过液体，将出现螺线，图6·6展示了螺线变化的时间序列。

这类宏观模式的起因，乍看起来似乎很难理解，但我们可以很快举出一个明白易懂的例子加以说明。可以把同心环的出现与一场燎原大火相比较。红的底色表示一片干草。若无风时在某一处点火，那么火焰就均匀地向四面八方作环形扩展。如果把蓝色看成燃烧过的地面，那么就出现一个不断向外扩展的蓝色斑点。在其内部，青草又可以长出来，重新干燥，出现红色的斑点。草在烧掉的前锋面后方长出来，但还没有达到可燃烧的程度，所以红色斑点将继续向外扩展，直到中心处的草变得十分干燥，又可以燃烧时为止。然后又周而复始。在这里所讲的化学反应中，无需点火形式的外来干预。系统自身可以说是超临界的，可以自行开始形成蓝色斑点的反应。但除此之外，两种现象十分相似。草的燃烧与别洛乌索夫-扎博京斯基反应一样，都意味着发生了某种化学反应。但此后发生了一种逆反应，导致原来状态的重新出现。

在别洛乌索夫-扎博京斯基反应的波或螺线中，相互反应的分子必须能够汇聚在一起，也就是它们必须能够移动。分子通过扩散来做到这一点。我们在日常生活中对扩散已有感性认识。例如用吸墨水纸吸一块墨水渍，墨水就渗入吸墨水纸，并在纸内进一步扩散而形成另一块墨水渍。这里所描述的宏观过程是以化学反应为一方，以扩散为另一方的交

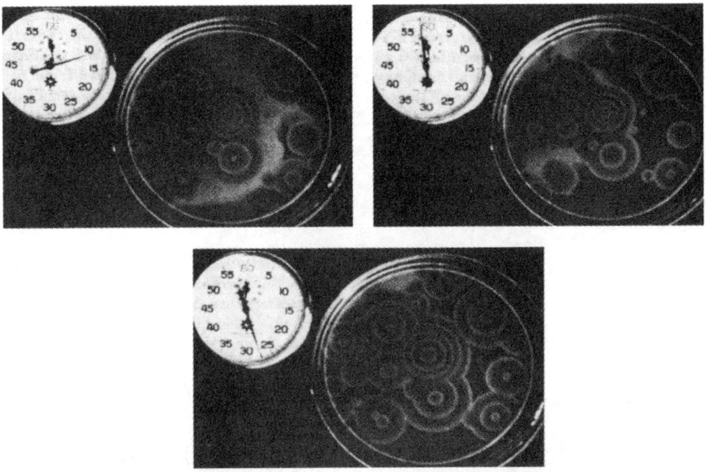

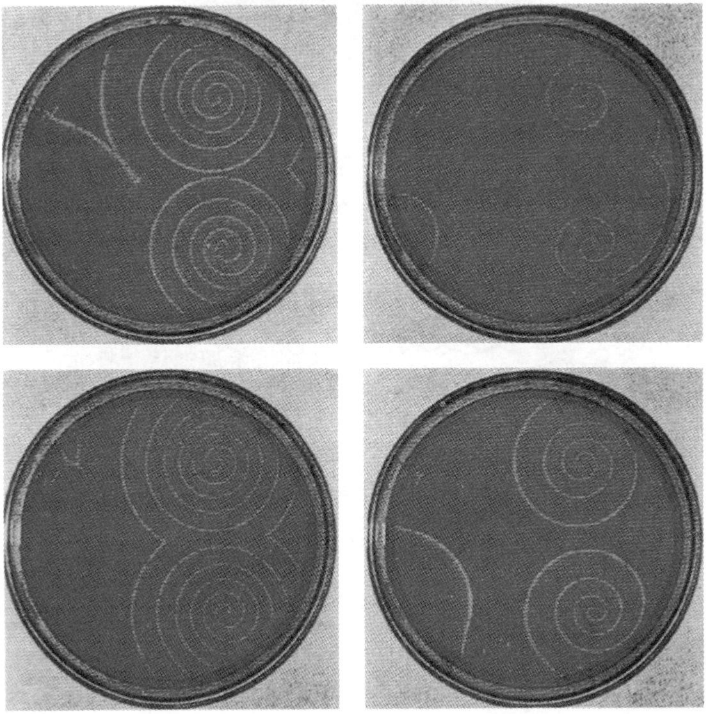

图6·5和图6·6　同心环形式的化学模式。环向外移动，螺线旋转。

互作用。这种过程在专业语言中用反应-扩散方程来表示，但这不在我们的讨论范围之内。对我们来讲，重要的是，这里用数学处理证明了序参数的存在，它控制着时-空模式的发展。根据序参数类型的不同，这些模式可以是环形波或螺线。其间也在实验中发现了类似于流体模式的条纹和六角形，与理论预测一致。

一个新的一般原理

在以上所举的激光物理、流体物理和化学的实例中，我们一再看到，一方面是序参数，另一方面是支配这两个概念。这两个概念是贯穿本书的一条红线。在化学反应中，我们首次意识到一种新的一般特点。刚刚讲过的化学振荡和化学波，都以自催化过程为基础。某一类型的分子，通过它的存在和协作，使更多同类型分子的产生成为可能。据此，激光中的现象又有了新的意义。这里也有一种已经存在的光波，正是由于它的存在，迫使原子中的电子交出能量来加强这一种光波，这正是一种自催化过程(图6·7)。与序参数和支配原理相似，自催化概念所具有的重要性远远超出了化学领域。在这个意义上，流体中的滚卷运动也具有自催化的特性。不断发展的滚卷运动，即使开始时运动是微弱的且纯粹是偶然形成的，也将得到加强。自催化和集体运动不稳定性的不断增加其实是一回事。这表明大自然显然一再应用同样的原理来造成各种有序的宏观运动或模式。

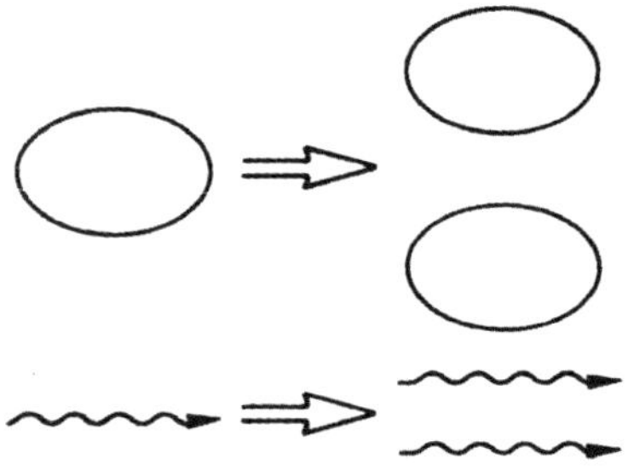

图6·7 (上)分子的自催化与(下)激光器中光波的加强(=放大)之间的类比图

7　生物的进化：适者生存

迟至上世纪初，各种动植物的物种起源，对人类的智慧而言仍然是大自然的一个深藏的秘密。英国人查尔斯·达尔文取得了一个决定性的突破。在对南美等遥远地域广泛深入的考察航行中，丰富多彩的动植物世界及其为了生存所具有的各种精巧器官引起了他的注意。经过多年思考后，他得出了关于动植物物种起源的全新理论，其基本论点今天已为人们完全接受。我们称这种理论为达尔文主义。但我们忘记了与达尔文同时代的一位较年轻的英国人阿尔弗雷德·拉塞尔·华莱士（1823—1913），他独自得出了与达尔文完全相同的结论。

1856 年，也就是达尔文从华莱士那里得到对他来说十分震惊的消息（华莱士在其中明确阐述了他自己的进化理论）的两年之前，达尔文写了一封现已闻名遐迩的信给查尔斯·莱尔（1797—1875），他说自己还没有准备好如莱尔所敦促的那样，把他的观点公之于世，以防止他人抢先掠美。达尔文写道："我不喜欢为了抢先而发表这种想法，但如果有人在我之前发表我的理论，那我是会生气的。"（歌德说："可叹！我胸中藏有两个灵魂。"这似乎是许多科学家的典型态度，如像社会学家罗伯特·金·默顿［Robert K. Merton］用这个例子以及其他许多个例子所说明的那样。）

1858 年，打击终于来临。莱尔对达尔文提出过警告，而达尔文不肯相信的事真的发生了。达尔文写信给莱尔告知这个巨大的打击："［华莱士］今天寄给我这份附件，并请求我转交给您。我觉得这封信很值得一读。您的预言不折不扣地应验了——可能有人要抢先掠我之美。这样的巧合是我生平中所未见的。即使华莱士有我 1842 年的手稿，他也未必能做出一份更好的摘要来。他的许多词句大可用作我的各章的标题。因而我的独创性，不论是否重要，势将丧失殆尽。”

谦逊和淡泊抑制了达尔文对首创权的要求，但他那希望得到认可和首创权的愿望，却又驱使他不愿认为一切都已完了。起先，他以其特有的恢宏气量，但又非故示大方，准备做出完全退居一旁的绝望决定。一周后，他又写信给莱尔：“我希望现在能发表我的一般理论的约十来页的简短摘要。我不敢说这样做是十分光明正大的。”为矛盾的心理所折磨，他这样结束了这封信：“我亲爱的好朋友，原谅我吧，这是一封微不足道的信，受了微不足道的感情的影响。”力图完全摆脱这种心境，他又加上附言：“我将不再就此事再来麻烦您和胡克。”

第二天，他又写信给莱尔，这次是为了撤回他的附言，但仍心神不宁。好像是命运的安排，正在此时，厄运降临，达尔文的小女儿死了。他终于依从他的朋友约瑟夫·道尔顿·胡克(1817—1911)的要求，把华莱士的原稿和他自己在 1844 年所写的原始手稿寄了出去。他写道：“这只是为了使您能认出这是您曾读过的我自己的手稿。请您不要浪费很多时间。我为自己如此念念不忘于首创权而感到闷闷不乐。”科学界的其他人士为饱受折磨的达尔文做了他不打算为自己做的事情。莱尔和胡克承担了此事，安排了那场影响深远的林奈学会会议，两篇论文在会上同时宣读。

这就是进化论正式诞生的时刻。如果有毫厘之差，那我们今天就不会把这种理论称为达尔文主义而要称为华莱士主义了。在第 18 章中我们将讨论为什么这两人中的一位会名扬天下，而另一位却几乎已被人遗忘。达尔文理论的基本论点如下。达尔文认为，在自然界中有一种发展过程，复杂的生物是由较不复杂的生物产生出来的。这里以生物的遗传特性——基因型为一方，动物或植物现有的完成形态——表现型为另一方，其间的相互影响起着根本性的作用。达尔文认为，遗传性能够自发地变化。这就是基因突变。我们现在知道，这种类型的基因突变可以向遗传特性传递和展示。因此这些变化具有微观性质。

由于遗传特性的改变，动物或植物的性质也改变了。例如，白蝴蝶后代可能有黑翅膀，肢体可能残缺或变形。通过这些变异，动物对环境的适应性可能增强或减弱。例如鸟的喙改变之后，可以吃以前不能啄到的昆虫。大自然不断以其丰富多彩的各种形态令人大感惊讶，而且人们常常很快发现它们都是极为实用的。早先，这种实用性常被认为是目的论的，就是说，上帝所以这样创造动物，是为了使它们能最有效地找到食物。但按照达尔文的观点，这些形态的产生一方面是由于偶然的突变，另一方面是由于选择。各种动物，或多或少地善于适应它们的环境，为食物而竞争。也可能有其他形式的竞争，例如鸟类在寻找筑巢地和免受危害的处所时，各种不同物种之间的竞争开始了，而只有适者生存了下来。这些就是达尔文主义的基本论点。

然而，这里我们遇到一系列的困难，认识到这些困难的主要是生物学家和自然哲学家。“适者生存”规律可以比作一只猫为了咬它自己的尾巴而团团转。谁能生存，谁就是适者。但用无生命世界的一个例子，就可以解开这个死结。因为达尔文主义不仅存在于有生命自然界，而且也存在于无生命物质中。我们已经在激光这个例子中看到，各种激光光波之间存在着竞争，而最终也只有一种波生存了下来。我们当然可以称它为“适者”。然而重要之点在于，在激光物理学中我们可以事先计算出哪种模式或哪种波将生存下来，也就是说哪种波是适者。这里有着客观的标准，从而我们在整个过程之前，已可以预言谁将取胜。但这里还有一个保留条件：偶然会有几种不同的波同时成为适者的候选人。

它们之间的这种对称性的打破，换句话说，在它们之间出现的最终选择，只能通过一种偶然的、我们无法预测的涨落来实现。但除了这几种优先模式之外，我们有绝对把握说，还有许许多多种其他模式绝不会生存下来。

这样，借助激光动力学，我们有了一个物理模型，据之可以用实验手段和数学方法来理解达尔文主义的结论。达尔文主义的结论在此很快被严格证实。

在一定程度上依赖受激原子而“生存”的激光振动过程，可以直接移用到有生命的自然界。依靠相同食物生活的不同物种将展开竞争，而结果只有最能干的那种——例如能最快取得食物的物种——将会生存下来。

生物分子间的竞争

选择过程在有生命自然界和无生命自然界中的这种相似性，并不局限于上面所讲的激光波动。在“无生命”与“有生命”之间的另一桥梁，是由艾根的进化理论①在极相似的意义上建立起来的。这种理论的基础是，某种确定的生物分子把遗传因素传递了下去，对此我们在第 9 章中还要更详细地谈到。这里重要的只在于，生物分子可以像激光那样通过自催化而增殖，并在这一过程中进入竞争。不仅如此，艾根理论的原始文本中描述生物分子增殖的方程，有着与激光波“增殖”的方程完全相同的形式。这些方程是由不同的学者完全独立地推导出来的，在两个全然不同的领域中出现这样的一致性，不可能是巧合——事实上，它说明存在着普遍适用的原理，我们在本书中确实一再遇到这些原理。

① 参见艾根、舒斯特尔:《超循环论》，曾国平、沈小峰译，上海译文出版社，1990 年出版。——译者

当然，这种进化理论的特别诱人之处还在于，它通过用突变和选择，并因而通过生物分子的“较高发展”，把无生命自然界与有生命自然界联系了起来，而在一定程度上显示出由“无生命”至“有生命”的过渡。毫无疑问，生物化学领域中还有许多研究工作要做，但已有了一个大有前途的开端。

为了完整起见，还需要提到，近年来曼弗雷特和舒斯特尔改善了关于生物分子自催化增殖的思想。

在最简单的情况下，存在 A 和 B 两类分子。这两类分子都通过自催化增殖。但其中 A 类作为一种催化剂帮助 B 类增殖，而 B 类又作为一种催化剂帮助 A 类增殖，这种组合如图 7 · 1 左所示。这个图可以扩大到包括几种分子类型，例如三个类型的分子 A、B、C 以自催化的方式增殖。其中 A 帮助 B 增殖，B 帮助 C 增殖，而 C 最终又帮助 A 增殖，每个类型的分子都起着催化剂的作用。艾根和舒斯特尔称这种类型的较小或较大的循环为超循环。反过来超循环除相互竞争外，又可能受到突变的

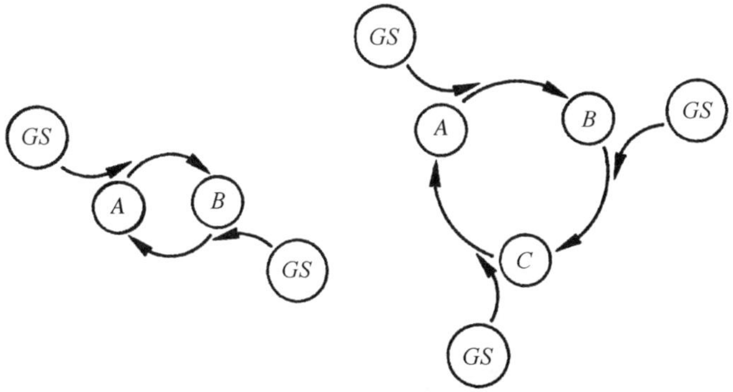

图 7 · 1　艾根超循环的两个例子

左：A 类分子自催化增殖，但必须有 B 类分子作为催化剂参与。反过来，B 类分子自催化增殖，同样必须有 A 类分子作为催化剂。GS 表示这些分子是由某种简单物质产生的。

右：有三个不同类型分子的超循环，其中每一种都自催化增殖，但如图所表明，每次仍需其他类型的分子参与。参与分子的循环还可以大得多。

影响。在激光波中、在生物分子中、在超循环中、在动物和植物界中，达尔文主义都在起作用。

达尔文规律支配着有生命和无生命的物质的事实，表明它有广阔的适用范围。它必定对研究如职业和经济竞争问题的社会学也有直接的意义。在这个意义上应用达尔文规律，将可以说明，具有相同产品但不同价格的几个公司，由于市场争夺战的强烈选择，最后只剩下一个来垄断市场。这种最终必然产生一个巨大联合企业的强烈趋势，是否确实是自然的趋势？也就是在为生存而进行的激烈竞争中，是否只有绝对的最适者才能生存？大自然也为我们指明了其他出路。我们将在下一章对这一点加以论述。

8　不是最适者也能生存：专门化并创造自己的生态小环境

在仔细的探究下，只有适者才能生存这一理论存在着一系列难以理解的问题。根据这一论点，令人不解的是，为什么世界上会有那么多不同的物种，难道它们都是最适者吗？这一点启发我们还应该对生存问题做出进一步的探讨。

大自然确实设下了无数妙计，好像就是为了击败适者生存这个论点。首先，不同物种之间的竞争，当然只有当它们共同生活在一个地域中时才会发生。显然，生活在被海洋隔开的各大洲的陆地动物之间不可能存在竞争。例如，在澳大利亚演化出一个与其他国家完全不同的动物圈，比方说有袋类动物，袋鼠仅是其中一例。

即使各个物种所居很近，它们也常能创造出新的生活环境来。例如鸟类，它们因长着完全不同的喙而开发了不同的食物来源（图8·1）。于是这些鸟类通过建立“生态小环境”而避免了相互之间的激烈竞争。对此我们当然也可以说，它们在各自的专门领域中是最适者，因为它们是具备这种特殊能力的唯一物种。生态小环境在一定程度上好比是一块野生动物保护区，某一特定物种能够在其中独自生活而不受干扰。我们关于食物来源的例子表明，生态小环境并不一定由隔离的地域所形成，虽然地域隔离可以更好地起到生态小环境的作用。

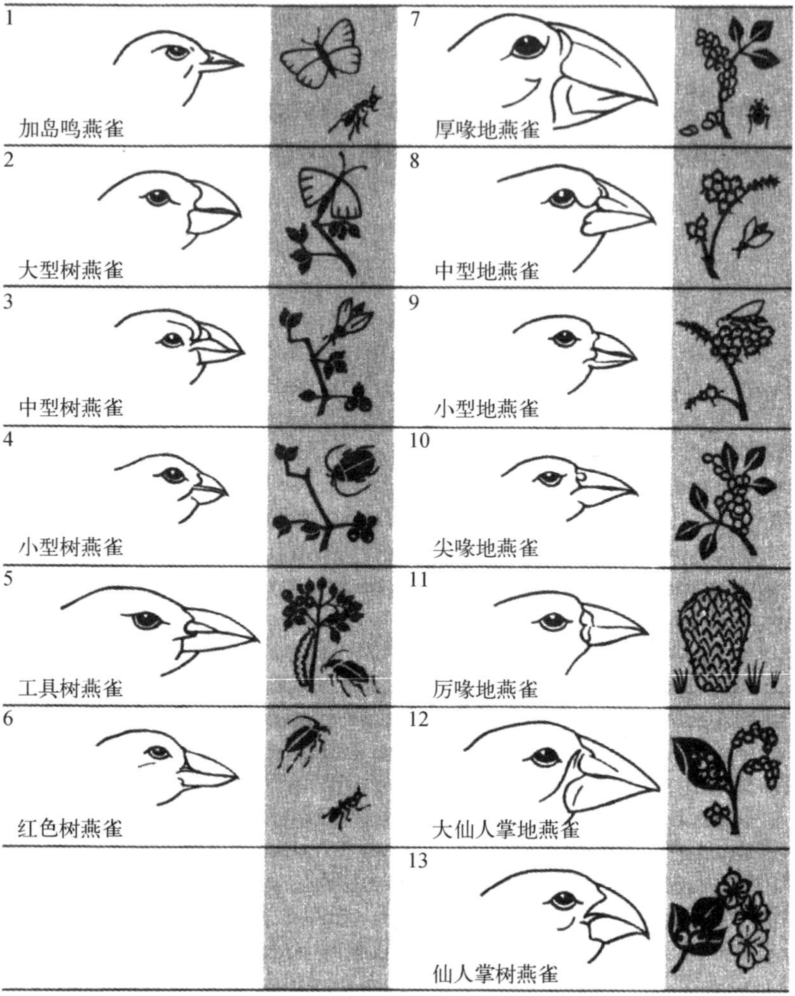

图8・1　燕雀的各种鸟喙形状，表明鸟喙为了各种用途而高度专门化。图中象征性地画出了每一物种所吃的食物。在一座与大陆隔绝的岛上，燕雀具有大不相同的喙。出现了新的种，但并未出现新的科——它们仍然是燕雀。达尔文首先描述了它们。

1＝食虫鸟；2—6＝主要食虫鸟；7—12＝主要食植物鸟；13＝食植物鸟。——据康拉德・洛伦茨(Konrad Lorenz)

通过专门化而得以共存绝不只限于生命界。例如在激光器中也有这种情况，只要不同的光波从不同的原子取得能量，它们就可以同时出现，而不是相互竞争。在职业和经济生活中，竞争问题也起着决定性的作用。我们在后面还要谈到。

有趣的是，大自然不仅为我们提供了通过专门化而生存的例子，而且也提供了通过一般化而生存的例子，例如某些动物所吃的食物很广泛，野猪就是一例。

在激烈的生存斗争中一个特别有趣的例子是共生现象，其中不同物种相互帮助，而且甚至只有这样大家才可能都生存。大自然给我们提供了大量的例子。蜜蜂依靠花蜜为生，同时也四处奔波传播花粉，为使植物更加茂盛而操劳；一些鸟飞到鳄鱼张开的口中，“清理”鳄鱼的牙齿；蚂蚁把蚜虫当“乳牛”。据认为，渡渡鸟依以为生的大栌榄树注定要灭绝，因为它的种子只有经过渡渡鸟的消化加工才能发芽，而渡渡鸟已经死绝。（根据近来的报道，生物学家已发现，火鸡也能为这种可以生存达几百年之久的大栌榄树的种子加工。）

但是，我们不能只看这些细枝末节而忽视全貌。通常绝不是只有两三种动物相互竞争或共生。事实上，大自然中的各种过程环环相扣地相互联系着。大自然是一个高度复杂的协同系统。

各个相互联系的自然过程能否导致一种平衡，这是一个具有根本意义的问题。近来，“生态平衡”成了一个热门话题，然而，这一平衡由于人类的干预而遭到越来越大的破坏。但是，最近的研究表明，即使没有人类的干预，生态平衡或即生物平衡也绝不像人们长期以来所假定的那么完美。谈到平衡，我们一般总想到静态平衡，比如某些鸟类的个体总数几乎经久不变。

然而自然界的情况并非总是如此，这类变化可以由自然灾害引起，这是我们都熟悉的事情。例如冬日苦寒而夏日又可能大旱和酷热；或者严霜突然降临，以致鲜花凋零而蜜蜂乏食。灾害的出现打乱了平衡状态，例如鼠害或金龟子灾，它们破坏其他生命领域。但对于这种不平衡的可能性这里暂且搁置勿论。

即使在这种自然灾害之后，我们仍然想当然地认为，原有的平衡会重新建立。后面将看到，自由市场经济理论就是以一个完全相似的假设为基础的。

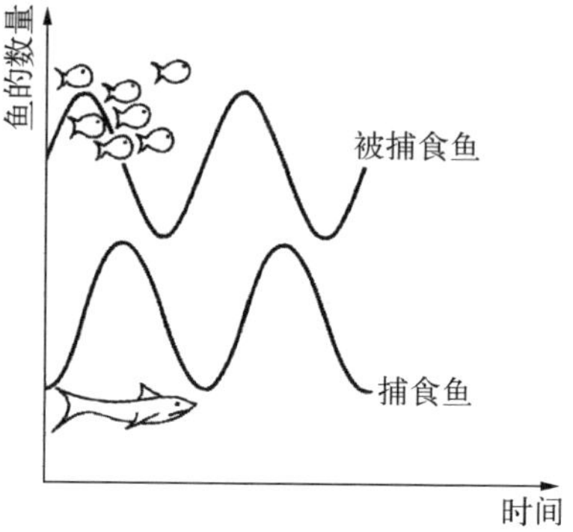

图8·2　捕食鱼和被捕食鱼的数目随时间而周期性波动（参见正文）

大自然当真这样稳定吗？事实上，越来越多的例子表明，大自然的平衡绝不只是一成不变的。20世纪初，亚得里亚海的渔民看到，他们的捕获量有规律地波动。他们很快发现，其原因在于鱼的数目是有规律地波动的（图8·2）。两位著名的数学家洛特卡（Alfred James Lotka）和沃尔泰拉（Vito Volterra）在1920年代各自对这种情况做出了数学解释。他们指出，原因在于有两种鱼类，其中之一是捕食鱼，另一种是被前者所捕食的鱼。周期性波动的机制如下：开始时只有较少的捕食鱼，在这段时间里，被捕食鱼可以不受阻碍地繁殖，捕食鱼因此能找到较多食物，从而能迅速地繁殖起来。最后，捕食鱼的数量大增，大大减少了被捕食鱼的数量。这又转而减少了捕食鱼的数量，如此周而复始。

在数学模型中有可能出现以下情况：捕食鱼偶或吃光了所有被捕食鱼，因而它们自己也全部灭绝。大自然阻止了这一过程的出现。它为被捕食鱼提供了不受捕食鱼袭击的避难所。

在加拿大也发现了一种类似的循环，那里的雪兔为大山猫所捕食（图8·3）。由于繁殖率和死亡率还受到其他因素的影响，这里所述的模型提法有时也受到非难。但它们确实显示，在大自然中不能把静态平衡视为当然。

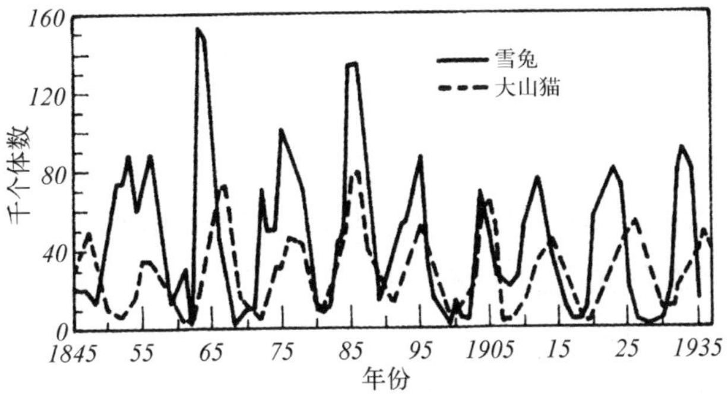

图 8・3　雪兔和大山猫数量的周期性波动

这种情况对某些昆虫群更为明显，它们的数目的波动完全是无规律的(图 8・4)。后面将要提到，现已建立了一些数学模型，据之可以深入理解看来甚至是完全无规律的过程(参见第 12—13 章)。

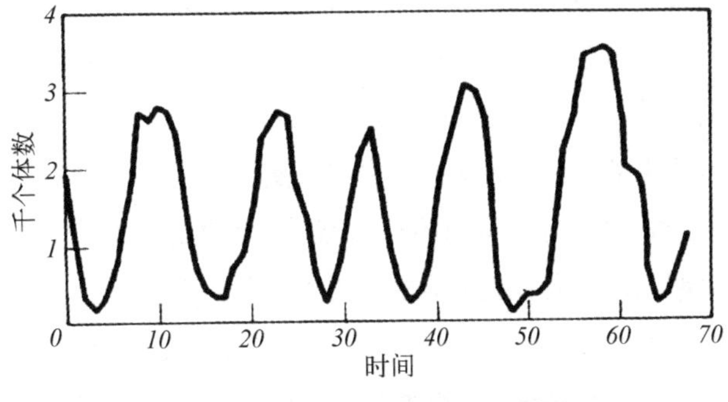

图 8・4　一种虫群体数量随时间的波动

这些例子表明，静态生态平衡的思想过于幼稚。另一方面，我们必须记住，如果确实建立了一种平衡，那么这种平衡将会特别敏感，这里我们又回到了协同学的一个基本要点上。

以上各章中一系列物理和化学的例子表明，在某些临界点上，甚至环境条件的微小变化也会引起宏观上的巨大改变。在前面的例子中，我们总是研究使系统达到较高程度有序性的那些变化。当然也可以从另一方向来研究它们。也就是说，环境的微小变化可以破坏一种已经确立的有序状态。

许多涉及动物群体变化的过程，都可以用数学方程来描述，从而使协同学的数学方法得以应用于这些问题。在这个数学平台上，又可以确立有生命自然界与无生命自然界中出现事件之间的深刻相似性。其结果可以用很少几句话讲清楚：在有生命的自然界中，即使外界环境的微小变化也常能创造出完全新型的有序状态，也就是不同物种的全新分布。当我们观察高山上不同植物的分布时，就可以明显地看出这一点。在不同植物带之间常有明确的海拔高度作为界线，完全类似于地球上的气候带。在这个例子中我们可以清楚地看到，即使例如年平均温度发生十分微小的变化，完全不同的某种植物将十分突然地出现。当我们通过人工干预手段改变周围环境时，可以预期将发生相同的变化。例如把废水排入江河而致污染程度提高了10%，我们开始时会天真地预期，鱼群将减少10%。事实上，若在一个临界点上，污染程度哪怕只是增加一点点，鱼群就会全部死亡。换句话说，水突然改变了。在这里，我们不时遇到的一个协同学的基本原理变得格外清楚。那就是，在某个不稳定点上，即使是很小的环境变化，也可能造成整个系统的极大变化。

本书第一版中所做一些评论的现实性，近年来已变得十分清楚。这里我只需要提出两个关键词：臭氧层空洞和气候灾变。在第一种情况下，相对较少的某种气体（FCKW）造成了臭氧层空洞的扩大，它现在已经在南半球——约略在澳大利亚上方——造成了危险的辐射线增加。就气候灾变而言，首先是地球变暖，主要原因是二氧化碳的排放。按照我的观点，没有解决的问题是，由于人为影响（“人类效应”），我们已经向临界点靠近了多少(完全在协同学意义上)，或者生态圈是否已经准备好稳定气候的调节机制。地球在几亿年的时间里，总是能在一个很窄的范围内维系生存条件。当然这并不意味着我们可以随意排放废气之类，但另一方面，我们也应当避免惊慌失措地做出草率的结论。

最后让我们再次回到自然界本身。在自然界中，当气候变化时，环境条件也发生变化。前面所述已明确告诉我们，甚至微不足道的气候变化也可能产生实质上是崭新的选择过程，从而“促进”发展。

但“促进发展”并不意味着，新发展出来的物种必然在客观上优于被取代的物种。新的物种只是更适应于新的生存条件。这时甚至也可能呈现被人们认为是退化的变化。复杂生物可能被较简单的生物所取代。这一点甚至可能发生在生物分子的层次上，生物分子在新的环境条件下可能丧失一部分遗传性，因为没有了这些遗传性也能过得去，甚至能繁殖得更快。索尔·施皮格尔曼(Sol Spiegelmann)曾在某种噬菌体生物分子核糖核酸(RNA)上进行过这类实验。

虽然有生命自然界中涉及的变化过程完全不同于在化学反应、激光或流体运动中的变化过程，但在所有这些过程中，最终还是相同的基本原理在起作用。这里，物种起着序参数的作用，它们可以竞争、合作或共存。

环境条件的微小变化可以造成全新的序参数或序参数系统。当然，首先必须出现一个新的序参数，在这里是一个新物种，在激光器里，这种变动是光波的自发形成，在流体运动中是一个微小的热量波动，在化学反应中是一种新分子的初始反应或自发形成。这里又明显地出现偶然性与必然性之间的相互作用。通过环境的变化可以创造一定的条件，使得有关序参数所形成的新的有序状态得以实现。但首先必须因为偶然性而创造一个新的物种，这在生物学中是通过突变。但是，一个原来数量很少的物种(例如在一个生态小环境中)，现在可以突然大量繁殖并变成具有主导作用的物种。

在所有已讨论过的情况中，序参数与个体之间存在着一种特殊的关系，这可以用以下例子来说明。在一系列情况下，序参数可与一个简单的数学量相关联，即与某一物种的个体总量相关联。这个数量随时间的变动，可以通过例如计数来确定；在许多情况下还可以预测。在这些数量细节的后面隐藏着无数个体的命运，它们是由总量这个序参数，虽然只是总体地但却又是极其严格地决定的。如果一个不发达国家在一段时间内所具有的食物少于使全体人口生存的最低必需量，那么人口数目就一定会减少，即序参数减少。但是谁将遭到这个残酷的命运，则不可预料。在经济生活中也有类似的情况，例如失业或在国家事务中。一般说来只能对序参数做出预测，但不能对间接的个体命运做出预测，我们之后还要多次回到这一点上来。

9 生物有机体是怎样起源的？

通过分子进行遗传

在上一章里，我们对有生命自然界种类极为繁多的生物之间合作的动力学做了概括的讨论，现在我们来探讨生物本身。一方面生物以其形态繁多使我们不胜惊讶，而另一方面，生物又以其被一再复制的不变形态而著称。可见形态的形成必然受到严格的控制。然而形态是怎样产生，它的形成又是怎样受到控制的呢？最简单的答案是遗传性。我们现在终于知道，身体上和无疑还有精神上的性质是通过一种实质性的载体，亦即每一物种所特有的化学化合物而遗传的。化学家给这种物质起了一个复杂的名字：脱氧核糖核酸，简称 DNA。它是两条相互缠绕的螺旋形分子链，因此也被称为双螺旋体（图 9·1）。在一条分子链上，一般有四种不同的分子似乎随意地排列在一起，这条分子链就像一条由四颗不同类型的珍珠串成的项链（图 9·2）。这四种分子的名称不易为大多数人所理解：A（Adenin，腺嘌呤），C（Cytosin，胞嘧啶），G（Guanin，鸟嘌呤）和 T（Thymin，胸腺嘧啶）。我们也许很快就会忘记这些名称本身。如果给各种分子涂上不同的颜色，那么，它将成为一条色彩缤纷的珍珠项链。

DNA 将被转录到细胞中，就像由负片印成照相正片。这时，通过化学途径产生核糖核酸 RNA，分子 A、C、G、T 中的每一个都将被转录到一个新的分子中：

DNA	RNA
A	U(Uracil，尿嘧啶)
C	G
G	C
T	A

研究结果表明，这些单个分子(珍珠)经常每三个构成一组，例如：

GAU，CCU，GCU，UUU

它们是构造一种完全确定的“氨基酸”的关键词或密码(图9·3)。

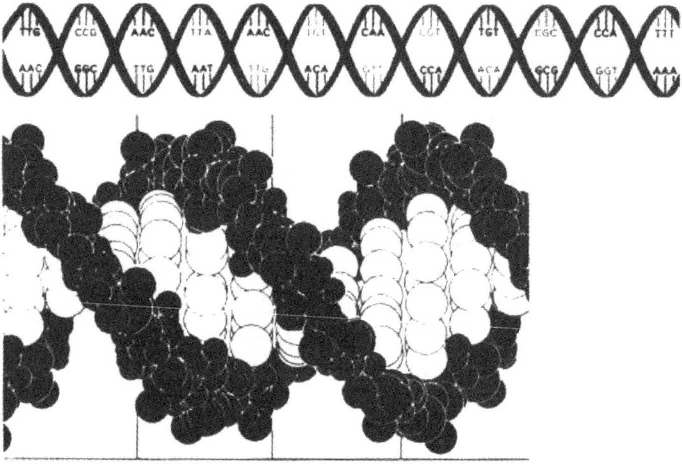

图9·1　在双螺旋体上配置的DNA分子链。上为纵截面，下为透视图。

图9·2　四种不同的分子沿着一根分子链配置，就像一串珍珠

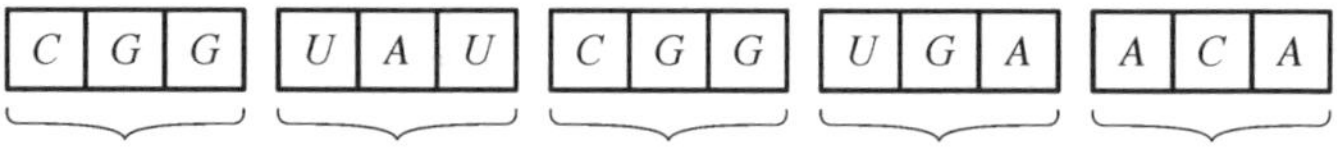

图9·3　包含三个分子的密码子的例子

在某个确定的RNA中出现的序列GAU-CCU-GCU-UUU，就是对细胞的书面指令：构成一个蛋白质，在第一个位置放置天冬氨酸、在第二个位置放置丙氨酸，等等。从而RNA大致控制了细胞的物质结构。但描述更多重要的细节，会远远超出本书的范围。由A、C、G、U构成的每个三元组因而是一个信息单位，一个密码词，又称密码子。对不同的生物，DNA以及RNA可以包含几十个至几百万个这样的密码子。它们可以占据书的一页，甚至一整本书（如人体的DNA就是如此），见图9·4。人们由此得出，DNA把指令——也可以说是构造方案——从一种有机体传递到另一种有机体。再打个比方，它就像一盘传送乐曲的录音带。

但如果更深入地研究有关遗传的这种想法，我们将遇到某种困难。为了把一个构造方案付诸实施，就需要在计划中包括精确的指令。例如必须指出，正在发展的有机体中的一个细胞应放在哪里，它应具有哪些性质。但是如果计算一下需要有多少指令，或者用专业语言来说，需要多大信息量才能构成有机体，那我们立即得到一个远远大于DNA的可能存储量的数量。或者，再次应用把DNA作为一本书的比喻，那么，比方对人体来说，就将需要一个巨大的图书馆。因而大自然必然已经发展出一种方法，能够以少得多的信息完成计划。必然有一些自然规律，据此一种给定的DNA可以发展成一个有机体。

我们打个这样的比方，DNA就像一盘上面存储着磁信号的录音带。但我们还必须知道，什么可以被比喻为把信号转换成乐曲的放音机。不过这里有一个明显的区别：一切迹象表明，大自然以一种不可思议的巧妙方式变换着DNA信号，似乎只是规定了这一乐曲的主题，而把详细的安排托付给放音机，也就是托付给生长中的有机体本身。但是这样一来，DNA含有严格规定的信息项目这个主张就成问题了。DNA（或RNA）“再现”其主题，完全取决于环境。举一个极端的例子，把DNA

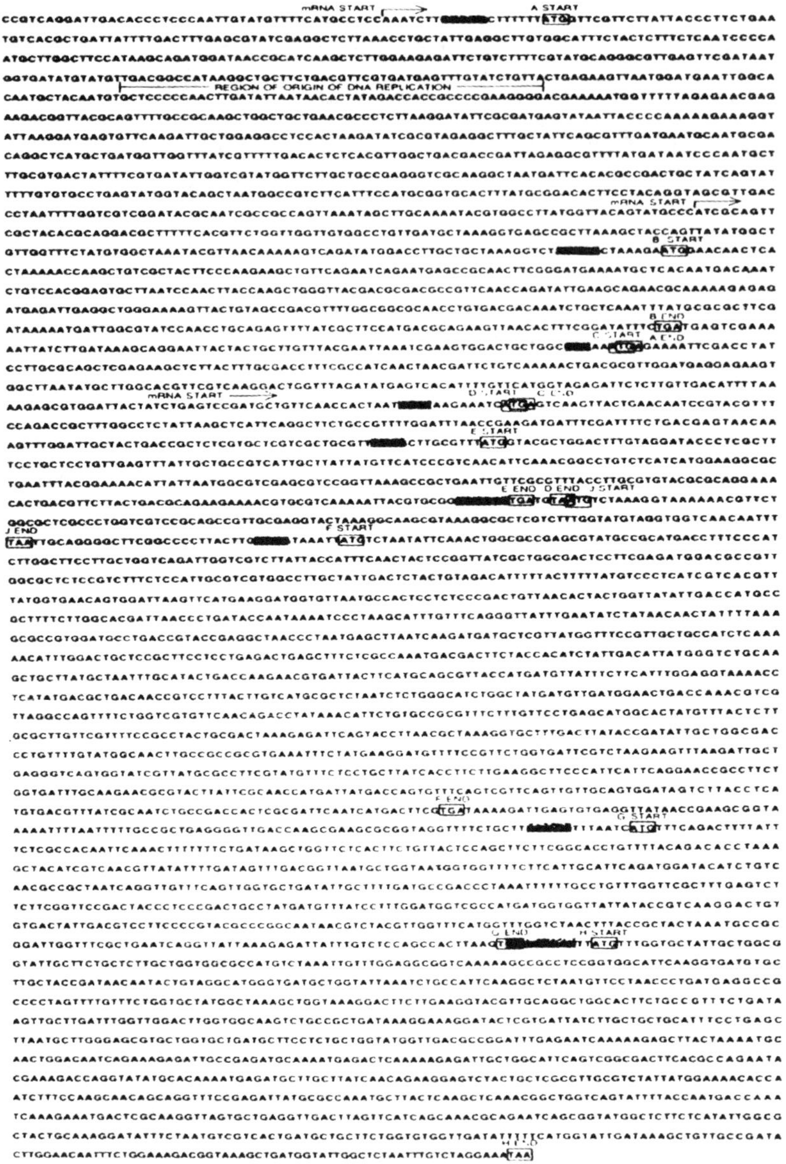

图 9・4　一种病毒的 DNA 序列的例子

(或 RNA)丢在一个沙堆里，那根本什么也不会发生。相反，只要一点儿这种物质就可以“支配”细菌去制造胰岛素。

生物形态形成的典型例子

在进一步探讨这个问题之前，我们必须再次把目光转向那些能够解释发展成形态或器官的机制的实验。像所有其他科学一样，在生物学中也使用某些模型系统，它们的特性比较简单而容易研究。两个常见的例子是黏菌和水螅。

黏菌的通常形态是生存于土表下的单个变形虫型细胞。如果单个细胞的营养不足，那么它们好像接到了一道密令一样，突然在某一点上聚集，而且越聚越多，并且分化出茎干和孢子囊(图 9 · 5)。整个黏菌能够移动，像一条蛇在地上蜿蜒前进(图 9 · 6)。这个聚集的第一阶段就非常有趣。各个细胞怎么会知道它们应该集合，以及集合在何处呢？生物学家发现，细胞可以产生和分泌一种物质，即所谓环腺苷酸(cAMP)。如果第二个细胞遇到了这种 cAMP，那么它会分泌出更多的 cAMP。通过这种以加强效应作为一方，和以扩散作为另一方的协作，将形成化学波或

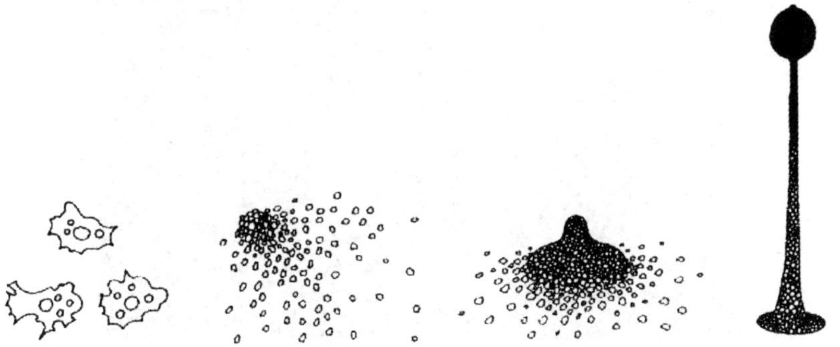

图 9 · 5　由单一变形虫发展为成形真菌的图示

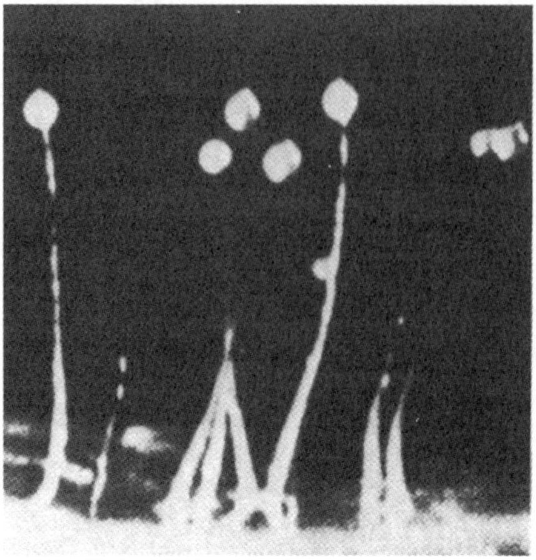

图 9·6　黏菌

化学螺旋模式(图 9·7)。单个细胞能够测量出 cAMP 波的密度梯度，并借助它们用作桨的小外翻突起朝着密度增加的方向移动。

这个例子清楚地告诉我们，可以把诸如螺线或同心圆的模式形成在无生命自然界与在有生命自然界(这里指黏菌)中的化学反应作完全的类比。这里的根本原因在于，模式的形成也总是遵循同样的描述宏观秩序的序参数规律。

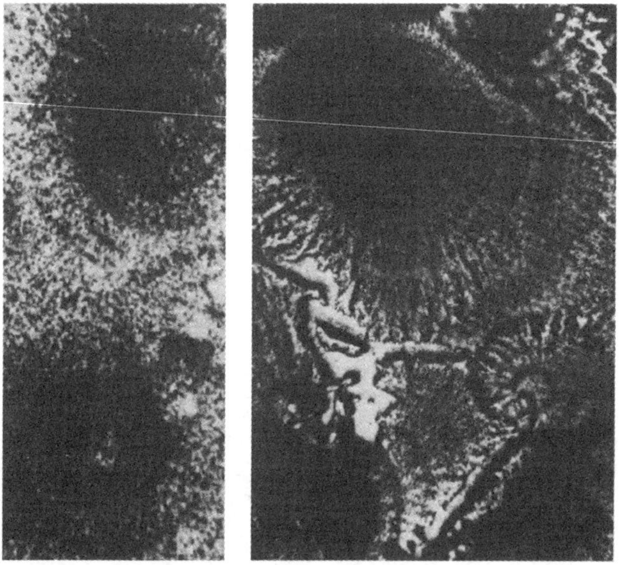

图 9·7　cAMP 的螺旋形波

完全相同的许多单个细胞集合后，开始了一个很容易看到的新过程，但其详细原因我们尚未充分理解。各个细胞黏附在一起，在聚集物的一侧形成茎干，而在另一侧形成孢子囊，也就是说细胞分化了。在这个分化过程中，cAMP 似乎也起了决定性的作用，但有关的研究工作还有待继续进行。然而由这个例子同样十分清楚地看到，各单个细胞是借助于一种化学物质来相互沟通的。认识这一点会马上帮助我们理解模式的形成。

人所共知的一个例子是水螅。这是一种几毫米长的淡水珊瑚虫，由十几种不同类型的几十万个细胞组成。水螅有一头一足。我们要研究的问题是，一个原先未分化的细胞群怎么会知道该在哪里长头，哪里长足。根据以前讨论过的早就存在着一个构造方案的想法，我们可以假定，每个细胞在开始时就已经得到指令，它后来该成为什么，是头还是足。现在对水螅进行以下试验(图 9 · 8)：把它从中间切开，造出两个小水螅。那个有头的小水螅将再长出足，那个有足的小水螅将再长出头。这表示相同的细胞可以发展成两种完全不同的器官。因此这些细胞必然

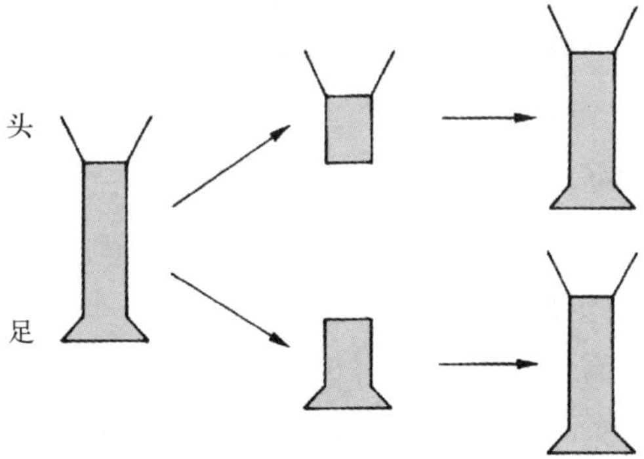

图 9 · 8 水螅再生的示意图

左：一个有头有足的完整水螅
中：被分割成两部分的水螅
右：足的再生(下)和头的再生(上)

以某种方法从细胞群中提取指令，以便得知它们所在的位置——是在应当长成头的一端呢，还是在应当长出足的一端。换句话说，细胞必须能得到关于它在细胞群中的位置的信息。关于这里的控制机制，还有进一步的实验。

把一个水螅的头的一部分移植到另一个水螅的中部，那么若它靠近原来的头，它就不再继续长为新的头。但若新移植的头与原来的头离开得相当远，那么新移植的头的一部分将长为一个完全新的头。显然，细胞必定能在相当远的距离内传递信息，也就是说，已存在的一个头确保了在其近旁不会有第二个头形成。

分子基础上的宏观模型

黏菌的例子表明，细胞之间的远距离相互理解是如何通过化学物质的扩散而建立的。实际上，数学家图灵(Alan M. Turing)很早就提出了解释细胞分化的模型。我们来观察原先相互分开的两个细胞，其中进行着相同的化学过程(图9·9)。在这个过程中产生了一种A型分子，然后部分分子又分解，直至最后形成相同的平衡浓度。现在我们让物质在两个细胞之间来回交换(图9·10)。通过这种物质交换，可以使在两个细胞中的平衡浓度状态变得不稳定。这一点最好仍用薄壁容器中部突起上的球这个模型，也就是用一条协同曲线来表示。若球滚向左边，则表示左边细胞中A型分子的浓度提高；若球滚向右边，则表示右边细胞中A型分子的浓度提高。产生A型分子时的小小初始涨落决定了两个细胞中哪一个将具有较高的浓度。鉴于在两个分开的细胞中的浓度相同，A型分子以对称方式分布在两个细胞中，而在耦合的细胞里，这种分布变得不对称，也就是对称被打破了。这种类型的空间对称破缺，对形态形成的现代理论十分重要。一大批研究工作者进一步发展了图灵的基本思想，他们为很多个细胞中的化学过程设计了专门的模型。更确切地说，他们研究的是在一个连续系统中的反应过程。

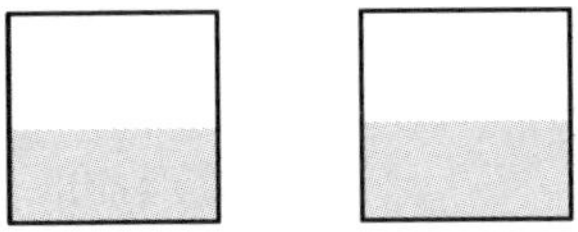

图9·9 在分开的同类细胞中，化学物质的浓度相同

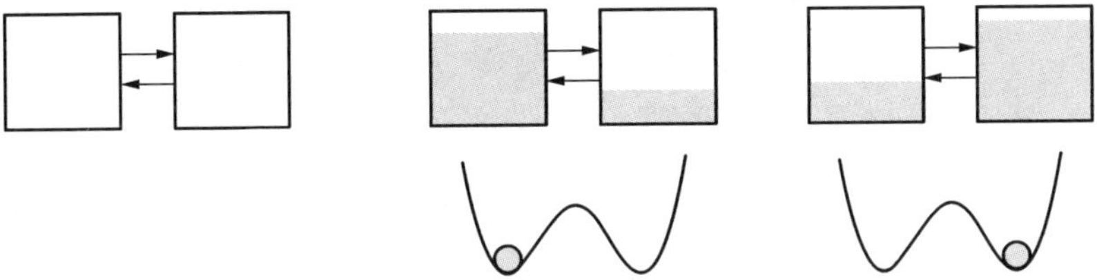

图9·10 现在把图9·9所示的两个细胞移近，使细胞间得以进行物质交换。这种物质交换连同各细胞中的化学过程，导致物质浓度的不均匀分布。这里出现的对称破缺，又可以通过薄壁容器中球的两个位置来表征。

阿尔弗雷德·吉雷尔（Alfred Gierer）和汉斯·迈因哈特（Hans Meinhardt）设计了一个精巧的数学模型，用来说明例如水螅的足与头的形成。其中特别涉及以下问题：在一个起初并未分化的延展的细胞群中，何以会在一端形成头，另一端形成足。设想一个起初并未分化的细胞群，其中产生出两种不同种类的物质。其一是促进头部形成的物质，因而称它为生长素。但前面已看到，头部的形成也会受到抑制，因而必须假设存在另一种物质，它阻碍和抑制头部的形成，因而称之为抑制素。

现在设想细胞群中各个细胞起初同样地产生生长素，也可能产生抑制素。这些物质能在细胞群中扩散，并相互作用。如同前面在关于化学过程的一章中那样，我们研究的是反应和扩散过程的联合效应。我们不会对生长素的某个临界值下将出现一种化学模式感到奇怪。也就是说，例如对于浓度，会出现可能想象的最简单模式(图9·11)。按照目前的

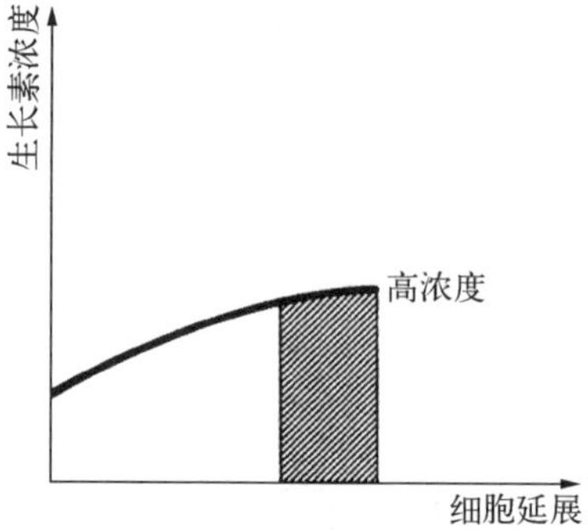

图 9・11　生物分子浓度分布的例子。
左为低浓度，右为高浓度。

看法，高浓度的生长素能把它那儿的各单个细胞的基因打开，造成细胞向头的分化。这里发生的过程正好与协同学的一般格式完全符合。最终形成的化学模型是序参数，它一方面通过化学物质的协作而产生，另一方面又控制着各种化学过程的进行，以确保这种特殊的模式得以形成。

前面所有的例子都说明，可以用两种方式来显现序参数：或是通过感官能见的空间(或时间)模式，或是通过精确的计算。一旦能够用前已提及的反应-扩散方程来描述基本过程，协同学的方法就为我们提供了所形成的浓度分布。协同学亦指出，完全不同的反应过程可以导致相同的空间模式(图 9・12)。

在一段时间里，这里提到的生长素和抑制素好像纯粹是一种假设，但现在已为实验所证明，水螅的头和足确实各有一种生长素和一种抑制素。这种生长素和抑制素似乎遍布于大自然中。例如，已经证实它们存在于海葵中，甚至在哺乳动物神经系统的形成中也起着决定性的作用。很久以前发现了一种神经生长因子，这种物质从细胞中分离出来，然后通过细胞组织扩散，它在一定程度上吸引了来自另一个细胞群的神经，并且，比如说，控制它们向身体外部生长。

以生长素和抑制素物质的基本原理为一方面，以及借助宏观控制对模式形成的调节为另一方面，至少在原则上可以解释许多现象，例如斑马身上条纹的形成、茎干的发芽(图 9・13)等。然而，毫无疑问，只要想到如心脏或眼睛等复杂器官的构造，就会意识到我们还只是处于漫长发展过程的开始阶段。

以上各例清楚地表明，大自然在包含于DNA中构造方案的基础上所进行的工作，要比人们原来所设想的巧妙得多。它使得生长中有机体的各部分彼此沟通和相互平衡。想来它至少在一部分大脑的形成中应用了这种妙计，对此我们将在第16章中加以讨论。在此，大脑的各部分绝非像我们装配一台电子仪器那样，按照一个固定的构造方案组成。在建立感觉器官与大脑之间的神经通道时也包含自组织过程。从以下实验可以得到启发：割断蛙的眼睛与大脑之间的神经通道，然后再重新连接起来，这就使得大脑的某一部分一下子把周围环境看成颠倒。然而在很短时间内，蛙又能重新正常地看东西了，这可以从它的行为例如它捕捉苍蝇的方式看出。这种联系的功能必然已经发生了改变，以确保统一的“正确”传

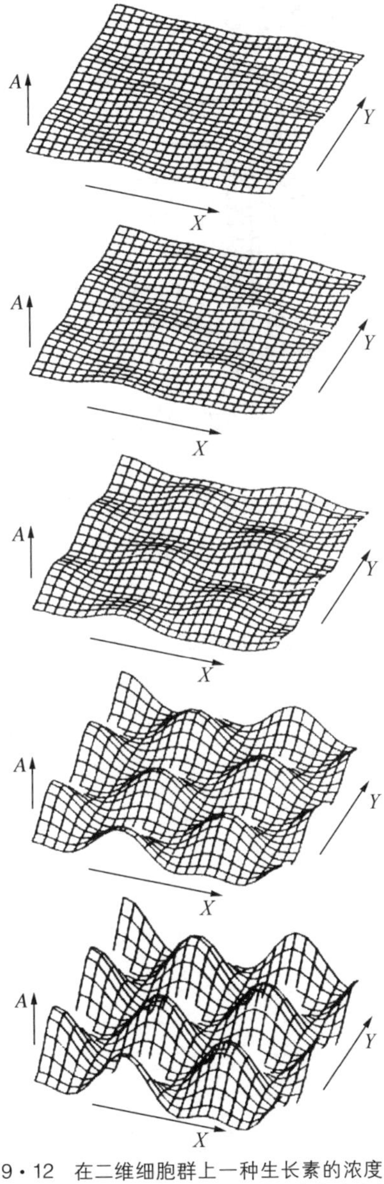

图9·12　在二维细胞群上一种生长素的浓度。借助数学模型研究了生长素的浓度如何逐渐增加，从而形成一种模式。

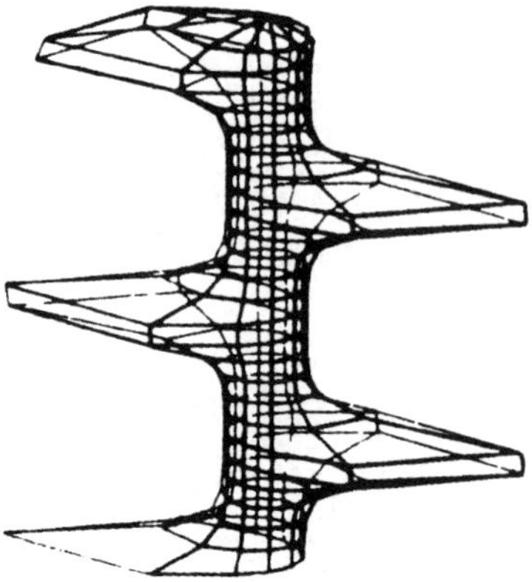
图 9・13　茎干上发芽的数学模型一例

输程式的重建。与此相关的基本问题是，眼睛的视觉细胞如何能在生长过程中就与大脑中相应的神经细胞连接起来。对以上实验较深入的讨论表明，眼睛与大脑的联系是自组织的。克里斯托夫・马尔斯布尔格（Christopher von der Malsburg）的模型计算表明，它也受到竞争原理的控制，按照这个原理，系统中能正确地形成图像的区域得到加强，而产生错误图像的其他神经纤维受到抑制。这里所谓“正确与错误”指的是，在眼睛的一个区域内对周围事物的图像，是否也在脑子中相应的邻近区域内形成。因此，一方面是协作和共存，另一方面是竞争。这种现象绝非只限于宏观动物世界，各种有机体的发展也总是遵循着这个基本原理。

10　生物的运动模式

如果我们问生物学家，生命的标志是什么，我们可能会得到这样的回答：生长、代谢、繁殖、变异。但大多数生物体还有一个特征，那就是有机体各部分之间绝对令人难以置信的协调，这在人类和动物身上表现得尤其明显。在运动、呼吸、心跳和血液循环中，必须有几百万（尚不说是几十亿）不同类型的细胞以一种最有意义并高度协调的方式一起工作。这同样适用于所有类型的感知，尤其适用于人类的思维和语言。对此，人们很自然地求助于协同学。

而事实上，这一领域在最近十年中取得了决定性的进展。用协同学的一般策略对系统在其定性行为有所改变的情况下进行研究是合适的。从相对简单的问题开始自然是恰当的。作为一个例子，我观察了马的步法，如走步、小跑和飞奔等。在这些步法之间，或者我们也可以说，当马改变步法时，运动模式十分明显地发生了引人注目的转变。因此我提出这样的问题：这种步法的转变是否可以用相变来描述呢？

处理四肢的运动自然已经比较困难。因此，当美国生理学家斯科特·凯尔索（Scott Kelso）于 1984 年拜访我，并告知我他的手指晃动实验时，我深受鼓舞。因为这个实验及其理论处理将会是一个完整的新研究方向的出发点，对之我将在这里稍微详细地予以介绍。这是一个读者自己也很容易进行的实验。凯尔索对一名受试者说“请跟着节拍平行晃动您的两根食指”（图 10 · 1），在此，节拍的频率由一个节拍器确定。节拍器速度低的时候，受试者可以很好地完成任务，完全平行地晃动手指。但是当节拍器速度提高时，人们必须更快地晃动手指，于是在每一位受试者特有的固定手指速度上会出现一个完全无意识的定性变化。与平行的手指晃动相反，出现了对称的手指晃动(图 10・2—10・3)。显然这是在完美协同学意义上的一种宏观质变。

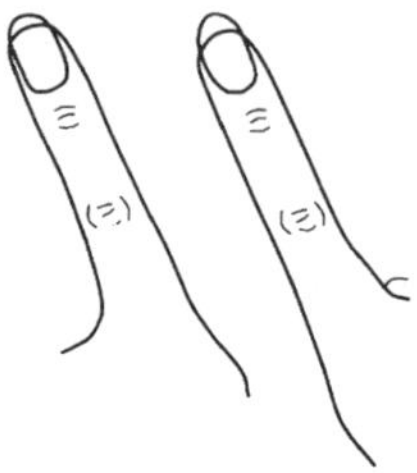

图 10・1　平行的手指晃动

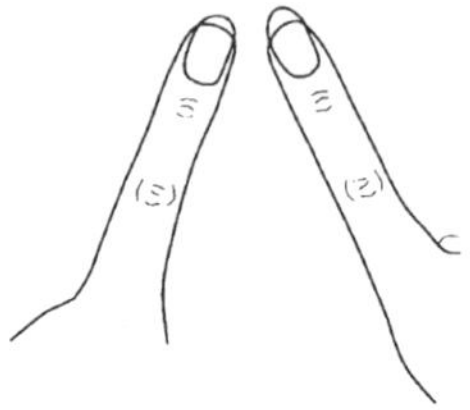

图 10・2　对称(与平行相反)的手指晃动

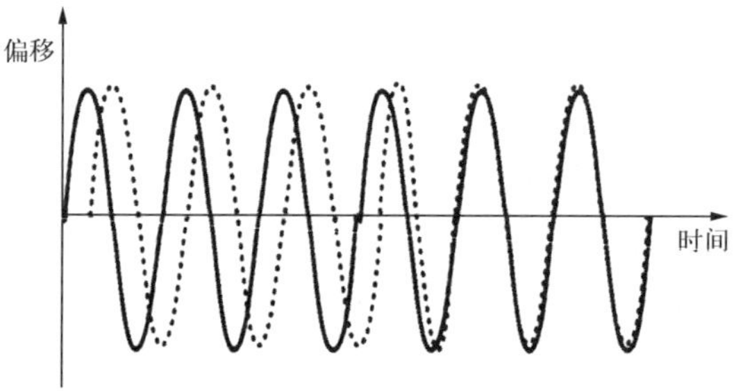

图 10・3　这里显示了右手指(实线)与左手指(虚线)在节拍速率逐渐增加时随着时间的偏移。两条曲线相互分离表示平行的手指晃动，而两条曲线相互重合表示对称的手指晃动。

但在本例中什么是控制参数，什么是序参数呢？说到底，是否可能将这些概念套用在如此复杂的“人类”系统上呢？控制参数很快就找到了；不外乎就是手指晃动的频率。作为这里有定性改变的序参数，取手指的相对位置是合适的。为了能够做精确的数学处理，我们引入图 10・4 所示的所谓相对相位。于是平行的手指晃动对应于相位φ(Phi)= 180°，而对称的手指晃动对应于相位φ=0°。此外，这里我们必须指出相这个词的双重意义①，否则容易产生歧义。一方面，我们把手指间的相对位置用相位φ表示，另一方面，当系统宏观状态发生剧烈改变，我们称其为相变，例如由冰(固态)到水(液态)的转变，或当液体被加热到某一临界点以上时其中出现湍流。下文中我们将把相变这个词只应用于后一种意义上，除此之外我们都将说是相位的变化。

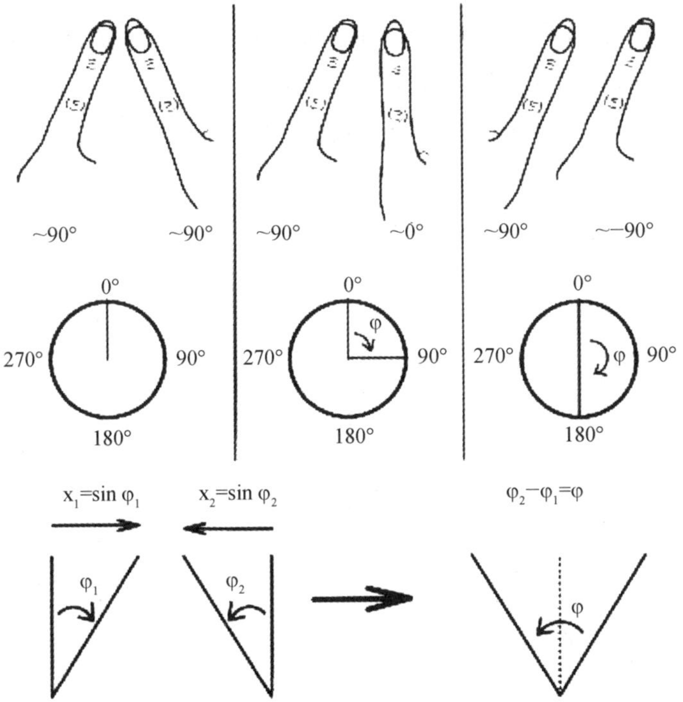

图 10·4　手指的相对晃动可以通过所谓的相对相位给出，这里给出三个例子。

上图自左向右：相对相位依次等于 0°，90°和 180°。
下图：手指的偏移 x_1 与 x_2、相位φ_1与φ_2以及相对相位之间的关系。

① Phase 一般译为“相”或“相位”。与此相关的 Phasenübergang 一般译为“相变”。原作者这段说明是因为后者有 Phase 这个词根，但中国读者一般不会搞混。——译者

如在第 4 章中所见，我们可以通过山区地形图的改变来形象地描述相变(参见图 4 · 15—4 · 18)。但这种山区地形图也可以与那里给出的完全不同。欲把凯尔索手指实验的相对相位变化用相变来说明，我们必须首先构造出一个有相应变形的山区地形图。这里我建议图 10 · 5 中所示的山区地形图系列，它取自我与凯尔索和赫伯特 · 邦茨(Herbert Bunz)共同发表的文章。该图的左上方在相应的山谷中有两个稳定平衡位置。“平行晃动您的手指”这个指令在此与较高山谷中的平衡位置相对应。当手指速度增加时，这一山区地形图发生变化：上面的山谷消失，球落入下面的山谷中，也就是说，相对相位现在取零值，它对应于反平行的即对称的手指晃动。

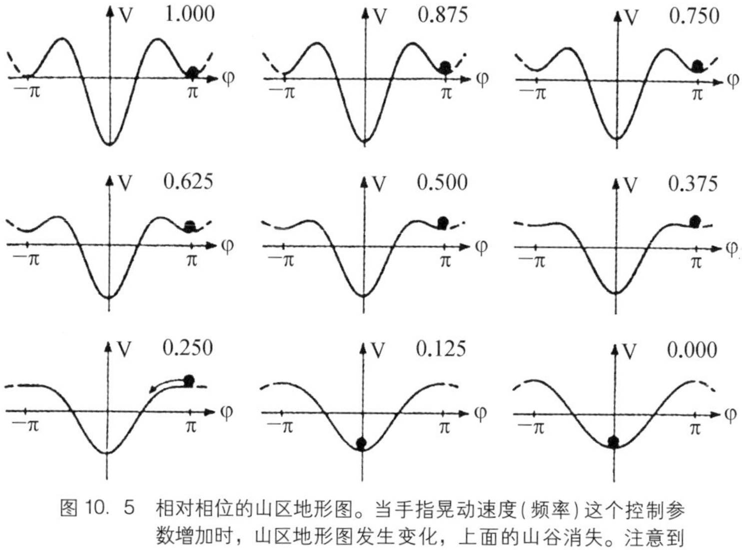

图 10. 5　相对相位的山区地形图。当手指晃动速度(频率)这个控制参数增加时，山区地形图发生变化，上面的山谷消失。注意到由于运动的周期性，左右两边的山谷同时上升。

由我们山区地形图的模型可以得出一系列有趣的结果。首先就是所谓的滞后现象。

我们还是从图 10 · 5 左上方球在较高山谷中的情形开始：手指平行

晃动。增加手指速度，球最终落入相位$\varphi=0$的点：手指对称晃动。但若受试者以较高的速度开始，以对称方式晃动其手指，然后降低手指速度，我们的图表明，这时球不再能自发地跃入较高的位置，它理所当然地停留在较低的山谷中。换句话说，在相同手指速度下，球的位置取决于手指的起始速度。在完全相同的手指速度下，如果我们从较低的手指速度开始然后加速，球将位于上面的山谷中，而如果我们以较高的手指速度开始然后减速，球将位于下面的山谷中。这正是滞后现象。对于受试者，这意味着：对于"手指速度"，这个控制参数的相同数值，存在着两种完全不同的晃动。

当一个山谷消失时，又可以进一步预测，将出现两种如同前面第4章中那类山区地形图一样的重要现象。这里可以有临界涨落和临界弛豫出现。于是我们期待在"平行晃动"向"对称晃动"的变换点附近，相对相位将有强烈的震荡。更确切地说，这意味着：如果多次重复同样的实验，在远离变换点处将一直重复出现同样的相位。然而在其近旁，实验有时会给出不同的结果。图10·6展示了凯尔索的实验结果，其中确实可以清楚地看到强烈的震荡。为了观察临界弛豫可以持续多久，凯尔索一再重复地对手指晃动进行干扰，并等待受试者恢复手指晃动的初始状态，其间每次实验都改变手指晃动的初始

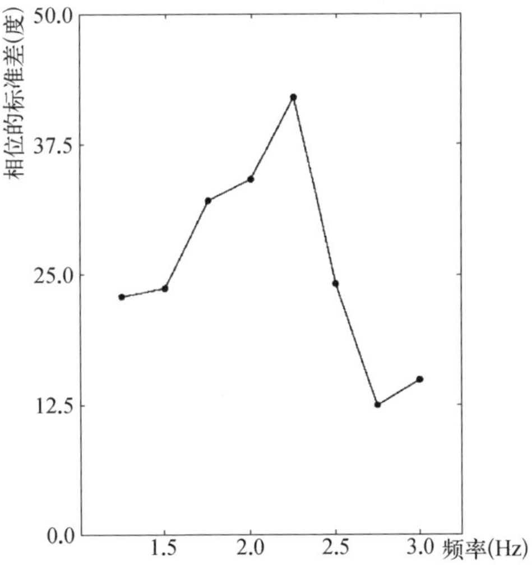

图10·6　纵坐标为相对相位的震荡强度，横坐标为手指晃动频率

速度。这一以前在其他系统(如激光)的协同学中为人熟知的现象，在这里也可以得到确认，并且为一系列研究者所证实。

除此之外还进行了其他运动实验，例如探索手腕和臂弯运动之间的关联。更有一些十分有趣的、研究两人之间关联的实验，他们相邻而坐，他们的腿应当以反平行方式摆动。但当摆动速度较高时，腿的运动变换成为平行运动。定量测试的结果表明，这种变换正好遵循了我们的理论(图 10・7)。

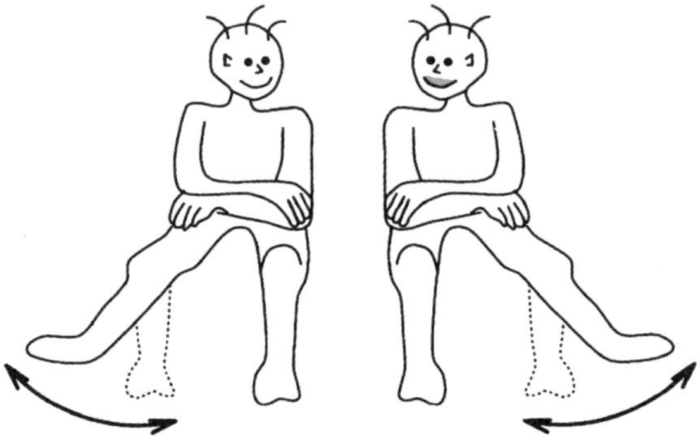

图 10・7　运动的相变也可以由不同(!)个体的腿部晃动之间的协调导致

为什么讨论这些具有普通生物学兴趣的实验呢？因为其中关系到一个非常重要的问题，即四肢的运动是如何被控制的。在人脑中——就像在计算机中——是否存在一个所谓的驱动程序，它在这种场合简单地从一种类型的控制变换为另一种，或者，如读者们可能已经预期的，这是一种自组织现象？所有三种已发现的效应，即滞后、临界涨落和临界弛豫，从计算机驱动程序的角度来看，都令人费解。为什么我们与之打交道的计算机，其程序会根据先前的经历而变换呢？更为奇妙的是：计算机的工作是完全确定的，它不可能有模棱两可的结果！更确切地说，实验结果的不规则性与以下假设一致：这一变换涉及自组织现象，正如相干激光中各个激光原子显示的自组织现象。前述生物过程中涉及神经网络、肌肉和细胞组织的自组织。这自然是一种完全不同的观点，值得在此引起注意。

此外，前面已提示了自组织效应在肢体运动中的重要性。例如著名生理学家霍尔斯特(Erich von Holst)几十年前做了以下实验：他切除了千足虫除了六条足以外所有其他的足，其结果是它像有六条足的昆虫一样运动。把足的数目降低到四，这种生物就像马一样行进。很难想象，在千足虫的微小大脑中会有计算机程序，其中包括了所有可能的切除后残留的足的组合，这种现象只有在自组织设想成立的前提下才有意义。俄国生物学家希克（M. L. Shik）对小脑被切除的猫进行实验并给出了类似的提示。虽然猫的小脑被切除了，但它仍能在传送带上奔跑。如果对其脊髓加以电刺激，不同的刺激强度会驱使猫或走步或奔跑。十分明显，这里的持续刺激起着控制参数的作用，它促使动物的神经系统形成确定的自组织方式。这样看来，协同学开启了以崭新的观点研究运动控制的大门。

11 矛盾有时不可避免

在物理学的例子中，我们时常发现一种值得注意的情况：每当一种新的有序状态开始时，大自然听任该系统在若干可能性中选择。例如当底部被加热的液体中出现一种流动模式时，相应的滚卷有等同的机会作顺时针或逆时针转动。如在前面已看到的，一个简单的力学模型就很容易让我们理解这种性态。

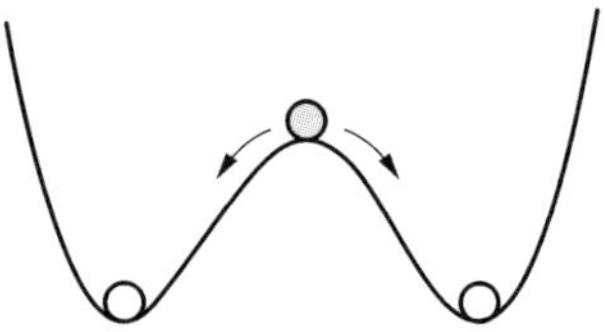

图 11・1 具有两个等价答案问题的一个尽人皆知的模型。球将滚向哪里?

球将滚向哪里？把一个球放在图 11・1 所示的薄壁容器中，球将从它所处的不稳定位置落入一个新的位置，但两个新位置出现的可能性完全等价。现有的对称性必然因球最终所取的位置而被打破。

关于确定球最终将处在哪个位置的问题，没有一定的解决办法，显然有两个完全等价的答案。这与我们通常的想法——每个问题只有一个明确的答案——相矛盾。

这类问题不限于力学或自然界中的简单过程，用一个我们自己可以做的小实验也马上可以证明这一点。人脑无疑是大自然创造的最复杂的系统，但它也表现出对称破缺现象，例如在认知中。请看图 11・2，乍一看很可能什么也看不出来。但如果我们得到附加的需求，要把白色的中央部分看成主体，那么我们将立即认出这是一只花瓶。如果相反地要我们把两个黑色部分看作主体，那么我们就会看见两张人脸。这张图的可感知内容是两歧的，“花瓶”和“人脸”这两种感知的地位不相上下。现今声名卓著的艺术家埃舍尔的大量图画就是以这种对称破缺为基础的。图 11 · 3 是他众多作品中的一例，我们会一会儿把画面上的图形看成天使，一会儿看成魔鬼。这些图画表明，我们需要额外的信息来打破现存的感知对称性，例如“把白色部分看成主体”这样一个信息。但即使没有额外的外部信息，我们也常常能打破对称性。这是通过头脑中的一个变化过程而实现的，这种过程类似于物理学(例如流体)中我们可以称之为涨落的一种现象。突然间，一种图像被感知了，快得犹如闪电。

图 11 · 2　花瓶还是人脸?

图 11 · 3　天使还是魔鬼?

测试你自己的心境

对称性可以在我们大脑中被以前的一个心理印记打破。也就是说，我们带有一种下意识的成见。许多心理测试就是以这个事实为基础的。

读者可自行测试自己对图 11 · 4 中所示人脸的反应。这两张脸是悲伤的还是快乐的？在这两名妇女之间有没有什么联系？如果有，是什么样性质的联系？请先仔细看这张图，然后再给出答案。事实上，图中两名妇女的表情故意被画成中性的，也就是既不悲伤也不快乐。但在测试中，当人们需要对此做出判断时，就必须打破这张图画固有的对称性。

图 11·4　在无表情的人脸或中性句子中投射出人们自己的心境。本图出自主题统觉试验①，1935 年由亨利·默里（Henry Murray）及其助手们在哈佛大学医药临床心理研究所设计。类似于墨迹试验，②用这种投射性试验可以发现下意识的矛盾和思想。

这种对称性的打破只能通过额外的信息来实现。这种额外信息由受试者当时所具的心境提供。受试者把这种额外信息向图中的人物投射。根据这种测试，心理学家就可以断定受试者的下意识心境。

这个过程也可以用不同的话语来表述。我们从那些图中看出来的，正是我们内心已经具有的那种倾向。我们听到的或读到的常常正是我们所期待的。在某种意义上这甚至是必需的，因为感知意味着不断地把新经验与过去已经作为“经验”存储起来的东西联系起来。

我记得在学生时代的另一个试验；这个试验实际上是一项无法完成的任务。所说的是一名学生，他被要求抄写一篇课文，在短时间内以上佳书法完成这项任务。但这项任务故意如此安排：若仔细抄写，便不能及时抄完交卷；若要及时完成，便只能潦草抄写。这是一种人们自然很想避免的典型的矛盾情况。但这种矛盾情况是特地设计的，其目的是迫使受试者为了完成这项任务而去应用其中原已包含的对称破缺。心理学家希望，通过受试者所做出的决定，搞清他是马虎的还是认真的。当然，如果受试者事先就知道了心理学家的意图，并故意愚弄他，那么，整个试验就将成为一场闹剧。

① 关于人在获得新感知时对旧感知的依赖性的一种试验。——译者

② 由瑞士心理学家罗夏（Hermann Rorschach）设计，要求受试者回答一些墨迹图案意味着什么。——译者

这类试验到处都有，例如在美国军队里。在物理学家中早就流传着一位十分著名的美国物理学家的一件轶事，他即将应征入伍，需要接受一次心理测试。为了测验人们是否坦率，心理学家对应征者说：给我看你的手。如果他手心向上，那么心理学家就认为受试者性格坦率。如果他手背向上，那么心理学家认为受试者性格内向。而这位物理学家听到心理学家的指令后，却一只手手心向上，另一只手手背向上，心理学家吃了一惊。他喊道：看在老天爷的分上，请你把手翻过来。物理学家照做了，可仍然是一只手手心向上，另一只手相反。结论是此人不适宜服役。看样子心理学家自己现在应该向人求教了。

生活中充满矛盾

以上只谈及人为的矛盾，但生活中充满了天生的矛盾，我们来举几个例子。一个青年想要上大学，他在两个完全不同的专业之间犹豫不决。两个专业各有利弊。另一个例子是一个少女，好像天缘巧合，她很快结识了两个很好的男子，两人都想娶她。她也觉得他们对她都有吸引力，都不舍得回绝。她在二者之间左右为难。最后，一名竞争者说的一句话打破了平衡；少女终于自愿委身于他。用协同学的语言来说，一个“涨落”即一句话就分出了高下。

在心理学领域中，以下情况更为常见。一个鳏夫难耐寂寞，打算再娶。他的急于寻偶得到了回报。时隔不久，就相继认识了两位妇女，她们都不嫌下嫁于他。但他开始犹豫不决，该与谁结婚呢？在与朋友们的多次讨论中，他开始权衡两位妇女的优缺点，但他却越来越深地陷入矛盾之中，始终打不定主意，因为两人的优缺点旗鼓相当。这是妨碍他做出决定的一个典型的心理矛盾的例子。他一直犹豫不决，直到两位妇女都不再有意于他。

这种心理过程可以清楚地用图 11 · 5 所示的一个薄壁容器中的球的

力学模型形象化地表示出来。这里假定球是钢制的，而薄壁容器是用软材料做的。球在其中央“犹豫不决地”停留越久，它在容器中就陷得越深，直到最后落在它自己造成的凹坑中不能自拔。在心理学情况上自然也可能是，迟迟不定者在下意识中并不打算结婚，只想拖延矛盾，终于像球一样陷入一个不可逆转的位置中。

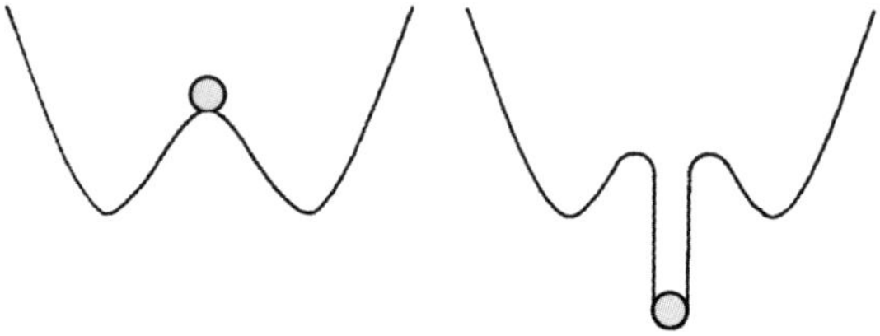

图 11・5　形象化地表示考虑过多的后果。
球压出一个深坑并再也无从自拔。

当一个人受到严重威胁时这种优柔寡断可能是毁灭性的，对此布鲁诺・贝特尔海姆(Bruno Bettelheim)在他所著的《求生教育》(Stuttgart 1980, DVA)中举出了有说服力的例子：被追缉者一直犹豫着，他该躲避当局呢，还是该冒险逃离？

这些例子都是典型的矛盾情况。两种解决办法一眼看来似乎是等价的。然后我们开始反复思考，寻找较高层次的帮助，以做出旨在(用协同学的语言来说)打破对称的决定。这里我们面临来自协同学要义的实质性观点：在很多情况下根本不存在有助于做出决定的更高层次的帮助。事实上，即使经过旷日持久的考虑，我们也不可能明确无误地解决矛盾。再则，我们在生活中只有很短的时间可以用来做决定。从而只能得出一个结论：必须认识到，原则上确实存在具有两个或更多基本上等价答案的问题。至于这些答案是否原则上等价，我们常常无从确认。于是我们必须在经过一定时间从各种角度反复考虑衡量之后，确认我们所面对的是一种真正的矛盾，在此两个答案都是对的。如果是这样，两种选择便是等价的。进一步的态度是：一旦做出选择，决不要后悔。必须记住，经过全盘考虑后我们所选择的是两个等价的答案之一，不应忘记，另一个答案也会有它的缺点。

在社会领域中矛盾的转移

特别是在社会领域中，存在着一些具有两个等价的答案——或更确切些说——有两条出路的矛盾，但在这种情况下人们的一般处理只是凭感觉。然而那个矛盾毕竟并非被消除，而只是被转移了。这里是几个本身似乎无足轻重的例子，但它们可以与引起剧烈冲突的问题相比拟。一个孩子生下了，他自然得有一个姓，在许多国家里，习惯乃至法律上规定孩子应从父姓。但孩子同样可以从母姓。如果没有法律规定，每对夫妻就将面临如下的矛盾：孩子该从父姓还是该从母姓？毫无疑问，对所有夫妻来说，这是一个潜在的矛盾，没有法律规定时需由夫妻双方协商决定。

在婚姻中也有同样情况，夫妻俩该用夫姓还是该用妻姓？有些夫妇选择双姓：米勒-迈埃尔。不难明白，如此再过十代，他们的全姓得由一千多个单姓组成。这简直不可思议。这将使原来的折中办法成为毫无意义的荒唐事。

于是只剩下两种可能性：从夫姓或从妻姓，也就是从父姓或从母姓。早期人类社会显然已认识到这个问题，而通过集体行为或立法打破了这种对称性。这种对称破缺可以通过传统或法律来实现。法律在孩子取姓上支配着夫妇们，从而起到序参数的作用。至少在民主国家里，法律是由人民的代表颁布的，即序参数是由许多个体确定的。我们又一次认识到在协同学中的序参数与个人之间的典型关系。另一种可能性是不存在序参数。在目前的情况下，法律听任父母决定孩子从谁的姓，因而把责任转移给父母。由此得出结论：较多的个人自由同时意味着可能出现较多的人际矛盾。

另一个关于矛盾的例子是父或母的权利问题。即法院在孩子的教育问题上是倾向于支持父亲还是母亲。在离婚案件中这个问题表现得特别明显，法官一般把年幼的孩子判给母亲监护，于是对称性在这里又被集体地打破了。原则上也可以把孩子的监护权判给父亲。因此在这一案例中，对称性要由法官来打破。由于缺乏所需的法律，打破对称性的任意决断就转移到了法院。还有一个例子也许能把这类问题讲得更清楚些：一对男女是通过正式结婚共同生活好，还是通过类似于婚姻的情人关系同居好？如同典型的矛盾那样，这里又是一种答案与另一种答案相比各有利弊的情况。在大量的优缺点对比中，结婚的缺点是受约束，但也就有了配偶之间彼此照顾的可能性；非婚结合的优点是自由，但当然也就没有对另一方照顾的义务。必须充分认识到，这两种优点不能兼而有之。非婚姻关系的破裂，常常导致很多经济上的争执，例如共同居住的住房。解决这种争执的规则又留给了当局。人们试图把矛盾转移给集体，而集体即当局常常完全没有预期到对这类规则的需求，因为婚姻制度本来就是用以处理这类问题的。

所有这些例子(还可以举出几十个)表明，在政治生活中矛盾经常由个人转移到集体，或由集体转移到个人。这种个人与集体之间的相互关系，对于个人的结果是，通过集体的影响，例如法律，可以使个人避免做出可能会产生矛盾的决定。反过来，若个人具有较大的做出决定的自由，那么这对个人意味着可能产生更多的矛盾。

我们刚才所说的集体影响，并不只限于婚姻事务。它也可以对整个社区或城市产生影响，几乎无须法律干预。

在若干不同地方生活过较长一段时间的人们，马上可以发觉，各地的人际关系气氛是各不相同的。在某些城市里，人们很友好，而在另一些城市中，居民之间和对外人的态度都非常粗暴。个人对“友好”或“不友好”态度之间所做的选择，显然是一种集体造成的对称破缺。某地一旦形成了一种普遍的气氛，那么这个地方的新来者就无法反其道而行之，经过一段时间之后，他的行为与当地人相比常常不相上下。如果他在一个不友好的地方竭力与他人友好相处，那么他将遭到白眼，也许他自己也会变得粗暴起来。相反，如果一个不友好的人来到一个友好的地方，那么他很可能受到当地居民普遍友好气氛的感染。同样的现象，我们不仅在城市里可以看到，而且会在办公室里或在管理部门中看到，后者给我们的印象有时更深刻。完全不同的局部气氛，新来者要适应是极其困难的。

矛盾也可能用别的方式解决

在图 11・2 中我们注意到一种心理矛盾的情景，我们看到的是一个花瓶还是两张脸？我们看似必须借助补充信息才能做出决定。奇妙的是我们的大脑对这个难题还准备了另一种解决的可能性：例如我们先看到两张脸。然后这个印象消失，于是我们看到一个花瓶，然后又是两张脸，依此类推。这里也许只需要一个小小的眼球移动或一个瞬间的念头，便可以如上所述使我们先认为是两张脸。但是为什么这种认知从我们的意识中消失而使对花瓶的认知出现呢？行为心理学家沃尔夫冈・克勒尔(Wolfgang Köller)对此的解释是，大脑中对彼时认知注意力的消失，使得对图形的另一种解释成为可能。托马斯・迪钦格尔(Thomas Ditzinger)和作者曾借助计算机对这一过程详细建模，对此我们将在后续章节中叙述。在感知心理学中还有很多这类矛盾图形的例子。但我们能否从这些现象中学到一些对日常生活有用的东西呢？我相信如此。我们举一对需要照顾他们两个孩子的夫妇为例。十分明显，他们会轮流照顾两个孩子。当这对夫妇需要对孩子和父母都加以关注时，也许不那么明显。但难道这不也是轮流进行的吗？对此，我们已由上面的矛盾图形知道，我们对此或彼认知的延续时间，可以是完全不一样的。

12 混沌、偶然和机械论世界观

确定还是偶然?

很少有哲学家——更不用说自然科学家——会否认物理学以及一般自然科学知识对人们世界观的形成起着很大的作用。我们的全部思维都受到科学革命的深刻影响，科学革命真正动摇了物理学的基础。仅仅通过物理学的定律以及对它们的无数次验证，我们对自然过程系按照一种永恒的规律进行的信念已经得到了加强。

在 19 世纪盛极一时的力学曾对此做出实质性贡献。力学研究了各个物体如何根据它们之间的作用力而运动。牛顿的基本观点是，支配苹果从树上落下的规律，与支配地球和其他行星绕太阳运行的规律相同。牛顿定律是全部火箭技术的基础，也是人类征服宇宙空间的基础。我们在电视屏幕上可以看到，火箭射向月球，精确地遵循预先计算好的轨道。然而，运行轨道可以事先一次算出并从而可以预测，却令人有点心寒，甚至有点压抑之感。因为，如果各种事件都按确定的程序发生，那么我们不过是一个巨大齿轮机构的一部分，无疑只能无可奈何地听任其摆布而已。偶然性无处藏身，一切都是确定的。这种世界观的深远哲学和宗教后果是人们经常讨论的题目，这种后果是不难想象的。但在 1920 年代，通过量子理论出现了一个意想不到的转折点，偶然性卷土重来。让我们再次简略地回顾一下在普通灯管和激光器中发生的情况。激发原子中的一个电子，使它得到比通常为多的能量，这个电子趋于以发射光波的形式重新释放出这份能量。然而量子理论表明，根本不可能精确预测电子何时将发射它的能量。这就像掷骰子游戏一样，无法预测掷出来的是什么点数。

根据我们现今对微观世界中的变化过程，即对不可见的原子世界的了解，这些过程都受偶然性即随机事件的支配。任何恢复机械论世界观地位的尝试业已失败。这些尝试都与实验结果大相径庭。偶然性即不可预测性，这与一次定终身地预测事情的全部过程的想法是背道而驰的。

既确定亦偶然！

在1970—1980年代，越来越清楚的是，在自然界的许多方面存在着具有某种两重性的现象，这使许多科学家们大感意外。这些现象，例如运动过程，一方面遵循与力学同样严格的规律，或者它们本身就是力学规律。另一方面，这些现象本身又有某种偶然的和不可预测的性质。这种现在刚开始进入科学家一般认识中的全新类型的现象，被称为“混沌”。

“混沌”这个词在日常语言中是常用的。我们只要想想大家都熟悉的交通混乱，挤成一团、动弹不了的车辆。交通混乱的这个图景，已向我们表明混沌这个词用在科学意义上的特征。每一辆车都按严格的力学定律在车流中据有其本身的一席之地。尽管如此，交通堵塞混沌，在旁观者心目中仍以完全的杂乱无章出现，其中每辆车的位置似乎都是随机分布的。一辆载重汽车靠近一辆蓝色小轿车，前面横着一辆红色小轿车，后面是一辆摩托车，如此等等。

“混沌和有序”的一幅更有戏剧性的图景可参见著名画家埃舍尔的同名画作(图2·3)。该图中间是一个完全规则的晶体，外围是一堆垃圾，如碎玻璃瓶和打开的鱼罐头。很显然，晶体象征规则，而垃圾则相反地象征混沌。在这种情况下，混沌是静态的，与自然界中一切都处于不断运动中的混沌现象相反。运用混沌这个词语时需要小心！即使在自然科学本身，“混沌”也不总是“混沌”。这里有早已熟知的“微观混沌”。对此我们在本书中已多次提到，例如单个气体分子的无规则运动，或者普通灯管发出的光。但还有十分新的另一类——“确定性混沌”，经常简称为“混沌”，因此可能引起许多混乱，或许已经造成许多混乱。

确定性混沌在一开始被认为是一种荒唐和孤立的情况，现在看来，它是我们在协同学中研究过的许多系统的典型行为模式。不妨再回顾一下前面已经遇到过的几个例子。

取决于我们从底部对一个水平液层加热程度的不同，流体中产生大不相同的运动模式。经过了几个如滚卷或蜂窝状的均匀运动阶段以后，流体开始以一种完全不规则的方式运动，成为专家所说的“湍流”。我们现在已有理由认为，这种混乱和完全随意的运动遵循着混沌运动的规律。①

观察抽烟者吐出的烟圈，可以看到类似的现象。开始时烟圈变形而最后出现完全不规则的烟雾运动，它变成了湍流。某些化学反应产生了空间或时间上的宏观模式，例如在别洛乌索夫-扎博京斯基反应中出现的由蓝色到红色的周期性变化等。化学家以前就观察到由红色到蓝色交替改变的完全不规则的变化过程。但他们当时认为，大概是混合物配制不当，因而没有发表他们的研究成果。现在，当“混沌”现象得到普遍认可之后，化学家们争相发现和发表这些反应的不规则时间序列和空间模型的新结果。有人甚至预言，激光也可能是湍流性的。完全不规则地发射的波列，但其特性不同于普通灯管发出的光线。于是有一种全新类

---

① 参见本书第 4 章。——译者

型的光正等待被发现。[1]

在生物学中，混沌的思想也正开始被接受，并有助于理解以前完全无法理解的现象，例如某种昆虫的个体数目完全无规律地年复一年地波动。现在已有了可用来解释这种波动的数学模型。

所有这些被大多数人看成是崭新的现象，却早在《圣经·传道书》中以“日光之下，并无新事”这句话对科学家道破。事实上，早在19—20世纪转换之际，法国数学家庞加莱(1854—1912)[2]就已在完全不同的领域——天体力学——中发现了混沌运动的可能性。如果我们研究有两个太阳但只有一颗行星的太阳系模型，则该行星的运动可以复杂到难以想象的地步，简直就像一只被随意踢来踢去的足球。这里科学明显地陷入了困境：行星的运动总是遵循严格的力学规律，而它的实际运动看起来却是纯粹随机的。

这个例子表明，在一个非常简单的力学系统中，就可能出现极其复杂的运动。根据牛顿力学，我们本来理所当然地认为，在我们的太阳系里，行星将在椭圆轨道上万古不变地绕着太阳运行。可是力学的现代发展表明，行星轨道的这种稳定性却是一个难解之谜。最伟大的学者们都研究过这个问题，以期对19世纪瑞典国王悬赏的问题找到答案：“我们的太阳系是稳定的，还是有可能出现例如这样的情况：几颗行星最终向太阳坠落，而其他一些则被太阳赶走？”所有这些过程都是与力学的能量和动量原则相符的。

今天，数学家对这个问题做出的回答是如此微妙，并且如此与行星

---

① 我在本书第一版中就是这样写的，在这以后发现了混沌激光。

② 庞加莱(Jules Henri Poincaré)，法国数学家、天体力学家、数学物理学家、科学哲学家。他在数学方面的杰出工作对20世纪乃至当今的数学造成极其深远的影响，被公认为19—20世纪之交的领军数学家。他在天体力学方面的研究是牛顿之后的一座里程碑，也因对电子理论的研究被公认为相对论的理论先驱。——译者

图 12・1　土星光环

运行的细节紧密联系，有时很难相信人们找到的答案是最终的答案。不过，如果他们的理论是正确的，那就应该能够说明土星光环的结构(图 12・1)。被认为是由小冰块构成的土星光环，用望远镜看起来是一种具有若干同心环的结构。问题在于，为什么环与环之间存在空隙呢？为什么空隙中没有冰块呢？研究天体运动的数学家们的解释是：由于土星的卫星的影响，原来位于这些区域中的冰块被迫进入了混沌轨道，因此必须离开这些区域，从而造成空隙。至于这是否就是最终答案，还要拭目以待。美国空间探测器在其近旁拍摄的照片为我们揭示了更多也更精细的结构。土星光环就像一张有槽纹的唱片，有些像轮辐一样的东西存在于迄今为止被认为是空无一物的空隙中。这又是一个未解之谜。

对于为什么会产生混沌而貌似随机的运动这个问题，明确的答案只有在数学框架内才可能找到，而数学也才刚开始了解“混沌”。可是我们仍不难想象为什么偶然性可以偷偷进入严格确定的运动之中。

吃角子老虎[①]：计划好的混沌

设想把一个尖锐的棱边如剃刀片竖起来放，让钢球从上向它落下

① 吃角子老虎机(Glckspielautomaten)，一种投入硬币进行赌博的游戏机，首创于英国。如文中所述，个别钢球的最终位置是不可预测的。但容易理解，对于钢球的一定初始位置，它到达不同最终位置的概率却是可以预测的。这样，微调球的初始位置，就可以保证庄家以一定的概率赢钱，而玩家也因为有可能经历各种不同结果而兴趣盎然。然而，玩家输钱的概率随着游戏次数的增加趋于一个常数，没有翻本的希望。——译者

(图 12・2)。钢球究竟偏向剃刀片的哪一边落下，取决于剃刀片与钢球相接触的位置。稍稍偏左一点点(1 毫米的很小部分)，球就会偏向左面，反之则偏向右面。显然这整个过程是严格确定的，但其中仍带有某种偶然性。原因在于，我们在原则上不能完全确知或测定钢球的初始位置。然而球的初始位置的一个极小偏差，将导致它完全不同的运动路径。掷骰子的情况完全相同。骰子一般先以它的一边触及桌面，此后情况如何，同样取决于初始条件，正如钢球落向剃刀片的情况一样。由此可以明白，偶然事件与严格确定事件之间的界限并不那么分明，虽然这两种边界情况在哲学意义上可以严格地确定，而且毕竟只应该有两种情况。有决定意义的要点是，初始条件的微小不精确性，将对事情的过程产生宏观影响。

有时实际动手者、发明家和技师要比有学问的科学家来得聪明，吃角子老虎机制造业已存在很久，这种自动机的原理在于，严格规定的机械运动也能欺骗性地模仿偶然性。这种机器例如可以使球相继落在一条条边缘上。在每一次游戏中，游戏者都无从预知球的路径，游戏的结局也确实是碰运气的事情。然而球走的每一步都是按照确定的方式进行的，图 12・3 展示了这种为人熟知的吃角子老虎机的一例。

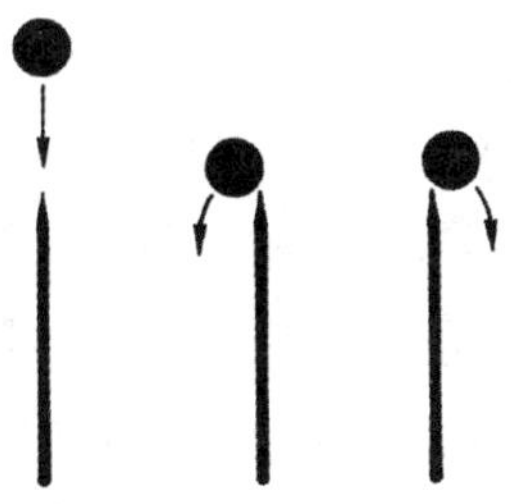

图 12・2　钢球向剃刀片落下

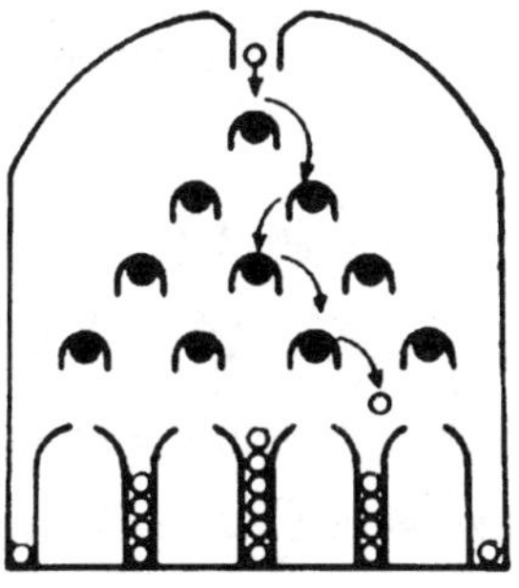

图 12・3　吃角子老虎机简图。球将落在哪里?

北方并不总是北方

科学幻想小说有时描写置身于未来或过去世界中人们的遭遇。假设一位科学幻想小说作家把某个带了最少量生活必需品的人放在时间机器里，回到十万年以前。那个人现在必须借助于一个罗盘来定向。因为感到很冷，他就打算按照罗盘的指示走向南方。但他越走越冷，终于明白自己是在朝北走，而不是朝南走。他的罗盘指错了方向。由于罗盘指示的是地磁场的方向，我们不得不做出这样的结论：地磁场的位置改变了。

我们当然不可能用时间机器使人回到过去，但大自然却用另一种方式做到了这一点。在格陵兰找到了一些有磁性的地质构造。在不同的岩层里，岩石的磁体按当时的地磁场排列，并且以后在一定程度上被“冻结”住了。也就是说，它们一直保持着这样的排列。另一方面，地质分层也为各层的年代提供了一条线索。从一层到另一层，磁场一再改变方向。地质学家由此知道，在过去几百万年里，地磁场的方向已经改变了多次，但每两次改变之间的时间间隔却显得毫无规律。地磁场必定是以混沌的方式改变其极性的，这一点已为新近的理论所证实。

协同学中的混沌：自相矛盾吗？

读到这里，有的读者会问，这种混沌过程与协同学有什么关系呢？协同学无非是有关系统各部分之间协作的一种理论。然而，就一个行星在有两个太阳的系统中的运动而言，相关的物体一共只有三个。此外，从本书一开始就显得，许多单个系统的协同作用总是产生有序的结构或过程。我们下面还要对这两个问题进行更详细的讨论，希望也能对其他领域如经济领域中的变化过程给出线索。为了说清这些问题，我们必须采用稍微有点抽象的方法，因此，对此兴趣不大的读者，本章可以到此为止。

回想序参数这个概念，混沌与协同学之间的关系就会变得一清二楚。在一系列例子中我们看到，有时协同学系统可能不只受到一个，而是受到几个序参数的控制。例如在构成液体的蜂窝状结构中有三个序参数起着协同的作用。它们是组成等边三角形的波。在另一些情况下，例如在生物进化中，不同的序参数相互竞争。因而，协同学系统的宏观性质常常通过序参数之间的协同或竞争反映出来。

把协同学的问题用数学方式描述，那么即使系统完全不同，对序参数的方程却常常是相同的。现已发现对序参数的某些方程也可以包含混沌过程。再次以底部被加热的液体为例：在一个混沌运动阶段有三个序参数处于交换关系中，从而使系统徘徊于不同的运动状态之间。在我们进行过的另一个较精确的研究中，各个序参数之间的交换关系被描述如下：在一段时间里，一个序参数占主导地位，支配另外两个，规定它们的运动。但不久以后，这个序参数失去其主导地位，把它让给另一个序参数，依此类推。有趣的是这种“主导地位的改变”是完全无规律的，也就是混沌的。天体运动也属于这一类，其中重心的坐标就是序参数。

我们现在知道，当序参数之间有很多交换关系时，应该预期存在混沌运动，并应把过去被解释为测量误差和/或根据当时的理论考虑而断然排斥的许多事例作为混沌来接受。例如，经济生活中的事件，或变化过程中的行政干预作用，在很大程度上都是自组织的，例如大学中科研和教学的布局和发展。

天气是否可以预报？圣彼得[1]是否总留着一扇小小的后门？

周六晚上，我们有时坐在电视机前，根据第二天为晴天的天气预报

① 圣彼得是耶稣十二门徒中最早的一位，西方人相信他掌控天气。——译者

而安排了周日的出游计划，却不料翌日大雨滂沱，于是痛感失望。

为了改善天气预报，不仅气象学家，而且还有物理学家和数学家也都做了长期的工作。出生于匈牙利而后定居美国的约翰·冯·诺伊曼(1903—1957)是一位真正的数学天才，他提出了现代电子计算机的基本原理，根据这些原理，在诺伊曼的大力协助下，美国在1940年代制成了第一台电子计算机。这位数学家立即认识到计算机的巨大技术潜力，特别是它能处理大量数据。因此，他倡议建立一个密布于全球的气象观察站网络，以便收集气压、温度、风速、湿度等的测量数据，并把这些数据输入一台中央气象计算机。因为大气与液体的性态相近，应该可以根据液体运动的基本方程对气团的运动、湿度，乃至对天气做出精确的预测。根据云街和液体滚卷的类比，我们已指出空气与液体运动的相似性。

但是，虽然观察站的网络越来越密，天气预报却并没有多少改进。

1960年代，美国气象学家洛伦茨(Edward N. Lorenz)对流体运动的基本方程进行了仔细研究。根据计算机的计算结果，他发现这些方程也预示了——如我们今天所说——完全混沌的运动方式。然而什么是混沌呢？回忆一下上一章所讲的要点：如果初始值稍有改变(例如气团的初速度)，运动的过程就将完全不同，那么这个过程就是混沌的。但是，我们不可能绝对精确地测出气体的运动，因此，即使小小的测量误差，也可能导致几天内甚或几小时内天气预报的巨大误差。

看来，圣彼得确实以这种方式为自己留下了一扇使我们一再感到意外的后门。

等离子体可以制服吗？核聚变中也有混沌吗？

古希腊人说物质有四种聚集态：土、水、风、火。我们对其中三种都很熟悉。用近代语言来讲，它们被称为固体、液体和气体。但是物理学家确实还发现了另一种聚集态，那就是等离子体。

如我们所知，不同聚集态的微观差别只在于其组成分子的不同排列。当物质处于气态时，分子自由飞行，只是偶尔相撞。如果持续加热气体，分子的运动将越来越剧烈，从而分裂为它原来的组成部分——原子。我们知道，原子由一个带正电荷的原子核和一系列带负电荷的电子构成，这些电子环绕原子核旋转。当温度极高，例如达到几百万度时，电子也处于极其剧烈的运动中，以致脱离了带正电荷的原子核。物理学家把原子核与电子相互分离的气体称为等离子体。这种状态在自然界中并不少见。例如我们的太阳就是一个等离子体，因为它的内部温度超过一千五百万度。在这样高的温度下，各原子核以极大的力相互碰撞，从而会出现两个较小的原子核聚合成一个新原子核的情况。

早在 1930 年代，贝特（Hans Albrecht Bethe）和魏茨泽克（Carl-Friedrich von Weizsäcker）就提出了一种构想：使原子核之间相互反应，最终四个氢原子核合成为一个新的核，即氦核。正如在化学中原子结合为分子而释放出以热运动形式出现的能量，当原子核聚变时会释放出极其巨大的能量。人们不禁要说，太阳把这些反应所产生的能量在宇宙中浪费掉了，因为只有很小一部分能量到达地球表面。然而就是这样微小的一点点就足以满足本书中所讲到的所有生命过程的能量需求了。

地球上的能源，如石油、原煤以及可得到的核能，可惜在不太久的将来就都将消耗殆尽，人们将被迫去寻找新的能源。试图在地球上的实验室里照搬太阳中的反应过程，从而在地球上建造一个供给能源的小太阳，还有什么比这个更有吸引力呢？这个想法推动人们在地球上制造等离子体，并通过它来造成核聚变。

等离子体的产生其实并不那么困难。例如电焊时观察到的光弧，强电流就在电极之间的空气间隙中造成了一种等离子体。我们可以用多种方法来产生高温。可惜的是核聚变的实现还是困难重重，问题在于：即使温度非常高，各个原子核之间相互碰撞的机会仍然极小。原子必须跑许多公里，才能找到一个可以与之聚合的伙伴。因此等离子体的尺寸必须达到几十公里的量级，核聚变才能发生。此外，等离子体中的各个粒子自然会很快飞逸。遗憾的是无法把等离子体禁锢在一个容器里。等离子体的组成部分，即电子和原子核，在高温下达到极高的速度，它们会立即穿透容器壁。但是物理学家们想出了一种办法，既可以防止这种飞离，同时又能够诱导各个粒子不断地相互碰撞，这就是在等离子体周围建立强大的磁场，因为物理学家知道，带电粒子在磁场中总是不断地被偏转，从而被迫在一个圆形轨道上运行。这样一来，就把它们限制在一个较小的空间范围内（直径还可能有好多米），并给它们以找到伙伴的机会。等离子体装置中最有前途的类型称为托卡马克（Tokamak），参见图 12・4。这个词来自俄语。托卡（tok）的意思是“流动”，而马克（mak）是“最大的”（maximal）一词的缩写。据此，这个装置应能产生最大的等离子粒子流动。

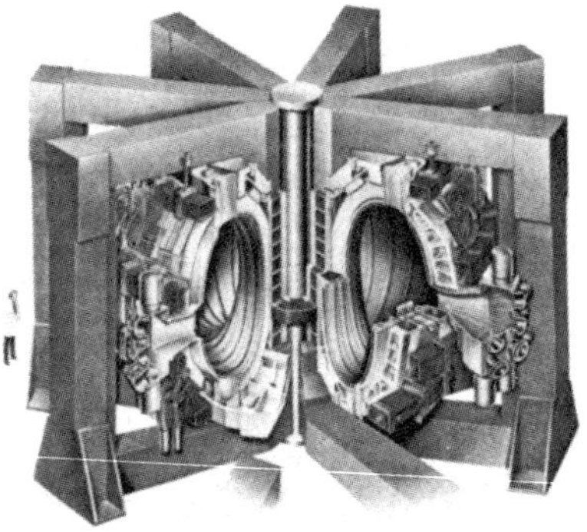

图 12・4　巨大的托卡马克装置（其大小可通过与站在左面的人相比较而看出）

这就把我们带进了中心议题。等离子体是研究工作者探索不稳定性的乐园。正如我们在本书中多次看到的，不稳定性改变宏观运动。等离子体物理学家们已发现了一百多种不同类型的不稳定性。例如，等离子体中波的突然扩展，以及在等离子体中出现全新的流动模式等。我们曾计算过这样一个模式，因为它十分美丽，我们把计算结果画在图 12・5 中并做了说明。在另一种不稳定性下，等离子流在较短时间以后就完全瓦解了。各种各样新的波动和流动模式是如此不同，以致等离子体物理学家有时试图把它们与生命过程联系起来。但那些试图把核聚变付诸实用的等离子体物理学家，大多数对不稳定性并不感兴趣。因为如果一个过程从一种不稳定性跳进另一种不稳定性，或者各种波动由于相互影响而不断增加，那就不可能有规律地把等离子体导入例如一个环形轨道中。这里出现了一种现象，也就是上面讲过的混沌，它近来已成为等离子体物理学入门的一个重要内容。我们在以前各章中已列举了很多例子来说明出现完全无规则运动的可能性。看来也可以期望这种无规则运动会在等离子体中出现。这就要求我们更好地理解混沌运动的性质，以便在技术上掌握混沌。我毫不怀疑，总有一天我们将获得成功。① 但肯定还有很多研究工作要做。在协同学意义上，不同学科之间大有可以相互借鉴之处，因为混沌(在科学意义上)是一种完全确定的现象。

图 12·5　从底部被加热并处于竖直磁场中的等离子体所产生的流动模式。图中画的是速度场的等值线。

① 事实上，从第一版问世以来，混沌控制至少已在一系列情况下获得了成功(参见第 13 章)。

13 混沌理论背景概述

编号13的本章也许与本书其他各章的风格稍有不同。我们打算在本章中更为详细地阐述确定性混沌的理论背景。主要是因为在媒体上已经发表和将要发表那么多有意义和无意义的关于混沌的文章，某些读者也许会有兴趣略微深入地了解科学家处理混沌理论的风格和方式。让我们从一个简单的例子开始，其中还没有混沌，但由之我们马上可以看出，混沌理论是从哪里开始的。我们人人都知道秋千或摆。让我们来观察一下它在理想状态下的运动，其中绝对没有摩擦力(例如在安装处)作用于摆。于是这个摆自然会无止境地来回摆动。在数学和理论物理学中，人们把这种运动用一个确定的公式来描述，以便随时确定摆的位置和速度。对此，我们察看图13・1。图的上半部显示了摆及其偏移 x，下半部是所谓的相平面。水平轴记摆当时的位置 x，而竖直轴记摆当时的速度 v。

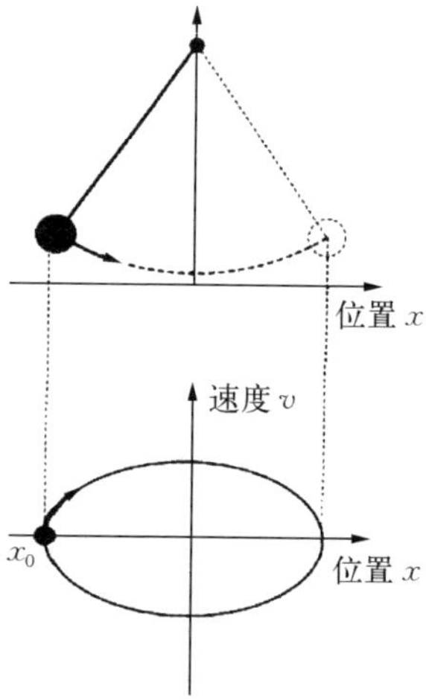

图13・1 上：摆的示意图
下：相平面(参见正文)

我们从摆向左方达到最大偏移的极端情况开始，在这一转换点，摆的速度为零。在相平面上我们得到标注为 x_0 的点。这时摆自然会往回摆动，其偏移减少，同时其速度增加。于是我们得到相平面左上部的曲线段。接着摆通过偏移量等于零的最低位置。速度从这一点开始减少，我们得到右上部平面上的曲线段。最终速度降低为零，摆达到向右方的最大偏移。此后摆再度减少其偏移，而其速度在向左方移动时增加，在相平面上的图形表明，在相平面的下部我们必须重新得到速度。于是我们先得到右下平面上的曲线段，最终得到左下平面上的曲线段，而从这一点开始，整个过程又再次重复。标志着摆的物理运动状态的点在相平面上运动，形成一条曲线，可以证明它是一个椭圆。一条这样自行封闭的轨道曲线因此被称为一个极限环。

我们现在观察有摩擦力的实际情况。这时摆在受到开始的推动之后，自然会随着时间的流逝而趋于静止。其偏移和速度都随着时间的流逝而减少，因此其轨迹盘旋趋向零点(图 13 · 2)。要想把摆保持在其原来的轨道即其极限环上，就必须不断地补充能量，就像我们对秋千自动做的那样。一个无阻尼摆的来回摆动时间是完全确定的。因此它适合于测量时间；问题只在于，一个自由摆动的摆不是无阻尼摆，它会随着时间的流逝而失去其速度，从而趋于静止。但若植入一个不断撞击摆的机构，那么我们就有了一架钟的原型，就像我们事实上以多种方式(早先用机械装置，近来用石英振荡器)所实现的那样。

摆可以视为不同领域中振动过程的原型，而且事实上人们曾相信，这些特别有趣的曲线轨迹，只能以极限环或其组合的形式存在于相平面或多维“相空间”中。但后来气象学家洛伦茨有了一个惊人的发现：他借助一个流体动力学模型确定，在三维情况下就已经可能出现十分奇特

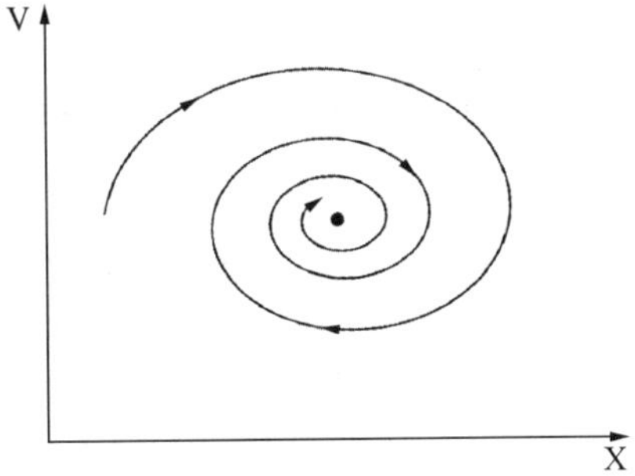

图 13 · 2　阻尼摆的轨线(轨迹)盘旋趋向零点，也被称为焦点

的轨线，如图 13・3 所示。这样就发现了混沌，更确切地说，是重新发现了混沌，因为正如我们已在第 12 章中所指出的，法国著名数学家庞加莱早在 19—20 世纪之交就已经研究过混沌运动了。

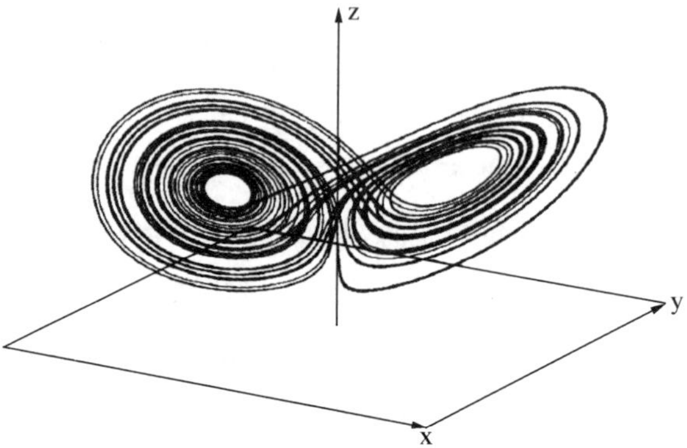

图 13・3　洛伦茨吸引子。轨道首先在一个空间区域盘旋，然后突然跃入另一个空间区域，在此盘旋若干时间后，又跃回第一个区域，如此反复不已。虽然其运动满足确定的方程，但是轨道的跳跃看起来似乎是完全随机的。

混沌运动可以很简单地实现，例如我以前的博士生迈尔-克雷斯(Mayer-Kress)用以下装置——波尔[①]轮所展示的。他用弹簧把一个摆与一个周期性来回摆动的杠杆臂(可以借助任何旋转马达实现)相连接。如果耦合很弱，则摆追随杠杆臂的来回运动进行强迫振动，其轨线如同我们在图 13・1 中所见。但若耦合增强，就会突然出现一个变换点，从这一点开始，摆不再以一个周期的时间而是以两个周期的时间回到原先的位置。在经过这样几个在增加耦合强度过程中发生的中间阶段以后，摆最终进入完全无规则的运动，称为混沌运动。由此十分清楚，混沌可以非常简单地产生。

① 波尔(Robert Wichard Pohl，1884—1976)，德国物理学家，有些人视他为固态物理之鼻祖。——译者

数学家和理论物理学家自然考虑了如何进一步表征这类轨线。其中之一是我描述过的双面刀片效应(参见图 12・2)，这种效应在专业术语中称为对初始条件的敏感性。为此我们研究两条开始时在相平面上十分接近的轨线，可以确定，这两条轨线快速地相互分离，其间的距离呈指数级增长。相应的增长速率用李雅普诺夫指数表征。

混沌运动的另一个特征是它的自相似性，我们现在用一种结构来展示这种现象，这种结构早在 1904 年就已由瑞典数学家科克(Helge von Koch)获得(图 13・4)。除此之外，自相似现象还有一个效应，当我们面对一组轨线时，我们不能说出我们在什么尺度下观察它(图 13・5)。这组轨线在任何不同的放大比例下都是相似的。人们最终必须把混沌轨线看作一个毛线团，由之可以不断地抽出毛线，但轨线并不填满整个空间，而只是空间的一部分。因此人们说这是一个分形，也就是轨线有非整数维。

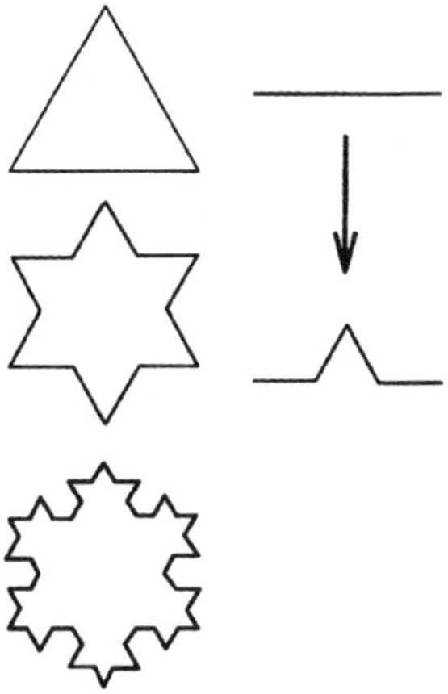

图 13・4 作为分形曲线实例的科克曲线。每次都从等边三角形的中段出发作一个新的等边三角形，设想无限次应用这种方法。

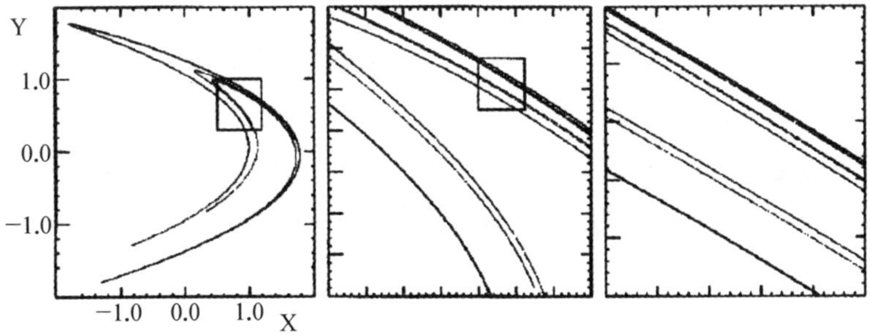

图 13・5 混沌吸引子自相似性的例子。放大一个局部，似乎又得到原来的图。这也使得我们不能说出所看到吸引子的放大倍数。

希望读者没有因为太多专业术语而感到困扰，但我这里还要提及吸引子这个概念。对于阻尼摆，我们已经看到其轨线如何趋近于零点。零点因此在一定程度上吸引轨线，换句话说，零点成了一个吸引子。对混沌运动而言，运动永远不会停止。但是人们可以说在这里有一个吸引子。轨线从相空间中所谓吸引子附近任一点开始，则它在相空间中一个确定的区域(即吸引子)中运行，再也不会离开。在这个区域中轨线永无休止地回旋，且如我们所说，永远不会完全充满它。

因为在三维(更不要说高维)空间中的轨线历程很难直观地表示，人们试图把轨线在较低维度下描述。庞加莱提出一种非常重要的方法，由此生成的映射以他的名字命名。图13・6对此做了说明。借助这种方法，一条连续的轨线得以表示为一系列单独的点，即离散点 x_1，x_2，x_3……数学家和理论物理学家有时候使用这种小技巧，它们常常最终被证明高度有用，使人们对规律性有了深刻的认识。

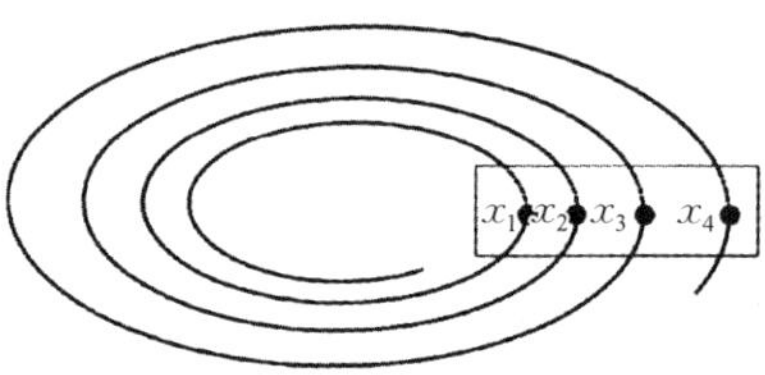

图13・6　庞加莱映射的生成。上例中轨线在三维空间中运行，因而与置于其中的一个横截面多次相交。诸相交点构成一个序列 x_1，x_2，x_3……

假定相继点 x_n 之间的关系，例如第五次回旋到达的点与第四次回旋到达的点的坐标之间相差一个因子 α，这看起来不像会导致特别有趣的结果(图13・7)。如果 $\alpha<1$，那么点序列最终将趋于零点，而在另一种情况 $\alpha>1$ 时，点序列将趋于无限。若 $\alpha=1$，点序列将落在同一处。令人惊讶的是，对较复杂的另一种关系即 x_{n+1} 对 x_n 呈抛物线依赖关系①，已经出现了十分有趣的情况。增加图13・8中的高度 α，将得到与以前完

① 线性映射关系的公式为：$x_{n+1}=\alpha x_n$。抛物线映射关系：$x_{n+1}=\alpha x_n(1-x_n)$，即逻辑方程。——译者

全不同的 x_n 的相继序列(图 13·9)。在一个完全确定的 α 值下，x_n 的周期与其原先的周期相比加倍。在另一个完全确定的 α 值下，x_n 的周期又加了一倍，依此类推。这被称为一个周期倍化序列。直到在一个完全确定的 α 的临界值下，这一周期倍化导致完全无规律的 x_n 值系列，也就是说，这里又出现了混沌行为。这种十分有趣的一般规律性，首先为格罗斯曼(Siegfried Grosmann)和托梅(S. Thomae)所发现，但我们在这里显然已深入到专业领域，我必须请感兴趣的读者参考专业文献。顺便指出，图 13·8 显示的方程被称为逻辑方程，曾用于描述昆虫数量的不规则变化，我们在第 12 章中提到过这种不规则变化。周期倍化是通向混沌的一种途径。在一段时间里人们曾认为，这是通向混沌的唯一途径。但此后又找到了一些其他途径，而我们现在知道，通向混沌有着无限多种不同的可能性，例如通过在实验或方程中增加一个参数的值来实现混沌。

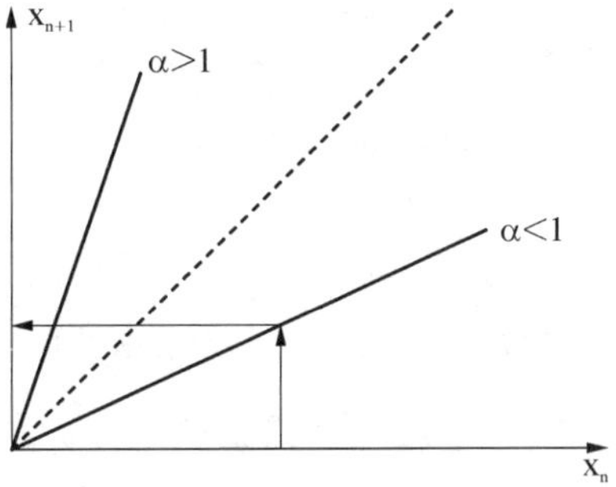

图 13·7　第 n 个交点 x_n 与其后的交点 x_{n+1}，n=1，2，3……之间关系的一个模型描述，如果交点之间的关系如这里所示是线性的，那就没有什么特别之处。根据上图容易看出，如果斜率 α<1，那么点序列将趋于零点，而在 α>1 的情况下，点序列将趋于无限。将该映射不断重复施加，便容易看出这一点。

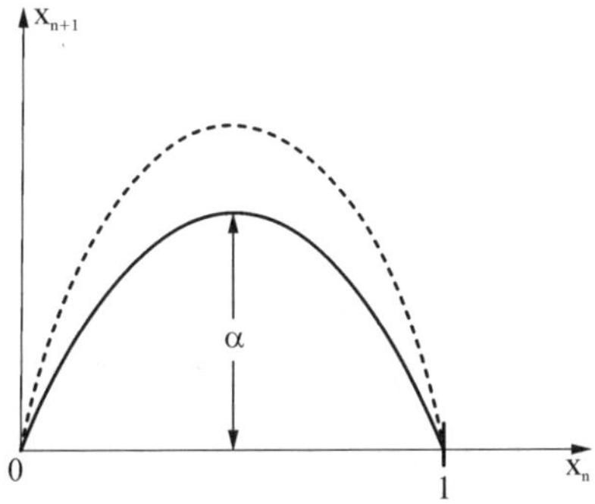

图 13·8　上图展示了除线性以外的最简单关系，即交点 x_{n+1} 对前一个交点 x_n 呈抛物线依赖关系

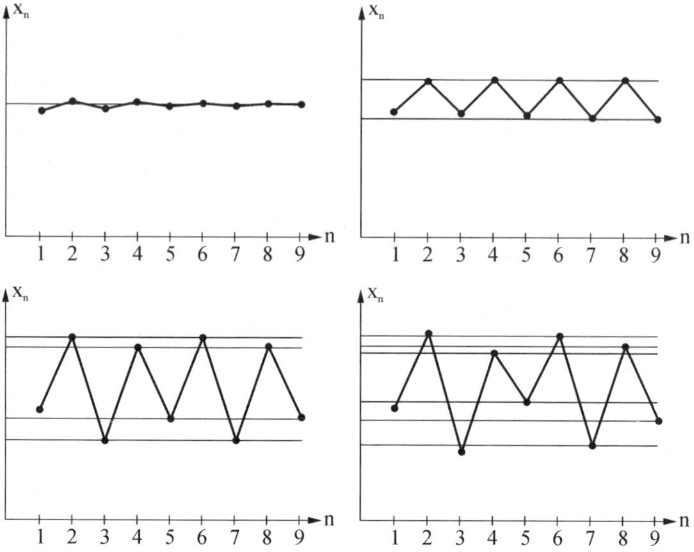

图 13・9 取决于图 13・8 中的高度 α，得到完全不同的时间历程，对于小的 α 值，x_n 是一个常数。当 α 值增加而达到其第一个临界值后，出现周期运动，而对一个更大的 α 值，运动的周期加倍。这样，α 值的增加导致周期倍化。对这些时间系列，也发现了一系列有趣的自相似性质。

我可以想象，以上叙述会因读者的秉性不同而导致完全不同的反应。一些读者会说："啊哈，混沌理论中发现的这些关系非常枯燥乏味。这些关系与现实生活有何相干?"另一些读者则会因为这里展现的数学问题提法和结果的丰富多彩而大为鼓舞。

驯服混沌

混沌过程的特征是其无规则性以及不可预测性。构建一个发射混沌激光的激光器，一般说来，它自然会受到最高度的扰动，但人们希望最终得到极其均匀的光波。在我看来，这和许多其他过程(并非只在物理学中)十分相似。因此，不足为奇，研究者会对能否驯服混沌这个问题产生兴趣，也就是说，能否把无规则运动再转化为有规则运动。事实上，这在一系列情况下是可能的，对此我们再次把激光器作为标准例子。如同我们在第五章中看到的，激光发射取决于输入激光器中的能量。当这一能量增加时，或更确切地说，当输入功率增加时，发射出来的激光强度提高，反之则强度降低。于是这也提供了对混沌激光进行控制的可能性。通过测量实时发射的光线强度，人们可以构建一个电子控制装置，使得输入能量随着发射光线强度的提高而减少，随其降低而增加。事实上已证明这一简单的方法是合适的，于是人们可以把极高强度范围中的混沌激光稳定为规则发射的光线。

与此同时，也有人建议和尝试了一系列其他控制机制，其中我对以下方法特别感兴趣，不仅因为它最早是在斯图加特开发的，而且因为它在某种意义上是一种矛盾现象。在某些情况下确实有可能，通过向其施加随机分布的扰动，稳定混沌运行系统。也就是人们可以说，由确定性混沌和微观混沌最终可以建序。显然，驯服混沌这个问题是混沌研究的一个中心课题，这里也还有许多对实际应用很重要的开发工作(例如在经济方面)值得期待。

混沌研究者的预测

作为混沌的特征，尤其要提到系统的未来发展对于初始值的敏感性。因为人们永远不可能精确地测量初始值，这就出现了对系统进一步运行做预测的不确定性。尽管如此，混沌研究者总是不断试图从一系列测量数据确定被观察系统的未来发展。为何以及如何使之成为可能呢?

一方面，在更深入的观察下，我们注意到，预测中固有的原则上的不确定性是一个时间尺度问题。可以说，有一些系统可能在百万分之一秒以内已经是不可预测的，而另一些则相反，例如要数年以后其不确定性才可能被察觉。因此，由于混沌的存在而完全不能对未来做任何预测的说法是不对的。人们必须对系统很仔细地加以研究，并慎重考虑不确定性的提法。

让我们假定这种不确定性是已知的。那么如何从测量数据做出对系统（也包括经济系统）未来发展的预测呢？股票经纪人对此自然特别有兴趣。如果物理学家能致力于对股票交易做这样的预测，而且恰恰是基于混沌理论，那岂不是太美妙了！我们自然不能在此深入探讨这种理论的精确细节，但我们将试图让读者对理论家或分析家所使用的方法有一个感觉。

这一研究的基础是所谓的时间序列分析。在一个系统的运行过程中，往往只能测量很少变量（常常只有一个）相对于时间的变化，例如运行时间内激光的强度，或一个星期或一个月内的国民生产总值（图13・10）。时间序列分析基于以下假设：测量到的随时间产生的变化基于某个确定的规律，虽然这个规律还是未知的，但人们总能用某种方式将其揭示出来。达到这一目标的一个诀窍就是，把单一变量的时间历程归结为相空间中的一条轨线，由之可以重建一个混沌吸引子。换句话说，人们将以一个变量的行为来推断许多变量的行为（尽管其数目暂时未知）。这将通过在图13・11中详细说明的一种做法来实现，称为重建吸引子。一旦把直到某一确定时刻的轨线重建出来，就能以或高或低的精度将其向未来插值外延。

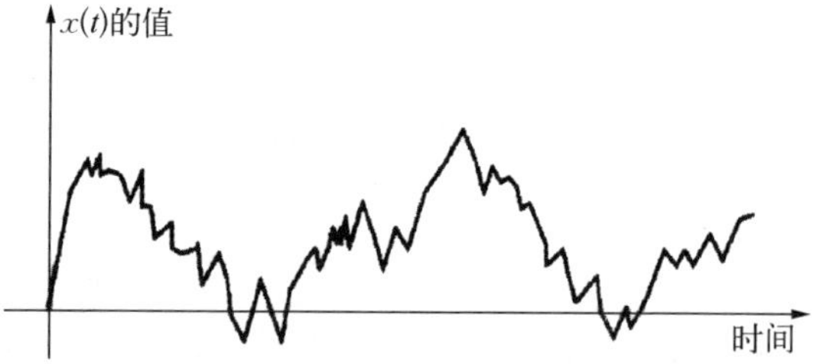

图 13・10　时间序列一例。$x(t)$ 的值相对于时间的历程。

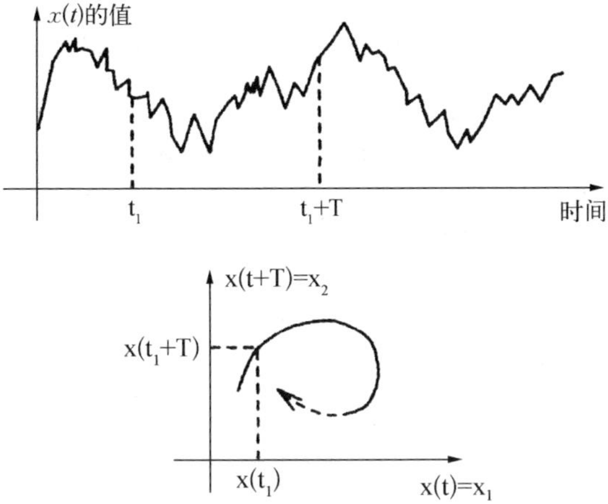

图 13 • 11　由一个时间序列重建吸引子。取在时间 t_1 的值为原始值 x，对时间 t_1 移动常数 T 构造第二点。在图的下部把这两个值作为两个坐标，给出平面上的一个点。添加这一系列关于时间 t_1 的点，便得到如图所示的曲线，其中虚线部分是对未来的插值点，其测量数据尚未得到。重建混沌吸引子时至少需要三维(如果不是更高维)空间。这里，在时间轴上不仅用对 T 的位移，也用对 $2T$ 的位移等，得到相应的新坐标。因此，对 T 的正确选择是一个重要的而且尚未解决的问题。

例如对显示混沌性质振动的激光和某些化学反应，这一方法在一系列情况下被证明是可行的。但也经常有这样的情况，吸引子的“线团”不能解开，因此无法知晓其动力学。就对股票交易的应用而言，还需要注意更多情况，但不可立即放弃这种分析的可能性。如果在经济现象中只有几个协同学中所谓的序参数在起作用，而且我们可以从经济的内在规律性出发，时间序列分析就是有意义的。它甚至可以导致真正错综复杂的结果。即使这种分析并不适用，重要的经济机构，例如金融顾问，也会据此做定向的股票买进或卖出。对于与这样一组人竞争的投资者，了解他们的分析方法和由此得到的结论自然尤为重要。这种情况下的悖论在于，即使这些分析方法是有疑问的，相应的知识对于竞争者也是重要的，因为需要考虑“正常情况”下的竞争状态。此外也有许多对股票交易和经济现象完全不可预期的影响，例如革命爆发和地震等。但读者毕竟已经看到，正是鉴于股票交易的例子，混沌研究已经令人振奋地打开了经济分析领域的大门。

作为本章的结束，我们还要指出，协同学和混沌研究也一直在向大脑研究推进。对此第 16 章将会提及。

14　经济中的协同效应

以上各章讨论了自然科学领域中的一些变化过程，它们甚至也能在数学上予以描述。本章和下一章将转而讨论那些涉及人际关系的问题。这里立即会遇到这样的问题：由于人是非常复杂的生物，建立一种可预测理论的任何企图会不会都是注定要失败的。不过在经济学中，我们讨论的多半不是个体的行为，而是整个集体的行为。我们将在下面论证并解释的协同学论题正好认为，对整个集体的行为是可能做出预测的。[①]问题在于，我们能否根据一般规律来描述经济领域或社会领域中整个集体的行为。经济学或社会学存在这一事实本身就表明，人们确实试图对这些规律进行科学的探索。但我们必须从一开始就清楚地认识到，由于问题的错综复杂，存在着几种不同的思维体系。特别重要的是以下两种：第一种试图根据各个体的行为来理解全貌，其中心理学因素起着很大的作用。另一种则从系统本身的观点出发来处理经济的或社会的过程，但为此必须首先弄清楚，我们这里所说的“系统”是什么意思。

为了解释清楚协同学在此采取的出发点，先来看看经济中的几个具体例子。

整个商业活动建立在存在着多半是心照不宣的规律性的假定上。每个商人都必须预先做出计划，有时甚至是长期计划，因此他们必须能预料顾客的行为。让我们举一个极端的例子。一个出售结婚礼服的店主很少能知道某一对男女何时结为伉俪。然而他却能很准确地预测需求，因为这里涉及的并不是一对男女的行为，而是许多对男女的行为。凭经验就可以知道，每年平均有多少对男女结婚。他甚至也可以凭经验把季节性的波动考虑进去，做出十分精细的计划。

银行为储户准备现金的情况也与此相同。银行也不知道某个储户何时会来银行和他需要多少钱。尽管如此，银行却能准备好足够的现金。然而银行又必须能够不储备过多的现金，否则就意味着长期投资的损失。

这两个例子清楚地表明，我们从经验中知道：存在着支配众多人群行为的普遍规律。在协同学的意义上，重要的是区分正常行为与反常行为。正常行为指人们独立地行事，也就是事前人们并无约定，例如下周都到某一面包房去买面包等。对独立行事起作用的是大数定律，它是由天才数学家卡尔·高斯(1777—1855)在19世纪提出的。据此不仅可预见应当预留多少库存，亦能预测销售波动。

集体行为的情形就完全不同了。这正是协同学的研究内容。我们所说的集体行为是指人们的那些似乎是相互约定的行动。当然并不需要每个人与另外所有的人交谈，甚至也不需要间接听取别人所讲的话。

如同在激光、液体或以上各章中所讨论的其他例子一样，这里的情况是个体被迫按照某个新的有序态行事。尤为明显的例子是经济灾难，诸如行情暴跌时大量抛售股票(这样自然只会促进股票价格的进一步暴跌)以及通货膨胀时抢购黄金等。下面还将相当详细地讨论不那么明显但或许更重要、更典型的情况。回忆自然科学中的一些例子，就很容易解释这里所讲的要点。我们已经知道，外部条件的改变将使系统某种确定的状态变得不稳定，并且能够为一种新的、有时甚至完全不同的状态所代替。系统(如流体)的不同部分，将被迫进入新的状态。它们将受到

---

① “预测”在此应理解为并非完美的预测。这里所述的是概率性预测，其中一组数据的相对波动一般说来要远小于单个数据的波动。较为专业的说法是：在协同学范畴内，起着实质性作用的是非线性动力学而不是常用的高斯统计学。

序参数的支配。

协同学已经成功地以出人意料的方式推广了大数定律，即使当各个体不再独立地而是以协作方式行事时，我们现在也能找到规律性。高度复杂的经济生活提供了大量协同效应的例子。这里，我们打算举出诸如商人做生意等几个典型例子。

两个冰淇淋小贩在海滩上做买卖，怎么做最好？

我们的一位客座教授蒂姆·波斯顿(Tim Poston)提供了一个有趣的例子，讲的是海滩上两个冰淇淋小贩怎样做买卖。人们也许会简单地认为，最好的办法是把海滩分成两半，然后把冰淇淋摊设在每一部分的中间。但这种状态不会是无条件稳定的。其中一个小贩可能想多做些生意，就稍向中间移动一点，以便招揽一些原先可能光顾另一个小贩的买主。对此，另一个小贩将做出反应，也向中间移动一点。这种情况反复进行多次，直到两个小贩在中间碰头，抢着做生意为止。当波斯顿向我讲述这些时，我们觉得最终两人的赢利都会比以前减少，因为，比方说，海滩边的买主懒得跑那么远的路。换句话说，两个冰淇淋小贩的相互行为，也就是两人彼此所做出的反应，使得他们落入最后他们的赢利比起他们各守原位时要少的境地。这类例子在社会经济中其实颇为常见，我们马上要回到这个问题上来。

我对这个例子多加思考后，便开始质疑冰淇淋小贩是否会由于他们的做法而赚得越来越少。我想起多次旅行讲学时的经历。为了在一个陌生的城市里寻找某一个商铺或饭店，我常常得长时间往返奔波，不料最终发现，在某一地区或某一街道，两家饭店或两家商铺比肩而立。这与我们通常的理解相矛盾，一般认为，各个商店为了避免竞争，总应当均匀分布，不与同行相距太近。据此我假设，商业区的规模对商人的行为起着重要的作用，或者换句话说，重要的是要知道顾客的流动程度，顾客们有多少时间和兴趣来走一定的距离。事实上，计算表明，如果顾客只愿走很短的路，商店均匀分布在一个区域中是非常明智的。但如果顾客不在乎多走一点路，那么许多商店聚集在某一地区较为有利。这些商店将以一种集体的方式对顾客产生较大的吸引力。它们从而提供了一个较好的挑选机会，并以集体的力量排挤掉孤立的商店。结果，许多乍看起来会相互竞争的同类商店将集中在某一地段。我认识一些店主，他们把自己的较小商店开设在一个繁华的购物中心附近，因为他们知道，这样一来，趋向他们商店的顾客流量也会大些。同类商店的聚集显然早已有之，这从街名就可以看出，例如伦敦的贝克街(Bakerstreet，意为面包师街)等。

为什么城市越来越大？

我们已经看到，商店常常聚集在一起。类似的机制不但在此起了决定性的作用，而且对居民点一般也是如此。只有当一个居民点的大小达到一定程度时，某些社会设施如学校、教堂、医院、法院、剧院和行政机关等才有其必要性和可能性。居民点的大小与这种新设施的出现多数是互为条件的。当人际交往增多，以及例如对文化生活或经济联系方面的要求提高时，人们对居住在能提供这些便利的居民点的愿望也将会增强。同时这样的居民点也将提供较好的挣钱机会，或在贫穷的国家中至少能提供某些挣钱机会。很可能正因为如此，大城市越来越大，较小的居民点或是被替代，或是当其位于市郊近旁时被吸收。这里自动持久地出现了越来越强的集中化，如我们在物理学中已经看到的，一种“方式”（或在这里是一个“中心”）将占主导地位。这是一个典型的增长不稳定情况。至于这种增长能否继续下去，有一点就是取决于可供利用的交通工具，这里也可能出现有趣的相变类型。如果交通工具的数量和速度的增加足以使市郊居民及时到达中心区，那么，城市就有可能继续扩展，若交通效率非常高，就可能出现卫星城镇，它们可能部分呈现出所谓城郊住宅区的特点。

可以看到汽车起着重要的作用，特别是在美国，但也部分地体现在德国。由于在人口稠密地区，建筑用地的价格不断上升，人们不得不继续向外发展，甚至发展到农村田野。新的住宅区往往没有很好开发，尤其是运送居民上班的公共交通工具不存在或不足。新“移民”还居住得极为分散，完全不值得有公共交通。这就使私人汽车成了新开发地区唯一有效的交通工具。汽车使许多人可以逃避大城市。同时也出现了工作地点与居住地点分开的现象，此事有利有弊。个人的较大机动性导致了经济结构的改变，正如我们在上面那个关于商店聚集的例子中所看到的。“夫妻店”往往已无立足之地，取而代之的是备有大停车场的购物中心。这种新的居民点一旦形成，扩大交通网络就很重要，或铺设道路以利于汽车交通，或发展高效率的近郊交通工具，后者在过了初创阶段之后就可能有利可图。如在所有协同有序状态中那样，系统各部分的存在是相互依赖的，就近郊交通工具也可以看出这一点：为使这种工具经济上得以存活，就需要有足够多的通勤者使用它。但只有在诸如城市铁路来往得够频繁时，人们才会使用它。因此在初创阶段一定亏本。汽车与火车之间的竞争是很有趣的。在美国，汽车已在很大程度上排挤掉了火车，因此，许多初到美国的欧洲人觉得很不习惯。相反，美国人踏上欧洲首先要做的事情之一，就是租一辆汽车。这使许多欧洲人感到奇怪，因为他们宁可乘火车。显然双方对怎样“到达目的地”的看法完全不同。我们在对这些现象下最终断言时必须十分谨慎。汽车给了我们自由驰骋的天地，无论在职业生活还是业余活动方面都是如此，这在过去只有梦中才能做到。但另一方面，它也带来了诸如能源和尾气污染等问题。考虑到生活结构的各种错综复杂的因素，看来既不能把汽车全盘否定，也不能把它看成独一无二的交通工具。重要的是区别对待而不能忘掉全貌。同样的一些人，假日旅行经过路况较差的公路时常常大为抱怨，但却同时又竭力反对在他们居住的地区修建一条新公路的计划。

遗憾的是，由于篇幅所限，我们对这些有趣的问题不能进行更详细的讨论了，然而这段评论已能使读者不把城市和交通工具看成某种固定的设施，而看成有机发展的、一直在迅速改变着的事物。

经营管理：跟着你的对手亦步亦趋吗？

在关于冰淇淋小贩做生意的问题中，我们已经点出了在经济学中与“经营管理”理论相联系的一系列问题。公司的领导者必须为自己的公司建立一个最佳的经营结构，并推行最适当的销售政策。领导者必须做出的种种决策显然是千头万绪的。但至少从现有的理论来看，决策完全是由领导者单独做出的。然而上述冰淇淋小贩的例子立即表明，一家企业的决策很容易受到其他企业的影响。理由之一是决策造成的效果总会受到众多不可估计的因素的影响：它有赖于一般的经济状况，有赖于顾客的态度——他们是否喜欢某种新产品。企业自然试图一方面通过市场研究、另一方面通过广告宣传来减少这种不可估量的因素。这里，协同效应起着重要的作用。投放市场的新产品常常是受专利保护的。然而如果有许多企业同时生产一种产品，那么对这种新产品的产销反倒有利。通过把注意力吸引到这种新产品上，各企业起了相互帮助的作用。当然在市场趋于饱和时，这种协同效应会适得其反。那时我们将见到那些资源有限系统的典型行为。本书已多次遇到这些例子，例如在激光模式的形成或特别是在达尔文的进化论中。

我们已经看到，可以用各种方式去对付日益激烈的竞争。一种办法是不断深入的专业化，例如专门生产特别有声誉的商品。另一种办法是大量开发商品款式，亦即普遍化。汽车工业提供了人们熟悉的例子。属于第一种类型的只生产某种特殊款式的赛车。属于第二种类型的提供从小型汽车到豪华型轿车等各种不同类型的汽车。

这些情况表明，一般说来，经济系统根本不是静态的。确切地说，我们处在种类繁多的、持续不断的动态过程之中。由于决策缺乏把握，企业领导者不得不相互观察对方的活动，结果他们最终采取了一种集体行动，而不一定事先取得了任何共识。这里我们打算提及一个重要观点，它从协同学的角度来看是很容易理解的。在经济理论或社会学中，总是不断出现共谋这个概念。似乎别的企业主或其他集团（例如买方）在共同密谋对付某一个体。但我们在后面将看到，集体行为形成一种自动反应，使个体不可能逃脱它的摆布，于是看起来好像即使不是整个世界，至少是某个集团在密谋对付某个个体。一个具体的例子将显示，做出决定的并非是好意或恶意，而是集体形成的条件。

经济的繁荣和衰退——一件事的正反两面

这里我们必须讨论一个在经济繁荣时期被人忽视而在经济衰退时期却令人十分痛苦的问题——就业不充分，直言不讳地说，就是失业。经济学家自然十分关注这个问题。随着时间的流逝，观点也许已发生了改变。以往，经济被看成一种静态结构。经济学家使用诸如经济活力或灵活性等概念。但是，例如当销售机会发生变化时，一个企业的适应程度如何呢？而现在，把经济作为一种发展过程、一种演化来看待的动态观察，已越来越引起普遍的重视。这自然完全与协同学的普遍方法相一致，即不把结构看作一成不变的实体，而是从它的形成中去理解。下面我们从格哈德·门施（Gerhard Mensch）的一个数学模型出发，这个模型很容易纳入协同学的一般思想方法之中。我们大家都知道工业发展会经历繁荣和衰退阶段，经济学家如戈特弗里德·哈伯勒(Gottfried Harberler)等已对之进行了论证。各阶段之间的转变可以是十分明显的。我们由前面各章的大量例子已经知道，在许多系统中，环境条件的微小变动(我们称之为“控制”)将引起总体结构中的极大变化。我们打算在下面根据这种认识来研究充分就业的问题。在探究这种相变过程的基本原因之前，我们必须先提一下经验性经济研究中的一些重要的有关事实。

技术革新永远是经济的动力吗?

在本书中我们一再看到，在极不相同系统的性态中有着两种完全不同的表现。一种是例如灯或液体层的正常性态，也就是说，当扰动不太大时，性态实际上保持不变。另一种表现特别有趣：系统不稳定，它试图取得一种新的状态。也就是说客观情况变得似乎有利于转变为一种新的状态。这种转变何时出现以及细节如何，常常由偶然的涨落来决定。我们正在讨论的经济模型中出现的恰好是这种性态。然而什么因素在经济生活中起着涨落，或者说起着所谓触发因素的作用呢？众多事件之一是经济中的革新，特别是那些基于发明的革新。例如内燃机、飞机和电话的发明，乃至一种新型吸尘器的发明。还有一大类发明我们不甚注意，但同样十分重要，那就是简化生产的发明。所有这些，在经济学专门术语中都被称为革新。我们从对经验性革新的观察出发。然后开始了第一阶段——基础革新，开创了新的工业部门。一个引人注目的例子是汽车的发明。这种基础革新通常大量出现，也就是说它们纷至沓来。随着这种革新出现的是在新建立的经济部门中以改进生产为目标的革新。一个这样的经济部门的扩展对其他经济部门产生有利的影响，结果是经济全面繁荣。繁荣以不同的方式表现出来，例如高就业率以及随之出现的高购买力，带动了销售业，等等。对经济的研究进而表明，欧洲工业国家在 1940 年代后期和整个 1950 年代所进行的革新促成了大量新产品的出现，产品的开发远远超过了新制造方法的采用。在 1960 年代出现了革新的转向：制造方法改变了，这种改变大致可用合理化一词来概括。经济活动中的主要动力，无疑是争取赢利。与此有关的讨论常常不免带上感情色彩，例如一个驾驶汽车的人从汽油涨价联想到某个人因此而获利。且让我们把感情色彩置于一边，并记住赢利的减少最终导致亏损，而诸如职业保障等问题就会变得尖锐起来。这里我们只考虑经济方面的问题。一方面出售足够多的产品可以得到赢利，另一方面企业的赢利因例如支付较高的工资而减少。这将影响价格，并可能使企业缺乏竞争力。同时，生产的扩大常常与引进新产品相联系，这在初创阶段是很费钱的。较高的工资和避免支付新产品的高昂的初始成本，都使人们不愿意投资于扩张，亦即提高销售量，而是投资于合理化。因此，公司宁可改进生产过程，而不要新产品。一家汽车制造厂宁可引进一台新式自动焊接机，而不是一种全新的汽车式样。

上文提到，门施根据经验数据发展了一个从所谓突变理论导出的数学模型。它描述了从充分就业到就业不足的转变。我把这个模型翻译成协同学的语言并加以说明。例如我们在本书中就激光和液体滚卷所见，当我们改变外界条件时，我们几乎能直接从图中看出将会出现什么样的新平衡位置。图 14·1 表明产量(用 x 表示)变化时协同费用的变化情况。我们假定开始时经济是平衡的。现在研究，当产量变化时协同费用会发生什么变化。由于开始时的平衡是稳定的，我们就看到图 14·1 所示的曲线。

我们现在来研究当增加投资以扩大生产时费用曲线走势的变化。由于提高生产是我们的目标，曲线显然要向产量较高的方向移动，即如图 14·2 中所示的曲线右移。反之，减少生产的措施将使曲线左移。现在

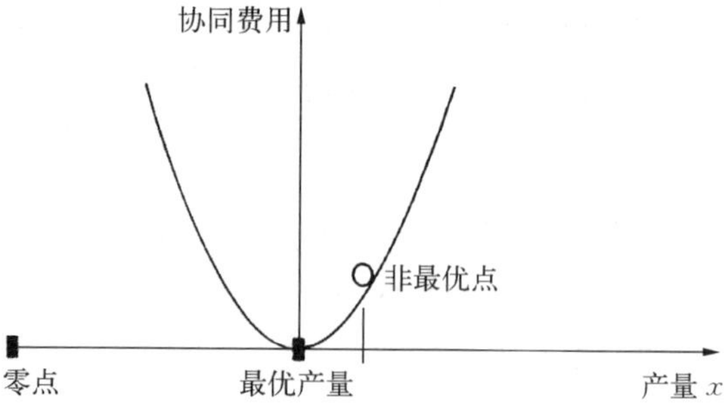

图 14·1　产量 x 变化时协同费用的变化图

来看看，当企业实行合理化时将出现什么样的情况。这可能产生两种完全不同的效应，我们可以通过一些例子来说明。新机器取代人工，从而降低生产成本。这样就可以使企业在减少产量时仍能赢利。这里的合理化是为较低的产量设计的。合理化也可以使产品价格便宜些，从而较高的产量也可以被市场吸收。这两种可能性，减少产量和提高产量，都可以用图 14·3 中的协同曲线来表示，这对读者来说并不陌生。该图十分清楚地表明，我们必须抛弃经济只有一种可能的平衡状态这一理论。这里可能有两种从纯粹经济学的角度来看是完全等价的稳定状态。说到底，“稳定”指的是在外界干扰下状态并无实质性变化。在这种情况下，当然可以尝试一开始就通过外界干预，人为地使协同费用发生变化，打破对称性，如图 14·4 所示。下面便将说明怎样做到这一点。

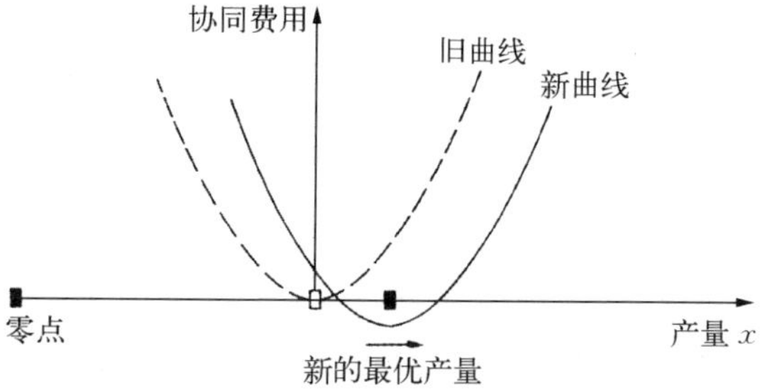

图 14·2　由于扩大生产的投资，费用曲线将移动而使产量 x 提高

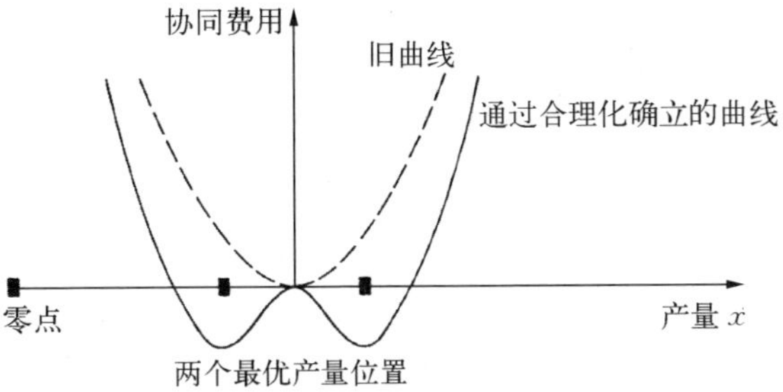

图 14・3　合理化措施导致产量的两个最优位置分别在提高或减少产量的位置

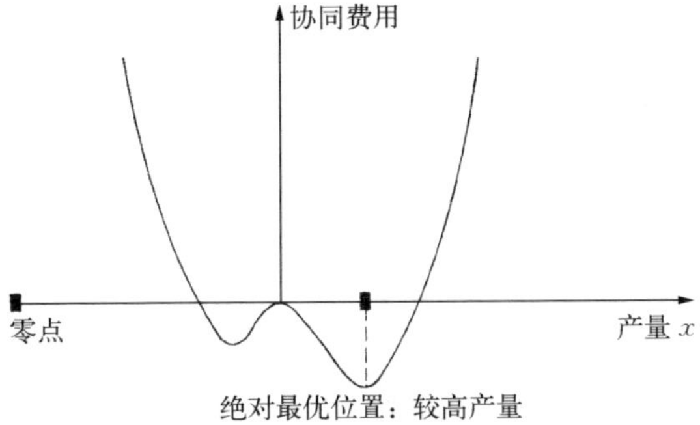

图 14・4　合理化措施和扩大生产的投资的共同作用造成与较高产量相联系的一个绝对最优位置

但在经济中另有一种特殊因素会使事情复杂化，那就是只有数量有限的投资资本可供革新之用。而减少投资将使曲线向产量较低的方向移动。若同时考虑合理化措施和减少投资，就得到图 14・5 所示的图形。该图表明，经济形势明显地由左侧最小值来确定，亦即较低的产量，以及间接的较低的就业率。

这种表述清楚地说明了门施做出的推论。为了应用合理化来扩大生产并达到充分就业，需要同时进行目的在于提高产量的投资，这样就实现了图 14・4 中的曲线(图 14・6)。但增加的产量只有与目标在于新产品的革新相结合时，才能为市场所吸收。

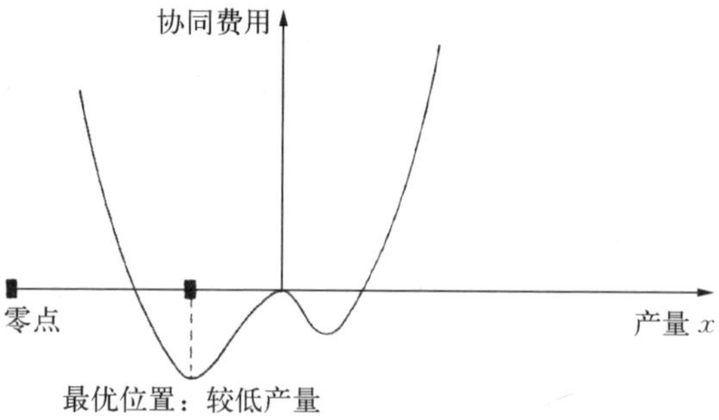

图 14・5　减少扩大生产的投资但采取合理化措施，在较低的产量 x 下，出现一个对企业更为有利的位置

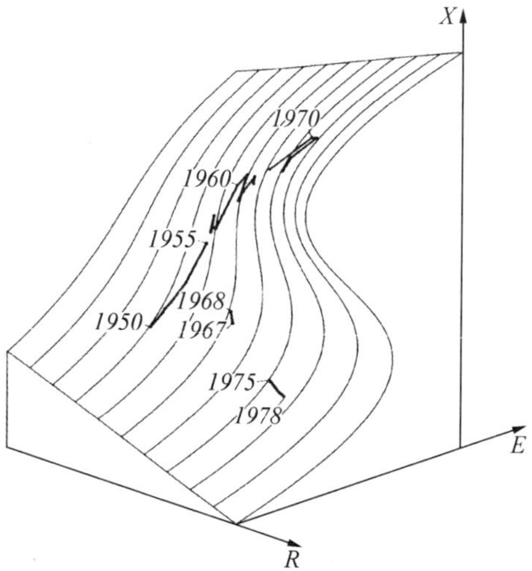

图 14・6　这张示意图概括了门施及其合作者的成果。它表明，当投资用于合理化(R)和扩大生产(E)时，产量的“最优”值是怎样改变的。年份数字指示联邦德国的生产情况。这里值得注意的是产量的突然下降。

我认为需要用这些相当专门化的叙述向读者说明，如何借助协同学的观点来把很复杂的事情较简单地表示出来，从而看清其作用。另一方面，像在其他各章中那样，这种变化过程的完整理论可以写成一本书，这当然不属于我们的讨论范围。本书只能用来激励人们做出进一步的思考，并且指出复杂的反应也可用模型加以说明。

这里需要认识到，除了问题的数学处理外，对条件和结果的解释也在起作用。因此就赢利的减少而言，较高的工资可能负有一定的责任。反之，提高工资至少有一部分是为了补偿物价上涨，而这又引起生产成本提高，从而使工资再提高。这就是我们熟知的工资-物价螺旋。但由于一种现象制约另一种现象，从协同学观点来看，寻找一个罪魁祸首是没有意义的。必须理解的是，例如工资-物价螺旋将导致参数变化，而参数变化本身又能造成经济过程的突然改变，对此我们刚才已进行了讨论。

经济生活中突发的集体变化

协同费用曲线与经验数据的比较表明，经济显然能够觉察到这条费用曲线形成了一个较低的最小值，并以“跳进”这个新的最小值来对之做出反应(图 14・7)。有趣的是这种行为常常是滞后的。经济学家往往搞不清这个“跳跃”的原因。他们去寻找诸如石油价格上涨等外部原因。根据上面论述过的企业投资态度，内部原因更可能是决定性的。经济状况的巨大改变早就该实行这种跳跃了，只是没有人敢这样做而已。

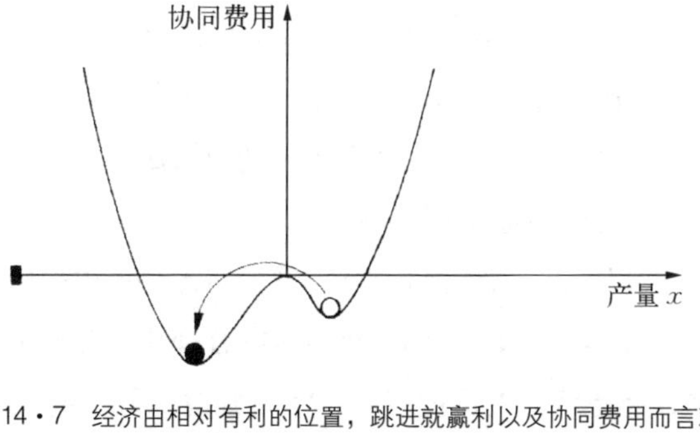

图 14・7　经济由相对有利的位置，跳进就赢利以及协同费用而言对企业绝对有利的位置，但并未顾及一般的就业水平

这种效应与物理学中水过冷时所发生的效应相类似。水温已低于冰点，水早就该结成冰了。但它处于一个所谓亚稳定状态而不结冰。一个自发的涨落，或者一个十分微小的外来冲击便使水突然结成了冰。

经济中也有类似的情况。有些变化过程很可能是由一个内因触发的，例如一个企业决定为了较高的合理化而采取某一步骤。然而时机已经成熟，所有其他企业都随即效法。这第一个企业的行动就像一个涨落，并且如同发出了一个信号。但这些行动看来常是以“外因”为借口而伪装起来的。然而，外部原因太微小，它们本身不能成为意义如此深远的决定的理由。真正的原因在于一般的经济形势，它现在起着“控制参数”的作用。这种“外部”原因只是一种推动，它把球从图 14・6 的协同费用曲线上推下来，但“内部”原因，也就是一般经济形势，早就使得协同费用曲线发生了畸变。球不再处于“正确的”稳定位置。有时不能在外部原因(或推动)与内部原因之间划出一条明确的界线。持续的石油价格上涨完全有可能导致协同费用曲线的一个系统性的“畸变”，而这导致经济形势的完全改变——在这里石油价格本身已成了一个控制参数。

上述的观察资料也说明了，为什么许多同类的企业常常在很短时间内行动完全类似。如果一个企业背离了这种行动模式，那么它就是逆一般经济潮流而行动，也就是在协同费用曲线上把自己置于极为不利的地位。在我们看来像是各企业的集体决定，不一定基于彼此间的协商，当然这种集体决定很快就会被怀疑违反了反托拉斯法令。另一方面，我们当然也并不断言这种协商从未发生过。

但合理化(以及其他措施)不一定只是经济形势产生的后果。企业也会因预测到市场的收缩和竞争的激化而实施合理化。合理化本身又会导致市场收缩，这是因为人员被解雇，因而普遍降低了购买力。这样一来，原因与结果就不再能相互区分了。

这同时也表明，经济怎样摆脱低就业率平衡的问题未必有一个确定的答案，因为它还取决于复杂的变化过程。门施的结论是，增加投资会导致生产扩大，趋向另一个充分就业的稳定点；然而若提高的产量不能为市场所吸收，情况就不一定是这样。因此也可以通过提高购买力来促进经济的发展，比如可以通过降低税收来实现。

读者会注意到，我们在这里已经逐渐深入到经济理论之中了。但我们也注意到这样一条基本原理：条件的微小变动也可能导致完全不同的平衡状态。

经济不像亚当·斯密所想的那样简单

迄今为止，我们的思考和观察已与可追溯到亚当·斯密(Adam Smith)的自由市场经济传统理论的教条有所矛盾。斯密从这样一个假设出发：在自由竞争过程中，总会建立一种一般被认为是唯一的平衡状态。然而我们已经发现有两种可能的平衡状态的相反例子。这里，总的经济形势非常难以从一种平衡状态跃向另一种，因为这只有通过共同的行动才可能发生。在现实中，经济的性态还要复杂得多。例如，经济形势可以在两个平衡状态之间起伏，充分就业与就业不足周期性地交替。这一情形称为熊彼特循环，得名于美籍奥地利经济学家约瑟夫·熊彼特(Joseph Alois Schumpeter)，他对作为这种循环的基础的机制进行过详细研究。

国家控制：是祸抑福？

在经济生活中出现的某种自动反应可能造成不良现象，如失业等，这就立即引出一个问题：外界的即国家的控制，能否防止这种效应？我们必须知道，控制包括种类十分繁多的措施。让我们举一个具体的物理系统——激光——为例。我们已经知道，通过变动唯一的环境参数，即输入的电流强度，就能使原子自组织起来发射相干光。这里我们所施加的是一种完全非特定的控制，所有原子都受到相同的作用，尽管如此，却仍造成了激光的一种很细致的有序性态。还存在另一种可能性，比如，借助特殊光场从外界对每个原子施加这样的控制，使它们都按照相同的节奏发射光波。后一种方式的能耗无疑十分巨大，因为我们必须完全有目的地直接控制每一个原子。在经济领域中情况完全类似。一方面是控制的可能性，另一方面是这种控制对经济的影响。用模型立即可以说明，控制个别过程的耗费十分巨大，甚至会高于例如保持平衡所节省的费用。对于这种情况，某些政府机关，特别是官僚主义者，并不加以考虑。

激光的独特之处在于，用很少的耗费，即无需了解激光器状态的详细信息，就可以通过十分简单的方法使激光原子自组织起来。毫无疑义，有远见的经济学专家会持有以下观点：只应当用耗费尽可能少的控制来调节经济。遗憾的是，太容易看到，政府一方面用纷繁的税收和苛细的法律条文，另一方面又用有选择的补贴和普沾其益的优惠，事无巨细地对我们实施各式各样的控制。这里举两个例子，其中第二个有极大的政治敏感性。

由于二次大战的严重破坏，德国政府面临着支持住房建筑的任务。有趣的是，我们发现，这里有可能实现的正好是上面所述的两种控制的可能性。一种可能性是住房建造全部由国家投资。另一种可能性是借助控制参数进行调节，其中控制参数本身全无财政负担，只是把投资吸引到正确的方向。这种控制参数就是对要建造房屋的私人实行税收减免。这样一来，私人资金便被引导到所希望的方向，而无须国家即所有社区对此投入大量资金。

政治上高度敏感的第二个控制是保护房屋承租者的法律。这主要是为了满足社会上对“保护房客免遭驱逐”的需要。同时，这些法律也通过条文使租金冻结在一定水平上，这一点不难看出，并且可以在数学上严格证明。但这样一来，房屋出租者便不再有兴趣建造新的房屋，因为这会很快变得无利可图。最终将造成住房大量缺乏，因为私人投资者把他们的资金投向其他看来有利可图的经济领域了。

这个例子明显地指出了有歧义的矛盾情况，因为立法者必须对两种可能性选择其一；立法者必须给某一种可能性以优先考虑。我们清楚地看到，法律怎样直接影响经济状况，即使立法者的初衷并非如此。

读到这里，大概会有不少人期待用协同学观点开出一张万灵药方，来克服这类困难。但这是办不到的，原因不在于协同学尚未发展完善，而正好相反。我们已在无数例子中看到，在协同学的范围内，存在着一种解决方法正好排斥另一种解决方法的基本矛盾。也许唯一的补救，就是通过较大的区分来缓和矛盾。然而这很可能又意味着巨大的外部耗费，因而不值得采用。

最后再举一个导致深远后果的政府干预的例子。在本书中我们一再看到，即使环境条件的微小变动也会引起整个系统的剧烈变化。有些这样的环境条件，在这里似乎是生活中的一个必然事实，就是已经提到过的税收。这时很容易出现这样的情况，即哪怕税收稍微提高一点，都会极大地改变人们的消费行为，从而很快就出现全新的宏观经济形势，例如可能导致较高的失业率。照我看来，即使是微小的环境变化(等同于生活条件的变化)也可能造成整个系统状态的剧烈变化，但是一大批政治家还没有认识到这一点。

考虑不周的控制造成经济混乱

最终我们还必须提及一个要点，它在许多经济学家看来是离经叛道的，但在数学上却有其依据，并无疑在可预见的未来会进入经济学。我们从物理和化学中的例子得知，受控反应也可能以混沌的方式进行。让我们设想一个周期性地进行的化学反应，其中有物质颜色的变化——由红到蓝再到红，如此循环。人们当然可以认为颜色变换得太慢，因而周期性地添加某种物质促使变换加快，以控制这个过程。实验和理论都证明，系统的性态可以因此而完全改变。颜色的有规律和周期性的变化，被完全无规律的颜色的混沌变化所取代。

在高度复杂的经济系统中情况完全相同。事实上我们应该预期，忽视一个系统特性的控制措施可能会导致典型的混沌过程。

在自然科学，也在生物学中，存在着一系列关于混沌性态的文献，经济学家如果研究这个问题，一定会获益匪浅。[①]

经济联系越紧密，和平就越有保障吗？

我们已经看到，有一系列经济现象可与某种物理系统的现象相比拟。其原因在于，至少在一定范围内，经济现象可以借助数学规律来描述，而基于数学关系的相似，就可以知道结论也将类似。在这个意义上，我们观察了一些模型，它们涉及现时人们十分关心的下列问题：世界和平能否通过更紧密的经济联系而得到更好的保障？

在许多国家中存在着一种强烈的倾向，希望通过缔造紧密的经济联系而达到保障世界和平的目的，尤其是在两个对立的政治制度之间。对这种情况所做的数学处理所得到的结论，起先使我大为惊讶，结论表明，紧密的经济联系确实可能增强稳定性，但也可能发生这样的情况：在加强联系前呈稳定的一种状态，加强联系后突然变得不稳定，甚至可

① 在此期间已经发生。一个典型的例子见第13章“混沌研究者的预测”一节。

能导致灾难。

稳定性得到加强的解释，现在几乎已成为政治常识。每个伙伴都知道，紧密的经济联系有利于本身的繁荣，从而谁也不打算去损害这种关系，而是想进一步加以发展。在第二种情况即不稳定的情况下，数学模型是否失去了作用，或者这里还有产生不稳定性的更深刻原因？

我们在本书中一再看到，只有持续的涨落才会产生不稳定。国家生活中的这些涨落，例如可能由于经济、政治和军事等各种危机而出现。一部分危机可能完全是局部性的。但这种涨落，可能引起对方采取经济报复等措施，而这些又可能引起反措施，结果导致冲突的爆发性发展。

从这个模型例子至少可以看出，较强的经济联系不一定自动导致较强的政治稳定性。

看来需要得多的是，在更坚实的基础上建立政治稳定性，对此我们不在这里做纯数学的探讨。这也许只有通过高度的相互信任才可能做到。

协同效应的意义与无意义

我们关于不同国家之间的较强经济联系的作用的评论，可以同时与那些关于经济中的协同效应的评论相对照。协同效应已经成为一个标题词，人们甚至可以经常在大公司的广告文字中找到它。以下想法基于“协同效应”：通过公司间加强合作（如一个公司被另一个买走），它们之间的相互作用加强了，从而总的效率提高了。例如它们然后可以一起生产一定的部件，批量提高有助于更合理地生产。但这整件事情有一个隐患：加强合作例如可能引起沟通问题增加，导致内部摩擦，甚至降低两个公司的效率。协同效应问题因此特别微妙而需要深入分析：只用标题词鲜少帮助。

用协同学规律为人类造福

我们前面已列举一系列具体例子，说明了经济发展过程常常表现出与那些完全不同的领域——如物理和化学——令人惊讶的相似性。这里集体行为起着决定性的作用。但在此基础上，可能出现一些现象，它们与亚当·斯密认为只存在一个平衡状态的经典经济理论有着本质区别。毫无疑问，未来的经济理论将必然更深刻地研究这些新现象，并采用协同学的方法，以便更好地加以理解，甚至改善经济的运行。然而我们在此不能忽视以下情况。就像任何其他经济学理论，特别是社会科学的理论一样，协同学也面临着解释其数学结果的问题。特别是因为，所有经济过程都有深刻的社会涵义，它深刻地影响着每一个人的职业和私人生活。有时这导致了先验地排斥数学的方法。我们也遇到“专家治国论者”这一多半含有贬义的名词。也许是因为有时他们所得出的结论与意识形态上一厢情愿的想法相矛盾，这种人常遭到冷遇。但是应当明白，在复杂性系统的一系列变化过程中（经济发展过程也是其中之一）存在着某些必然的发展，它们不可能通过意识形态上一厢情愿的想法来摆脱。更值得探究的却是这些自动机制将如何进行，以便在更高层面上利用它们来为人类谋福利。

15　革命能不能预测？

美国著名作家伊萨克·阿西莫夫（Isaac Asimov）在其科幻小说《基地》系列中描写了一位科学家塞尔登博士，他能推算出几百年后大众的行为，尤其能预测革命。对这个问题，自然不只是未来学家才感兴趣。即使只能对今后几年做出这样一种预测，那对我们自己也大有裨益，更何况政治家。革命意味着翻天覆地的变化，一种国家秩序被另一种所取代。这里所说的“秩序”，一语道破了协同学的核心问题。秩序是怎样通过系统各组成部分之间的协作而建立的呢？在本章中，这个问题就是：国家秩序是怎样通过各个公民的协作而建立的呢？

作为序参数的舆论

我们再一次面对个体与有序状态之间特有的相互关系。有序状态支配着各个个体，反过来，各个个体又支持着有序状态。我们拟就社会学的一个热门课题即“舆论”的形成问题来仔细研究这种相互关系。

我们的立论是：主导性舆论起着序参数的作用，它支配着个人的意见，强制形成一种大体上是一致的舆论，借以维持其自身的存在。①

个人意见受支配这个论点，当然需要进一步加以论证；我要说明的是，社会学文献里有着大量正面的证据。然而，社会学领域中的关系要比激光和流体中的关系复杂，因为这里还有其他力量在起作用，在一定程度上可以说是其他子系统，即一方面是大众传媒，而另一方面是政府在起作用。尽管如此，我们即将看到，协同学的概念怎样使人们得以在错综复杂的丛林中开辟出一条路径，而对社会各组成部分之间相互关系，得到一幅相当清晰的图画。

我们提出的命题如下：

1. 个人可能受到主导性意见的影响，并倾向于同意这种意见。

2. 个人了解他人意见基本上有两种方法，彼此直接接触和通过大众传媒。

3. 大众传媒有其自身的动力学。

4. 在大众传媒之中，报刊是通过公众即其读者的购买行为实现的有集体影响力的措施。

5. 在民主国家里，舆论对政府有决定性的影响。

在协同学的框架内，可将序参数与被支配系统之间的一系列相互关系用数学模型来处理，因而也就可以构造舆论形成的动力学。我们现在来看看，以序参数为一方、被支配系统为另一方的概念，如何能使我们说明不同社会力量之间的各种相互关系。图 15·1 就是这些相互关系的示意图。图中的箭头表示我们要详细研究的各种影响。

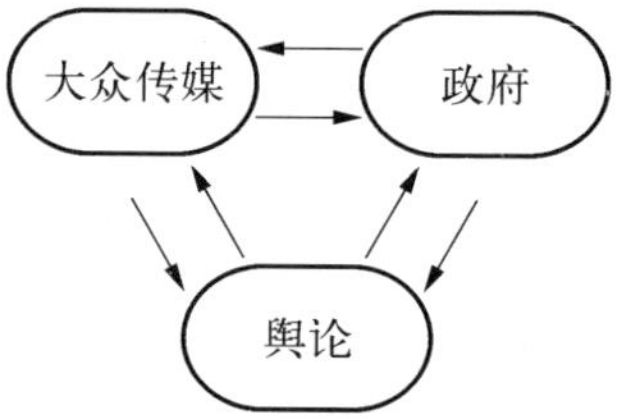

图 15·1　政府、大众传媒与舆论之间的相互关系

序参数支配子系统的主张在社会学中引起了震动。因为这意味着个人意见的形

① 我把“支配”（versklaven）一词作为一个专业术语引入协同学范畴内，用来描述一个系统中序参数与其他部分之间的关系。但我在此期间看到，这个词已成为社会学家的热门词，他们愤怒地为反对人类被“支配”而斗争。不管这是不是热门词，我认为这个词是重要的，并不是为了最终把我们唤醒，并不是要归入集体机制（对此也详见下文）。另外，在此期间也提出了其他表达方式来替代“Versklavung”，例如“Einbindung”或“Konsensualisiering”，后者出自亨宁·巴尔克（Henning Balck）。

成受到主导性意见的支配(图 15·2)。这种主张极其惹人恼火，因此人们很快试图把它当作一种从自然科学到社会科学范畴的不可允许的外推。但我们不要急于下断语，且先听听社会学家的看法。著名舆论专家伊丽莎白·诺埃勒-诺伊曼(Elisabeth Noelle-Neumann)在其所著《沉默的旋涡》(Piper 1980)中综述了一些著名社会学家的意见，证实了上述论点。从书中列举的大量例子，我们一再看到，一方面是新的序参数，而另一方面是被支配的子系统，从而我们必须首先自问，怎样确切地表达序参数这个概念。因为我们想把主导性政治舆论等同于序参数，那就必须首先搞清楚，究竟什么是“舆论”。

序参数←——→主导性舆论

被支配的子系统←——→公民

图 15·2　个人意见的形成受主导性舆论的支配

这个术语在社会学文献中可以找到许多定义。在我们这本主要倾向于自然科学的书中，应当尽量采用可测定的量值来表达，力求排除含糊的概念。这里我们可以直接与研究民意的那些机构，如舆论研究所的活动联系起来。

这些机构对当前人们感兴趣的事项编制了若干问题。典型的问题有“您赞成死刑吗”“如果今天举行大选，您打算选举哪个党派”等。民意调查者随后统计各方所得票数，从而获得意见分布的一幅图示。这类图示可以让人们一目了然地看出哪一种政治见解占主导地位。这与传统意义上科学的结构并无二致(图 15·3)。

协同学是关于理解结构是如何产生的一门科学，即关于动力学的科学。因此，我们必须追问，一种政治见解的特定分布究竟从何而来。可以设想两种极端情况。一种是完全成熟的公民，他们独立地形成自己的

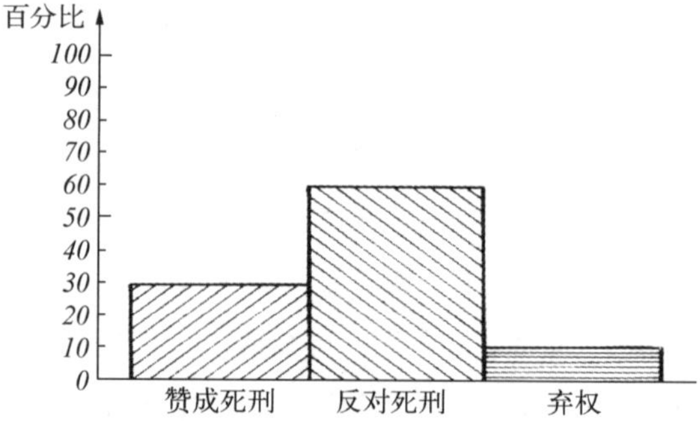

图 15・3　意见分布(意见结构)的例子

政治判断，并且坚持己见；另一种人在形成自己的意见时受他人的影响。在后一种情况下，正是相互关系或者说协同效应起着决定性的作用。

人是可影响的吗？

社会学的资料揭示，必须总是考虑到人们在形成其意见时会受到外来的影响。这一方面是由于人类的心理素质所致，对此我们下面将加以讨论，另一方面则是人们对环境的自然反应。现代文明使得人类环境极其纷繁复杂，人们要适应这种环境殊非易事。矛盾的情景层出不穷，个人很难单独做出明确的答复。这就导致人们倾向于注意别人的行动和意见。再则，社会心理学家进行的试验表明，相当大一部分人会附和他们应能看出甚或已经看出客观上是错误的意见。

最引人注目的例子或许要数基于美国社会心理学家所罗门・阿希(Solomon Asch)所做的一组试验。在上面提到的伊丽莎白・诺埃勒-诺伊曼的著作中，对此做了如下生动的描述：

> 1950 年代初，美国出现了关于社会心理学家所罗门・阿希进行了 50 多次的一个实验的报道。受试者被要求比照基准线段估量若干不同

线段的长度。在给出的三条线段中，每次都有一条其长度与基准样品的长度完全相同的线段(图 15·4)。初看起来，这件事毫无困难，因为很容易看出哪一条线段是与基准线段等长的。每次有 8—9 人参加实验，具体进行方式是：在样本旁边挂上三根供比较的线段，然后从左至右让排成一行的受试者依次说出他认为三条线段中哪一条的长度与样本线段相同。每次实验都得进行 12 遍，也就是重复 12 次。

现在进行以下尝试：当所有受试者在头两遍一致指认出一条正确的线段以后，实验的组织者改变了实验方法。了解这一实验意图的助手们一致称一根短得多的线条与样本线等长。坐在最末的一位是首次受试者，他也是唯一不知个中奥秘的人。他的行为现在将在占压倒性优势的不同意见的压力下接受考验。他会不会动摇？会不会在与他个人的判断相左的情况下同意大多数人的判断？还是仍将坚持自己的判断？

结果是：每 10 名受试人中有 2 人不改变他们的看法，另外 2 人在 10 次中只有 1—2 次同意别人的意见，其余 6 人多次把大多数人的明显错误的意见作为自己的意见。这意味着：即使对一个毫无恶意的问题，在无关紧要、根本不触及个人实际利益的场合，多数人也会同意众人的意见，甚至当他们无疑知道这种意见是错误的时候，情况也是如此。

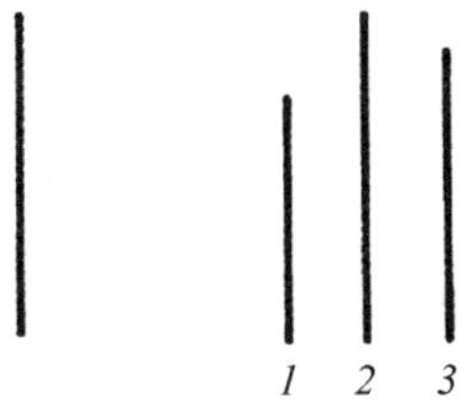

图 15·4 阿希的实验(参见正文)

在协同学的意义上，这种可影响性是形成舆论的所有集体效应的根源。这种影响具体怎样施加，以及我们怎样详细地进行数学描述，在这里是无关紧要的。根据作为协同学基础的一般规律，不同意见之间会自动出现竞争，最终有一种成为主流而获胜。

尤其惹人注目的是时尚，它无非是舆论的另一种表现形式而已。此外，这里可以特别明显地看出，在这种集体效应中客观标准常常是无关紧要的，而只是集体最终偏爱的一种主观意向而已。例如，妇女穿的裙子该长些还是短些，男人穿的裤子该宽些还是紧些，最终是一个爱好问题而不是深思熟虑的结果（然后时装设计师为了生意兴隆而巧妙地利用人们的集体行为）。这不仅对时装设计师是如此，也许还是一个成功的政治家的秘诀，他懂得怎样利用这类集体倾向。我们之后还要回到这一点上来。

如果在意见的形成上协同效应确实起着积极的作用，却没有为社会学家所注意，那倒是很使人惊讶了。事实上远非如此，我们的确在社会学文献或历史中找到了大量证据。“舆论”这个概念，也许首先是让-雅克·卢梭（1712—1778）提出的，他认为，舆论是一种判断标准，人们应力求不遭其非难。按照当今的定义，我们也许更应称它为“主导性舆论”。

人们的可影响性已为美国宪法的缔造人之一詹姆斯·麦迪逊（1751—1836）明确指出，他说：

> 如果我们说，所有的规则和政府都因舆论而合法化并得到支持，那么同样成立的是，对于每个个人，体现在他的实际行动和印入他的言词中他的信念和意见的力量及其程度，极度依赖于他认为有多少人与他持相同意见。人的理性，当他感觉孤独时，是畏葸而踌躇的，而当他认为有更多他人与他持相同意见时，就会益臻坚定和自信。

伊丽莎白·诺埃勒-诺伊曼把这种关系归结为：

社会性使人们害怕孤立，希望得到尊重和喜爱。

在另一处她这样写道：

只有假定了人们对孤立的极端恐惧以后，我们才能解释人类为什么至少能集体地取得重大成就，那时他们能够极有把握而无需借助于任何民意测验说出他们赞成什么和反对什么。

与突然失去人们的好感、突然被孤立的危险相比较，观察周围环境引起的紧张心情，似尚属两害之小者。

托克维尔(1805—1859)很早以前就已看出人类的这种可影响性，他写道：

在民主政体的人民中间，公众的赞同与人们呼吸的空气同样重要，与公众不一致，就等于无法生存。公众不需要应用法律来制服持不同意见的人，非难就可以了。孤独和无能为力之感立即压倒了他们，并剥夺了他们的一切希望。

受影响的可能性当然还不能对建立宏观有序状态——此处指哪种意见最后取得主导地位——做出什么说明。这只能由协同学的数学方法来证明。相互影响的可能性会引起扩大效应，正像我们在激光中看到的那样。如果某种光波(我们不无考虑地称之为模式)占主导地位，它终于压倒其他光波而在竞争中取得胜利。越来越多的原子受它的支配。主导性舆论的形成方式可以与之相比拟。越来越多的人被席卷进去，并最后支持它。

托克维尔也清楚地认识到在协同学中起决定作用的支配原理。托克维尔强调指出，民主政体的人民如何首先克服“极度妨碍或推迟个人理性上升”的势力，他们如何开辟争取精神自由的途径。但是如果“在某些法律的威势下”，托克维尔指的是在数量上占多数的权威，“精神自由会遭到扼杀的话……那么其弊端便是换汤不换药；人们找不到一种独立生活的方式，所能找到的……不过是另一种形式的奴役而已”。詹姆斯·布赖斯(James Bryce)在他的文章中把这一点讲得更清楚，他称之为多数派的暴政。

因此并不奇怪，我们把这种发展过程的最终结果称为主导性舆论，而民意研究者——特别是伊丽莎白·诺埃勒-诺伊曼——只简单地称之为舆论。她因而把舆论定义为“人们在有争议的领域可以公开表达而不致自陷于孤立的那些意见”。在协同学的意义上，主导性舆论与个人意见互为条件并相互支撑稳定。

意见的改变：怎样和通过什么来进行？

那么，意见怎么还会改变呢？再与自然科学中的现象进行类比是有用的。我们看到，提高液体的温差将形成流体滚卷。应用到社会学领域中，这意味着环境的改变，例如经济形势的改变、内部政治压力的剧增等，将会动摇对现存意见的信心，换句话说，系统将不稳定。恐怖主义者的活动也属于这一类，他们试图削弱和动摇人们对社会秩序、法律等的信念，其目的是为改变意见做准备。特别是在社会变动时期，对个人特别重要的是注意周围人们的行为，以免在变动的环境中陷于孤立。在协同学的意义上，外界情况为意见改变做了准备。但是，一旦出现不稳定性，那么改变现状的意见就会在人群中扩散，某种新的东西必须出现。然而人们该朝什么方向去的问题经常不很清楚。这里又总是取决于只由少数人决定的新的途径。一个由先驱者或积极的革命家所组成的小集团，常常甚至只是某一个人就能成为某一个新方向的出发点。这里正是我们在本书中无数次遇到的涨落起着决定性作用。在不稳定的状态下，变幻莫测、似乎是局部的事件具有在正常时期完全没有的号召力。在正常时期，这样的个别集团的行动只是很快就被忘却的一个插曲，很快就归于平息的一次小小的波动而已。

大众传媒：筛选压力下的序参数

迄今为止，我们一直认为，序参数——也就是“主导性舆论”以及个别公民的意见——是一个封闭的循环，有如激光原子产生激光，而激光又转而支配激光原子那样。虽然这种基本想法是完全正确的，但还需要对它做出重要的补充。舆论不仅通过人们相互间的直接接触，也通过大众传媒而形成。认为大众传媒只不过是舆论的复制品，是一种天真的想法。那是一种为很多人持有的但却是错误的假设。相反，大众传媒具有自身的动力学，并且这又与协同学的基本问题紧密联系。

19 世纪法国作家莫泊桑(1850—1893)不仅在他的小说中写了甜蜜的爱情故事，他也是他那个时代的具备敏锐批评眼光的观察家。莫泊桑曾一度当过新闻工作者，他的小说《俊友》中描写了一名出版商，他在晚餐桌上把送来的新闻像商品一样按其价值分类。这里又出现了本书读者早已熟悉的许多原理。其中之一是资源有限的问题。① 一张报纸不能包罗万象，它不能超过一定篇幅，以免太贵。而且读者可以利用的时间也是有限的，如社会学家所统计的，每天大约 15 分钟。于是，新闻工作者必须在大量材料中进行选择。然而按照什么观点来选择呢？当然有很多可能性。我们且采取按照协同学的观点看来最有说服力的那一种。

① 这里指的是第 14 章“为什么城市越来越大?”一节中所提到的城市中学校、医院等设施有限的问题。——译者

报纸或杂志要有人买，才能生存，或者换句话说，它们是由读者支持的。但是由于这种支持是有限的，必然会出现竞争，从而导致筛选过程。于是，一方面由于竞争，另一方面由于版面有限而受到压力，一张报纸或一份杂志必须以最能保证其自身继续生存的方式筛选材料。因而报纸和杂志就有了双重作用。其中之一起着序参数的作用，因为它们通过它们所表达的意见能够影响读者的意见。这种影响有时是蛮横和咄咄逼人的。因此诺埃勒-诺伊曼写道：

> 大众传媒是公众的化身，是管辖面广、隐姓埋名、无可非议而又不受影响的公众。

她在另一处写道：

> 大众传媒是单向的、间接的公开沟通，它与最自然的人际沟通——交谈——相对立。它使个人对大众传媒有一种无能为力的感觉；在每次关于现今社会中谁拥有过多权力的调查中，大众传媒总是名列榜首。

个人的无能为力表现在两方面。他被剥夺了出头露面的可能性，换句话说，他不能把自己的观点通过大众传媒传达给他人；个人可能遭到公众的嘲笑而无法自卫。甚至，与一家报刊打官司反而是替它做宣传，提高它的销售量，因而即使打输了这场官司，它也会得到好处。

上面提到的报刊的双重性，另一方面在于：不错，个人是只能听凭大众传媒摆布的，然而大众传媒本身也可能受到读者集体行为的伤害，甚至被搞垮。我不能想象哪一家老是与它的读者唱反调的报刊，在没有外界资助的条件下，能在经济上长久维持下去。

当然情况并不只是如此。报刊并不一定限于纯粹的政治题材（政治部分也并不总是报刊的主要关注）。正是为了在公众的反应与心情之下保护自己，它们走的是综合化道路。它们提供了政治、经济、文化等范围内相当广泛的各种题材。此外，出版物还通过内容无足轻重的地方新闻，例如下一次哪天来收集垃圾或什么时候有哪些活动等，吸引了很多忠实读者。另一方面，这些题材并非哪家报刊所独占，因而并不妨碍当地报刊各显其能。事实上，我们常常看到，在小地方只有一份报刊，或者在较大城市的附属区域里，全国性新闻由一家报刊的总编辑部提供，而各地区报刊只是把它们的地区性消息补充进去而已。

不要误认为这里不复存在各家报刊之间的意见纷争，其实只是有关的中央报刊垄断了意见。这种意见垄断甚至也很难通过读者的集体行为从经济上来打破，因为他们不能或不愿放弃阅读当地新闻。完全有可能的是，在各家报刊的发展过程中，开始时只是微弱的偏爱倾向，但会通过我们多次提到过的反馈机制而不断增强。对于社会学家来说，研究具有明显南北差别的联邦德国选举结果是否与这种机制有关，是一个有趣的课题。

我们作为个别的公民，怎样才能摆脱这种看来似乎无法摆脱的支配作用呢？当我们把自身的易受影响性考虑在内时，只有让外界影响在一定程度上相互抵消，才能克服这个自身的易受影响性。就像我们在拥挤的人群中仍能站住，是因为我们身体的各方面受到等同的推挤。这一点只有当我们能读到不同色彩的外地报刊，或如果有可能，也能读到外国报刊时，我们才能处于这种平衡状态。这当然并不是说我们必须订阅20种报刊，只要不时浏览一两种就足够了。许多读者会有类似于我在国外旅行时的经验，在那里，联邦德国的问题以一种完全不同的新印象和新关系呈现在人们面前。

此外，报刊——尤其是杂志——并不只走上面所讲的综合化道路，它们也走例如针对某些特殊读者群体的专门化道路。因而有些报刊的内容水平很高，它的文章使人得到精神上的满足，而另一些则降格以博取读者的欢心。一张报纸是否有人愿意购买，不只取决于它的内容，至少在一定程度上也取决于它的价格。这里有一种有利于某一种报刊的效应在起作用。那就是，一张报纸卖出越多，那么，由于明显的经济原因，它也就会越便宜，从而卖出更多。这种发展过程可以进行到这样的程度，光凭这一点就可以使一家报刊在竞争中得以生存。即使你可能与这家在竞争中取胜的报刊政治观点很相一致，你仍然会自动受到垄断性意见的影响。即使人们想要保持自己原来的意见(这并不见得总是一种聪明的表现，正如改变意见也并不见得一定意味着没有个性)，但报刊本身却随着时间的推移而改变观点，你也许并不知道自己正在被一种新观点所支配。

我们必须记住，一种意见的形成或者一家影响大的报刊地位的确立，常常要经历很多年才能见效，以致我们根本记不得受偏爱的意见或简言之意见的垄断是怎样开始的。政治制度也是如此，它无非是一种以国家形式表现的舆论而已。在极端的但可惜也是很现实的情况下，人们同步前进，就像臂挽着臂的一队人，越来越深地陷入沼泽之中。如果哪一个人想要退出，他旁边的人也不肯照办，最终大家都沉了下去。毫无疑问，在这种情况下出现的集体罪责问题是全新的。原本没有人要这种“最终结局”，然而尽管如此，所有的人都一起陷入其中。当我们后面谈到专制时，还要再遇到这个问题。

世界的简化

让我们再回到序参数意义上的意见形成问题。在自然科学领域中，我们看到序参数十分明显地出现，可以用很少几个词来描述，例如“主导性的激光波”或“蜂窝状结构”。通过在过程中的加强，自然界最后保持了很鲜明的有序状态，其原因在于各种可能的有序状态之间的竞争和筛选。对于十分明显的精神有序结构形成过程中的类似行为，我们可以根据美国记者沃尔特·李普曼(Walter Lippmann)的研究来追索其原因。主要有两种因素促使序参数即统一观点的出现。第一种因素是资源有限，即能予以报道的消息或动向有限。这必然导致复杂的现实被简化为一个假象世界，正如尼克拉斯·卢曼(Niklas Luhmann)所清楚说明的那样。沃尔特·李普曼是这样说的："每一份报纸到达读者手中之时，已是一整套筛选的结果。"正如李普曼所补充说明的，这样会给读者造成一个合适的环境，可以说是给读者造成了一个假象世界，或者说得更干脆些，未被报道到的东西就是不存在的。

用这种方式建立了现实的一幅简化图景，但我们却认为它是真正的现实。这就是有利于序参数出现的一个原因：对筛选的天然需要。另一原因可以从这一事实中去寻找：精神领域中的主题也可以像在自然科学领域中的序参数那样简短地表达。这里可借助"流行语"或李普曼所用的"刻板"(Stereotype)一词来加以理解。刻板这个概念出自印刷行业。人们把一段文字浇铸成一块固定的铅版，以便任意反复使用。也就是说，刻板就是故意铸造出来用以表达某些明确的情况并常与某种意见相联系的流行语，例如"职业禁令"。于是这种刻板就像流通中的硬币一样被反复使用，借助它终于可以使某种意见在竞争中占上风。用李普曼的话来说，就是"谁拥有了支配当时公众感觉的信号，谁就在很大程度上支配了通往政治之路"。

自然科学中在这种序参数之间十分普遍的竞争，也没有逃脱社会学领域中科学家们的注意。我们引用伊丽莎白·诺埃勒-诺伊曼的话作为许多例子之一：

> 注意力是短暂的，面对激烈的竞争，人物或主题必须抢占头条。为了排除其他主题的竞争，大众传媒制造了假危机和假新闻。

我们用协同学的方法所能认识的是这些过程所共有的普遍规律性。意见的形成或发表都受到一般规律的支配，其必然后果是大量不同意见被大大压缩为少数几条。但正因为认识了这些规律，我们可以采取前已讲过的反措施。

但是，另外还有一个观点，在物理和化学过程中没有反映出来，但在有生命自然界中有非常强烈的反映，那就是进化的性质。我们面对着一个不断变化着的环境。同时不断有新的思想产生和旧的思想消亡。这是一种巨大的动力学现象，这些现象在报刊中也反映出来。这里只需要从社会学角度指出几个要点就够了。

在报刊上探讨一些新的主题，以便启动形成新的舆论的过程，如尼克拉斯·卢曼（Niklas Luhmann）所说，需要寻找词汇和表达方式。最终有一个主题可以为传播媒介所用，其中协同过程常起着重要的作用。这个主题被从不同的角度或由各种报刊加以探讨。过了一段时间以后，阅读进入饱和状态。该说的都说了，用记者的专门术语来说，这个主题已经枯竭了。美国的一些人际关系研究者把民众的看法与大众传媒中的重点主题相比，研究哪个出现在先。得到的结果是有趣的。这些研究者们发现，一般说来，大众传媒中的重点主题出现在民众的看法之前。

以上所述，可以说明关于相互影响的一些基本思想。我们特别看到，大众传媒也绝不是绝对的独裁者，它也有自己的生存问题。其中也有此消彼长，明显的表现是：一方面，新的杂志发行或新的出版社建立，另一方面，一些杂志合并或停刊。

电视——非同等闲的影响力

所有这些同时也表明，对电视起作用的是另一些机制，对于官方播出的电视尤其如此，在这里，收看者的态度对电视台的景况并无直接影响，更不必说电视台的存在本身。另一方面，电视又受到限制，那就是播放时间不能无限增加。一般说来，例如，不可能把政治家的讲演全部播放。于是必须先加选辑，而这种必要的压缩，也就是选出一些讲演段落，可能促进某种倾向性意见的形成，不管有关的电视编辑的主观愿望是否如此。考虑到收看者的可影响性，就出现了协同学上的有趣问题，这些问题由于其涉及面广，有待进一步研究。例如我们假定，播出的意见代表了分布在公众中的意见，那么按照协同学的基本规律，只要周围世界不出现与之明显矛盾的情况，一般可以期待会有一种意见不断得到增强和贯彻，最终占优势并一直统治下去。但另一方面，如果把不论什么色彩的意见一律反映出来，那么也会造成扭曲的图景，次要的集团将得到不应有的重视和不值得的支持。看来，避免这种困境的办法只能是，在一段时间内人们要容忍有一种观点占主导地位，而后另一种观点取而代之，但必须注意保持意见的自由，不能把它“冻结”起来。

政府与舆论

协同学表明，序参数具有两面性或双重作用。一方面它支配子系统，另一方面，它又由子系统来维持。我们已经看到，“舆论”这个序参数也遵循这个原理，但它还有进一步的功能——这一功能是随着时间的推移才被认识到的：序参数不但影响民众意见，而且也影响政府。关于这一点，休谟(David Hume)是这样说的：

> 对那些研究政治哲学的人而言，没有什么比以下情况更使他们惊讶的了：少数人很容易地统治着多数人，以及人们自愿地任自己的思想情感和愿望屈从于政府。如果我们试图分析这种怪事是怎么出现的，那么我们将发现，统治者……除了舆论和赞同，不可能靠

其他来支持。政府完全建立在舆论的基础之上；最专制、最军事独裁的政府是如此，最自由、最得民心的政府也是如此。

舆论对政府的最明显影响，在民主国家是通过选举。这里有一种值得注意的现象，乍看起来，它似乎与我们前面所说的相矛盾。在许多国家中，选举越来越多地以僵持而告终。投票支持政府或相应联盟的人数，与投反对票的人数差不多相等。追究其可能的原因是有意义的，因为它是我们在协同学中已经遇到过的一种现象，即对同一问题有不同的答案，或者说得明白些，对同一问题有不同的解决办法。

各政党的行为常常使人想起在前面讨论经济的第 14 章中描述过的海滩上冰淇淋小贩的行为。各政党也相互竞争，有时这种竞争甚至可以危及某一政党的生存，而另一些政党则面临能否取得政权或保持政权的问题。人们总以为，一个政党总有其一定的理想，并将为其选民贯彻之。但这个政党很快就发现，为了实现它的目标，首先必须取得政权，而只有当它争取到足够多的选票时才有可能取得政权。因此它必须为此而调整竞选策略，以便把选民从其他政党那里吸引过来。但这相当于冰淇淋小贩的行为，他们不断向对方移动，直到最终各自占据某一个位置，顾客完全看不出这两个位置有何区别(至少在购买冰淇淋之前)。也许顾客在吃了四年冰淇淋之后，才会感觉到有那么一点儿差别。这种表面上的相似性，也可从以下事实看出，各政党常常采用完全相同的口号，例如和平、自由与平等。由此可见，在复杂的环境中很难提出一个判断准则。此外，对于某些经济问题和社会问题，有时从客观上看存在两个等价而又完全不同的解决办法。在这种情况下，某一个集团大吃其亏，而另一个集团占了便宜，或者正好相反。

由于这些原因，并且很可能还有许多其他原因，我们已反复提到的“协同费用”或协同曲线，将具有多个局部较佳位置。一个集团认为其中一个较好，而另一个集团则认为另一个较好。我们得到的是前面已一再遇到的对称状况。我们知道此后将发生什么。很小的涨落，或在政治舞台上，很小的集团或政党，就可以破坏这种平衡或打破这种对称。这时若一种状态经常占优势，那么意见就完全可能越来越集中。

这也许正是民主制度的特征，它至少在原则上为另一方提供了上台的可能性。在这个意义上，民主制度比专制制度提供了更大的对称性，这是因为它允许广泛得多的意见，以及个人发展的可能性。或者换句话说，民主制度能保证一个多元的社会。对于环境变化，如经济情况，民主制度就具有较强的适应性。一定程度上各种可能性都潜在地存在，只待适当地加强以应对一种新的情况。我们对经济过程的观察表明，即使这样也并不总能达到一个新的平衡状态。

一般说来，民主制度的特征是：它虽然立足于一个基本秩序，但把结构形成和自组织交给个人或各个集团去安排。这并不是一个僵死的秩序，而是在较高意义上的秩序，它保证了个人的自由和与此相联系的意见的多样性。

我们在本章中把舆论现象作为我们观察的中心。我们研究了舆论如何产生，它如何对个人和政府起作用。现在我们将转向以下问题，在专制制度下我们能够在何种程度上谈论舆论。

专　　制

在专制制度下生活过的人都知道，其中好像有双重舆论氛围。此外，这一现象也可在一个民主国家如联邦德国观察到，伊丽莎白·诺埃勒-诺伊曼对此进行过研究和描述。在一个专制国家，“双重舆论氛围”的表现如下：

政府控制的新闻喉舌发表完全一致的意见，并通过选择出来的新闻加以论证。然而显然有一种个人的但在一定意义上一致的意见被标识为公开的不同政见。通常在私下交谈中，尤其是在政治笑话中，表达出这种偏离官方意见的态度。整个政府采取的阻止这种非官方但公开发表意见扩散的措施明显表明，人与人之间的直接交流可以造成一种意见氛围，这对政府或统治阶级是一种危险的威胁。因此在专制国家，不仅明令禁止或通过干扰防止人们收听外国广播，还严格控制文字复制的可能性，如限制复印，对印刷厂及其工作严格加以记录和管制。这正好表明，观点的复制传播可能是危险的。我们从那些国家知道，秘密警察和告密者的存在使公众不敢公开批评制度。对个人意见的每一种表达，也以这种方式通过恐吓予以打压。尽管如此，集体行为的爆发并不总能压制下去。因此，专制制度建立了释放愤怒的渠道，常常以迫害背离常规的少数群体(例如在种族、宗教上或持不同意见者)的形式。

通过研究集体效应，协同学也为专制制度为什么如此稳定提供了一个答案，虽然大多数生活在民主国家中的居民对此可能完全无法理解。答案是大系统的自稳定效应。为了打破现存的有序状态，必须全体或大多数居民同时脱离专制制度所谓的有序状态。但因为专制制度对个别成员之间的沟通手段是如此严格地加以限制和控制，每个社会成员都只能各自独立地试图反抗，但这无疑不会成功，因为社会其他成员在这个时刻还是囿于旧制度之中，或者在不同的方向追求，因而只会互相妨碍。

作为革命的前提，或是因政府管制的松动使得观点交流较为方便，或是一个秘密地下网络的建立。但对此专制制度也会采取有效的反制措施，例如派遣奸细，他们以地下组织积极成员的伪装面目出现，而其最终目的是向警察举报地下组织的成员。

尽管如此，在一个这样的国家里也可以有观点的公开表露，虽然它看起来好像什么也没有说。当我有一次在这样的一个国家登上一架飞机时，我马上被一种有趣的现象吸引住了。空中小姐分发一份航空报纸。

人们拿到报纸后立即不约而同地翻到最后一页。我开始时以为那一页上必定有什么特别的东西。直到后来才发现，原来所有的人都在读体育运动版面。这样一种明显但又是无可指责的对政府的拒绝，真是令外人难以想象。①

舆论与少数派

正如我们一再看到的那样，基于协同规律，自然界以及社会各种极不相同的领域中产生了一种选择压力，这使各个集团越来越明显地联合起来，例如成立了持相同意见的集团。这种趋势可以甚至导致排斥和迫害持不同意见者，特别是对那些在其外部特征（如种族或宗教信仰）上明显地与他人不同的集团。在所有国家里，这些集团并不都享有国家的保护。为了生存，有一些人做出同化反应，尽可能使自己的行为与别人没有区别。但还有第二种生存方法，一种相反的方法——保持独特的形象。这些少数派集团受到激励而取得越来越好的成就，赢得人们的普遍尊重，同时集团也将赢得尊重，从而保全了它生存的条件。

这样一个团体的社会行为也不同于其他人。这些集团的成员又常常为了生存而相互帮助，它们只有通过合作才会保持强大。而其他民众的态度又多半不同。这里人人都把他人视为明显的竞争者。卢梭 1755 年的成名作《论人类不平等的起源》适用于竞争者。卢梭说："我将说明，使我们大家都为之精疲力竭的对声望、荣誉和显贵最强烈的渴望如何锻炼了我们的才智和力量，我们可借以衡量它如何激发和增添七情六欲，把人们变成竞争者、对手，甚至更坏，变成了仇敌。"

---

① 顺便指出，这里所说的国家是波兰，然而其他东方集团国家的气氛十分相似。如同其间一位原德意志民主共和国的同事对我解释的，上述评论是我的书在那里被禁的原因之一。

革　命

革命——在德文中本意为“推翻”（Umwälzungen）——总是深刻地干预着所有公民的生活。在协同学的意义上，革命是指社会的宏观状态，即国家形态的剧烈改变。我们在本书中多次描述过物理、化学或生物学反应中剧烈的根本性变化。在这些过程中，一再看到很明显的类似情况。这使我们期望，对政治和社会领域中的革命也能采用协同学的方法来研究。在这个意义上，革命的出现如同相变，例如铁磁体由非磁性状态变换到磁性状态，或者由普通灯的无序光变换到有序的激光。但我们务必注意，不要急于做出太狭隘的类比，例如解释社会学领域中各种有序状态的意义。否则它必定会遭到合理的反对。因此我们将只在十分宽泛的意义上应用“有序状态”这个概念来表征某一种政府形式，不同的政府形式对应于不同的相。

类似于在无生命的自然界中，例如在水的液相或固相中，各个分子相互间有一定方式的排列关系，而这种关系又转而决定水或冰的宏观状态。人类社会成员的行为方式在不同的政府形式中也是不同的。与无生命自然界中不同的有序状态之间的转变，例如由固态到液态的转变相类似，我们也遇到不同形式的革命。可能出现由君主制到民主制的根本性转变，例如法国革命；也可能由民主制转变为专制，例如希特勒在德国攫取政权。也可能有一些革命使一种专制转变为另一种专制。从专制到民主制的转变现时看来已很少出现，而从一种专制到另一种专制的转变则要频繁得多。在这张清单中显然缺少从一种民主制到另一种民主制的转变。其实这正是民主制的一种性质：即使执政党更换了，其基本特性仍然保持。

对革命有决定意义的机制是什么？我们现在也许已能在协同学的意

义上，既通过数学模型进行研究，也通过历史学家的观察加以辨认。看来革命之前总是出现不稳定，也就是大量民众不再维护或不再坚决维护现存体系。此外还有相互间的可影响性和影响的施加——这些也许是决定性的因素。如同也可以用数学模型表明的，对统治体系的否定态度以排山倒海之势而来。而现存体系支持者的自我孤立和缄默愈演愈烈，从而实际上有意无意地撤回了对现存体系的支持，更加强了这种猛烈的来势。伊丽莎白·诺埃勒-诺伊曼用缄默螺旋线这个词语形象地描述了上述情况的特征。这种现象以前就被观察到和描述过，如在托克维尔于1856年讲述的法国革命史中，谈到了18世纪中叶法国教会的衰落：

> 那些还保持原来信仰的人们担心他们是仅有的笃信者，由于恐惧孤立甚于害怕错误，他们就随了大流，尽管思想并不一致。当时〔还〕只属于一部分国民的观点，便显得是大家的看法了，并正是由于这个原因，无法抗拒那些造成了这种假象的人们。

这里涉及的是一种放大或加强的效应，当现存体系的大多数支持者从内心自发地背离这种体系时，这种效应表现得更加明显。

那么为什么会出现这种不稳定化呢？这可以由长期战争（例如德国1525年的农民战争）、精神压抑、高失业率或横征暴敛造成的经济贫困和对未来的幻想破灭引起。此外，我们已经指出，一些小集团进行恐怖活动，造成不安全的气氛，也促进了国家实体的不稳定化。在这里也可以造成一种螺线上升的趋势，当法律的威望遭到削弱，司法机关的决定不再为国家所支持时，刑法的执行必然越来越不起作用。

相变理论使我们能在革命的机制中重新找到许多在自然科学中发现过的效应。我们已经知道，在相变过程中观察到的旧状态的不稳定化，是与强烈的涨落现象相联系的。例如水汽化时有强烈的密度涨落。在社会学领域中则是经常出现反常现象。在正常的国家形式中，这种反常现象极少，即使出现了，也没有任何持久的效应。在政治领域中，这种反常现象可能是恐怖事件的迅速增加、相互竞争的政治集团之间的斗殴、对国民经济有毁灭性后果的大规模罢工、游行示威和当今政府原来禁止的公开集会。这些都是国家秩序即将崩溃的标志。通向新秩序的新的国家形式的道路常常还看不出来(这也为数学模型所证实)。现代史中的一个例子是伊朗国王的倒台，当时各政治集团在他退位后就相互竞争。根据协同学的观点，某一个非常积极的集团可能破坏平衡并确定整个国家的发展方向。在协同学的意义上，大多数革命是一种破坏对称的不稳定性。在群众游行示威中，可以很清楚地看到各种个人意见之间的相互激励，他们对革命的集体要求。群众进入群体激愤状态，不可抑止的“该干点什么”的冲动爆发出来，诸如砸碎商店橱窗、烧毁汽车，在法国革命中攻打巴士底狱就是如此。在这种群体性激愤状态中，个人的逻辑思维看来已不再起作用。人人似乎都为一个序参数所支配，即常常为一个偶然形成的口号所支配。

于是我们最终又回到开始时提出的问题：革命是否可以预测，甚至是否可以预先推算出来。就是现在，民意研究所看来已能在一定程度上确定何时将发生全国意见的重大分歧，何时将发生实际状况与理想状况之间的分歧。看来一方面通过应用协同学的方法，另一方面通过改进民意调查手段来预测革命的爆发，是有可能的。

然而我们必须在这里引入几项基本限制，而这正是决定性的知识。正如我们从协同学的各种例子一再可以看到，对系统在其不稳定之后的进一步发展，不再能明确地预测。因为很小的涨落就可以起到决定性的作用，因此只能做出概率性的预测。正是由于必须有引发性涨落的出现，要精确地预测这种革命或民众起义何时发生也不容易。

对于那些希望实现革命并从中追求一种新的专制制度的人们来说，

这种认识显然是十分重要的。毫无疑问，当超级大国介入其他国家的事务时，也必定应用这些方法：(1) 首先必须使占统治地位的政治体系(不论是民主制度还是专制制度)不稳定化；(2) 使一批坚决的革命者把处在不稳定状态中的国家推向新的方向。

估计大多数读者都会根据他们自己的思考和观察同意以上所述。另一方面，由数学模型可以导出的另一个结论却可能会被认为是一种异端邪说。数学模型清楚地表明，对某些宏观相的出现(这里我避免使用有序状态这个词)，不仅系统的宏观性质，各组成部分的性质也可能是重要的。期待一个在没有激光活动时只发射红光的原子发射出绿光来是永远不能成功的。同样我们必须自问，某种形式的政府的出现是否受到其国民性的促进或阻挠。这是一个还有待于社会学家和社会心理学家研究的广袤领域。①

能定出行动的普遍原则吗?

根据自然科学和社会学中大量不同的例子，以及根据数学处理，可以得出一些普遍性的结论，其中有些是令人失望的。最重要的几个结论如下：

仅仅通过集体行动(一个人与别人同样行动，只是因为别人如此行动)，就常能造成很多不同的宏观状态，在政治方面是政府形式或甚至可以包括一些集体犯罪行动的模式。对少数分子的杀害也是国家政策中杀牲祭祀的一部分，正如在其他生物中灭绝一个物种那样。此外还有第

① 单就人们是否需要谈论国民性及其如何表征的问题，就值得做一番研究。例如在二战期间，美国人类学家格雷戈里·贝特森(Gregory Bateson)发表了一项小小的但十分有趣的工作，他把那时的国民性通过相反性质配对来表征，例如把统治的与顺从的相对比。(熟悉精神病学的读者对此不会十分惊讶，因为贝特森也是“双重束缚”[Double-bind] 观念之父。)

二个观点，在做出经济和政治决定时，答案常常不是唯一的，会出现多个等价的答案。这里所讲的答案，并不意味着发现了更新的最佳状态。这些答案各有优缺点。这些可供选择的答案与相互联系的集体态度模式有着最密切的关系。因为某一个人以一种方式行事，另一个人认为也必须以另一种方式做出反应。考虑到这种情况，我们必须自问，怎样才能防止整个社区的行动下降到把个人指责为犯罪的程度，以及在答案分歧的情况下如何才可能(并不总是可能)找到明确的答案。

对这个问题，我个人能给出的唯一答案是我们看问题时应该站得更高些，也就是从道德、人道和宗教的观点来看问题。这意味着不能采用苟合取容的办法，并且绝不能等待别人先迈出第一步。如果一个人自己不准备这样做，他也就不能期望别人这样去做。

正是因为可供选择的解决方案的两歧性，若个人未能从较高的观点看问题，集体行动中导致灾难的错误行为将不可避免。然而每个人在下决定之前都面临着这样的两歧。他是受伦理学观点的支配呢，还是只把自己看作为了生活和生存而斗争的一个集体的组成部分？

对官僚主义的一些思考

协同学新近刚开始研究的现象是官僚主义，或者确切些说是官僚主义的不断增长。官僚主义的增长以及不断上升的雇员费用，与经济过程中为提高效率而一再采取的合理化措施完全背道而驰。这里需要重点说明导致官僚主义增长的几个原因。

我们已在关于经济的一章中看到，对公司的行为，利润是一个决定性的原动力。这是与公司的生存休戚相关的问题。但很多行政机构却缺乏这种效益的反馈。这种机构除了大堆大堆的纸张以外什么也不生产，因此就很难用经济效益的尺度来衡量它的工作。另一方面，首先是在政府部门中，行政机构一直在飞速增加。而且这种增加本身又引起很大的内部消耗。单单因为在扩大了的机构中，涉及同一个问题的负责人和助手的数目越来越多，而人际交往次数则随着人员数目成比例地增加，这就造成了问题。不仅政府机关的部门如此，较大公司中行政机构的增加也不容忽视，有时会大大削弱公司的竞争力。

对行政流程分析的一个观点马上可以得出这样的结论：在自然界中经常遇到的自组织这个基本原理，在这里是完全不起作用的。这里有着由上而下和自下而上的大量信息流，从自然科学家的观点看是十分荒唐的。一方面，下级部门越来越事无巨细地受到控制，这需要费很大力气去定出许许多多的规章制度。而且即使是最好的法律学家和行政专家，也不可能完全估计到可能出现的各式各样的问题，要不然他简直就是可爱的上帝了。因此，太严格的规章是不合逻辑的，并将导致不合情理的决定，但也必须承认，太疏松的规章将会导致专断行动，例如在法律领域内，某人可能会被无罪释放，而另一个人却会因为同样的违法行为而被投入监狱。我们必须研究，如果人们的行动有较大的回旋余地，许多行政流程会不会快得多，而且人际关系也不至于那么紧张。

另一种大得多的浪费，是对下级部门事无巨细的控制使这些部门完全不负责任。这自然意味着大大增加了工作负担，因为上级部门要再次——有时是多次——把下级部门已核查过的事务重复核查。这种控制方式的浪费比下级部门失职甚至在个别情况下比有意营私舞弊造成的损失还要大。

协同系统的许多例子证明，上级部门对下级部门办事方式的积极干预可能导致混沌状态，即使其实际功能与原来期望的功能不符。每一个与行政流程打过交道的人，都能证实这一结论。从协同学角度做出的回答是比较简单的。但问题是有没有肯接受这一点的官僚主义者。

当我们想到有生命和无生命自然界中的许多范例时，我们很快就明白，应在较低的水平上允许多得多的自组织，① 也就是说只立下一般性的规定，下级部门可以因地制宜和创造性地加以补充。同时可以大大减少信息流通量。如自然界所示，信息的传递不仅不必要，而且碍事。因此只需要传送有用的信息。例如一家化工厂的经理绝不需要通晓他的产品化学生产过程的细节。影响他的决定的是另外一些参数，例如生产成本。引进新的生产工艺，是他的下属的责任，而他不能也不该干涉他们的决定。有了新方法或新材料时去探索正确的方法，说到头来是他们的本职工作。

我不讳言，对于阻止官僚主义的增长，我是持怀疑态度的。只有在整个公司或公共行政机构崩溃以后，才能从头做起。

① 这种在较低水平上有“更多自组织”的想法，在第一版与本版之间已出现在一系列管理理论中，并且也为如咨询公司之类所采用。这里要求把有自上而下等级的组织用一个水平的自组织结构来替代。理想的情况是，一个企业的员工都在同一水平上，自行创造他们的(抽象的)序参数，例如某种目标的形式。如同一向如此，理想的解决方案在两者之间，并且也取决于许多个别因素(对此也请参见文献目录)。

16　幻觉能证明关于大脑功能的理论吗?

人类的大脑也许是大自然所创造的最复杂同时又最迷人的结构。外科医生打开脑壳，看到的是表面似乎十分均匀的灰质，上面布满纤细的纹理。这其实是复杂得难以想象的神经细胞网络。

19世纪下半叶，意大利人卡米罗·戈尔吉(Camillo Golgi)通过染色使单个神经细胞成为可见。一百个细胞中有一个吸收了染料，呈现紫铜色。我们可以看见辐射出大量分支的一个神经节（图16·1）。需要用显微镜才能看见这些细胞，因为这些神经细胞(也称为神经元)的直径只有千分之一毫米。估计大脑中大约有一千亿个神经元，恰好与银河系中恒星的数目一样多。除了神经细胞，在大脑中还有为之提供固定、支持和营养功能的所谓神经胶质细胞。(根据较新的研究，这些神经胶质细胞也能执行神经功能，但对此了解还很少。)神经元常以层状排列。有些研究者近来还认为，在层内及层与层之间有着柱状结构。其中的细胞被特别“联结起来”，构成功能单元。

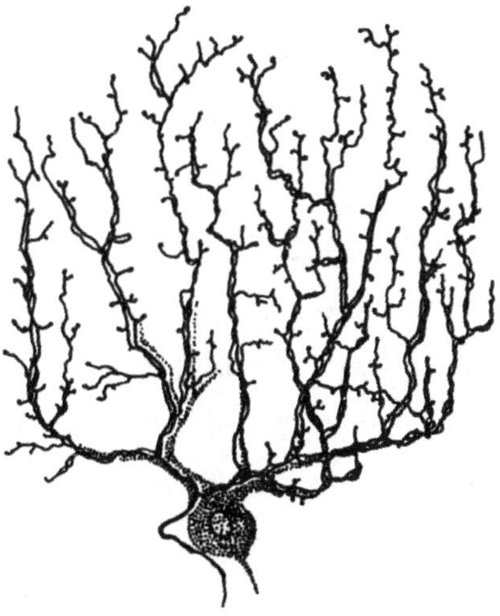

图16·1　神经细胞一例

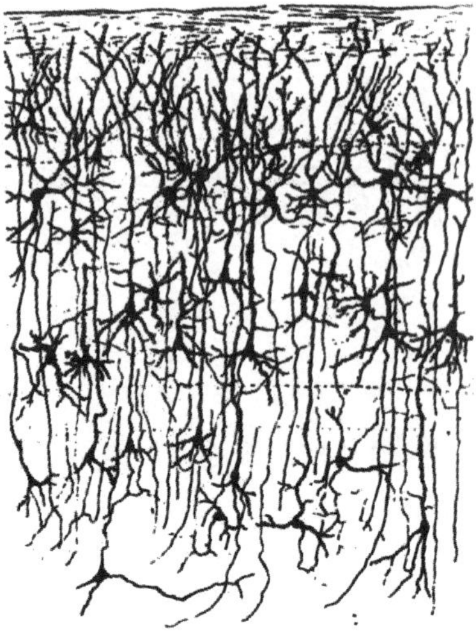

图 16・2　神经细胞网络一例

我们所谓的联结是像电话电缆和导线那样遍布于大脑的神经元之间的多种联系。其中有些联系存在于邻近的细胞之间，而另一些则如同海底电缆那样达到大脑中遥远的区域(图 16・2)。事实上，这些联系有着与电缆相同的作用。与电话电缆相同，它们用自己的莫尔斯装置传送着电信号。人类用的莫尔斯码是由点和划组成的，而大脑的莫尔斯码只是点。但是，大自然已经找到了传送不同内容的方法：它以不同的频率传送点信号。当信息到达时神经元能予以加工，并把信息传送给其他神经元。把极细的导线(电极)从外界插入神经元中，大脑研究人员便能探测一个神经细胞中的电过程。

有没有“祖母细胞”?

现代的科学肯定还远远不能解释人类的思维过程。但已经做了一些有价值的实验，它们至少说明了一些大脑细胞甚至一个区域大脑的作用。戴维・休伯和托尔斯滕・维泽尔①曾在黑猩猩身上进行实验，他们对黑猩猩出示或晃动一些物体(如带或棒)。相应的光印象被黑猩猩的眼睛接收，并进一步传送给大脑中主管视觉的某个区域。当研究者把

① 戴维・休伯(David H. Hubel, 1926—2013)，加拿大神经科学家。托尔斯滕・维泽尔(Torsten N. Wiesel, 1924—　)，瑞典神经科学家。两人因为发现在视觉系统中的信息处理，共同获得 1981 年诺贝尔生理学或医学奖。——译者

电极插入这个区域中并研究各个神经细胞怎样对置于眼前的物体做出反应时，他们惊奇地发现：特定的细胞对特定的外界印象做出反应。这意味着有这样一些细胞，它们不仅对棒有反应，甚至还根据棒的取向不同而以不同的强度做出反应。也就是说一个细胞传送大量的莫尔斯点，或者用专门术语来说，当棒有一个确定的取向时，神经细胞“发射出许多神经脉冲”。但若把棒转动 90°左右，那么这个细胞几乎不再做出反应(图 16・3)。还发现一些细胞甚至能以某种方式对棒的运动产生反应。这些神经细胞似乎属于大脑的较高级层次，由眼睛感知的信息先在串联的神经细胞中经过预先加工，最终使得被研究的细胞出现这些特殊反应。换句话说，看起来像是在进行某种计算程序，其结果呈现在被研究的细胞中。用通俗的话来说，就是“棒是竖放的”或“棒是平放的”。

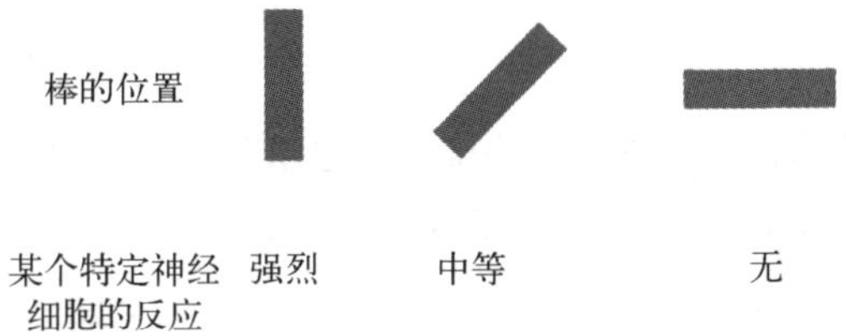

图 16・3　某个神经细胞对视野中一根棒的位置的反应

这些发现可能倾向于支持早先提出的关于大脑功能的假设，它涉及大脑怎样识别模式这个问题。按照这种假设，在大脑中应该有专门的细胞，它们不仅可以认出一根棒，而且也可以认出例如整张脸。在文献中，这种假想的细胞被戏称为“祖母细胞”。这些细胞能使某人认出例如他的祖母。然而多数科学家放弃了这种假设。因为，一方面，尽管费了很大力气，还是没有能够如在黑猩猩中找到一种能借以认出棒的图像的细胞。另一方面，由对如因意外事故而受损害的大脑的研究可知，思考和记忆功能并不严格局限于大脑中的某一部分，而是分布在一个较大的区域内。科学家们现在倾向于假设，感知、记忆和思维过程是一种特殊的集体效应，其中每次都有大量的神经元参加。既然说到多个神经元以集体方式起作用，那么显然我们必定要问，如何才能证明这一点，对此我们即将进行讨论。

但首先我们还要做一点说明，以消除可能产生的误解。如上所述，人们可能得出结论：各种能力，如视觉、听觉甚至还有语言，是散布在整个大脑中的。但事实并非如此。例如从对事故的研究中早已得知，大脑的许多严格限定的部分承担着某种功能，如视觉、听觉、嗅觉以及语言等。顺便指出，语言中心也不是仅有一块，而是由两块组成的，其中一块显然主管形式或语法，而另一块则主管语言的内容。利用新的医学-物理方法可以目睹大脑各部分的功能。如果哪一部分工作得较为积极，那么它就需更多的血液供应。血液流量可以用物理-化学方法（在此我们不再详加讨论）来标示，最终用一种类似于 X 光机的设备（虽然这里是另一种物理过程），看出哪里的血液流量较大。可以看出，对于人们不同类型的活动，大脑中范围明确的某些块状区域被打开（图 16・4）。这里又出现了许多不同系统以协同方式起作用的高度有趣现象。

我们现在转而探讨，大脑的一个单独部分——例如感知光线的部分——是怎样起作用的。关于这些部分的功能，已有了若干数学模型，例如那些假设只存在两种类型神经元的模型。它所根据的实验结果是，有一些神经元强化神经脉冲，而另一些却起着某种相反的作用，换句话说，对信号起抑制作用。有抑制功能神经元的作用乍想起来令人困惑不解。但它确实有一个重要作用，因为没有了它，我们将一直处于兴奋状态。

我们现在来探讨以下问题：这样的一些大脑模型在原则上怎样进行试验。对我们在本书中观察的所有系统，最重要的是各组成部分的具体相互关系，例如神经网络的节点——神经元。

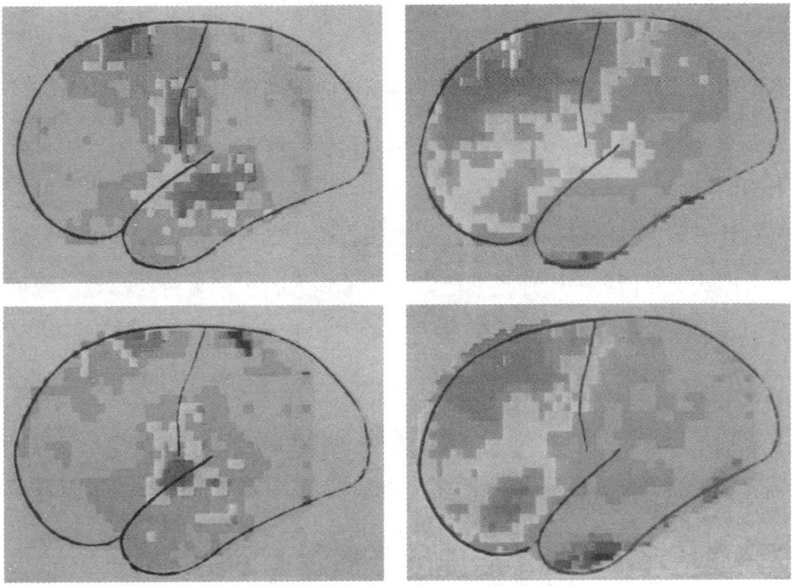

图 16・4　不同言语、行动等活动下大脑的块状接通，
可由大脑各部分的充血强度明显看出

大脑的激发模式——假设和实验

在本书中，特别是在关于物理过程和化学过程的各章中，我们已经说明，极不相同的系统可能形成完全相同的模式。例如在液体和空气中都出现相同宏观排列的分子滚卷运动。我们一再看到，系统各组成部分之间的相互关系并不那么重要。一旦到达系统的不稳定点，同样的宏观模式就会出现。

美国生物数学家杰克・考恩(Jack Cowan)参加了我们关于协同学的一次讨论会。他听说了这些相似性，特别是液体中的滚卷形成的相似性之后，产生了一个大胆的想法。他把幻觉与大脑中的宏观激发模式的产生联系起来。吸毒者说他们在吸食毒品(例如LSD①)后有一种十分典型的感觉，他们好像看见同心圆向外发射直线或螺线(图16·5)。考恩早先发展了一种数学理论，说明由视网膜接收的图像怎样传送到掌管视觉的大脑皮层。对这类图形可以做出如下说明。位于视网膜中的各个神经细胞(亦即感受器)，接收射入的光线并以神经信号的形式传送出去。我们暂且不管这是来自一些单独的细胞还是这些细胞的整个复合体。视网膜上的这个点借助一个神经束把信号传送到大脑中一个特定的点。视网膜上邻近的点也各有专用的通向大脑的“电话线”，可以到达大脑中的邻近各点。如果我们应用考恩的假设——视网膜上的圆形映射到大脑皮层上的一个方形区域，便得到了一个惊人的发现：在幻觉中看到的图形正对应于大脑中的直线条，也就是神经细胞中的激发模式。它们的差别仅在于取向(图16·5)。考恩甚至还成功地根据幻觉时的复杂感觉追溯出大脑中原来的模式，亦即我们熟知的蜂窝状模式。

图16·5　考恩的幻觉理论。左：吸毒后人们的感觉模式的例子。右：按考恩的假设，大脑中的条状激发图案。

怎样来理解这一切呢？吸入毒品，显然使大脑的功能失去了稳定；原来的静止状态让位给某种新的宏观状态，这是一种激发模式。这与液体的情形十分相似，液体开始处于静止状态，但后来——底部加热后——突然呈现出一种宏观的运动状态。在那种足以使大脑丧失稳定的毒品浓度下，神经元开始被疯

① 一种致幻剂，学名麦角酸二乙基酰胺。——译者

狂地激发起来。但有趣的是这并不是杂乱无章的状态，而是完全有序的。当然，我们不是说大脑真的像液体那样运动。我们只是试图以纯粹基于数学上的相似性来给出形象化的说明。目前还只能把这些想法完全看成一种推测。当然很有可能进行实验验证，但显然首先要把我们现在所用的研究大脑的方法大加改进。迄今为止还只是利用一根插入的电极来研究单个细胞的激发情况。为了证明不同神经细胞的同时激发，显然要用一整套电极网络。看来，这开拓了大脑研究的一条令人神往的新路。①

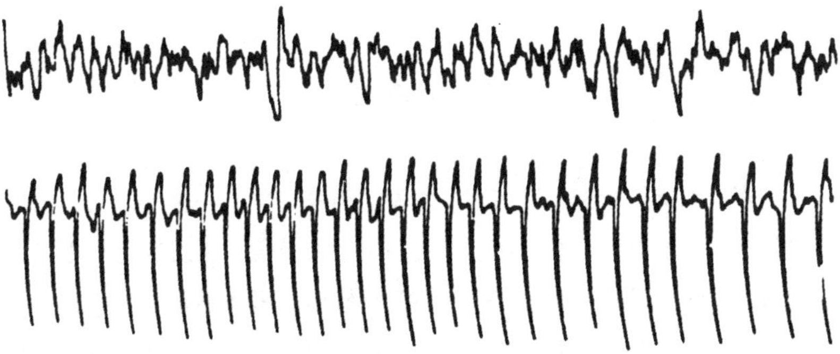

图 16·6　大脑正常活动时的脑电图(上)与癫痫病发作时的脑电图(下)

认为许多神经元同时以完全确定的模式发射神经脉冲，这看来很具假想性，然而在大脑研究中有一种确实能观察到许多神经元的关联激发现象。这些激发十分有规律，所产生的电波可用脑电图测量。这种有规律的脑电波出现在癫痫发作时(图 16·6)。因此有规律的激发模式(在这

① 一些这样的途径在第一版与本版之间已有所描述，对此我在这里需要提到查尔斯·格雷(Charles M. Gray)、沃尔夫·辛格(Wolf Singer)与其合作者以及埃克霍恩(R. Eckhorn)与其合作者的工作。在本章“有没有‘祖母细胞’?”这一节中，我们提到了一些细胞，它们可以通过光线感知一根直棒的运动和方向，其时细胞被激发，也就是发射出一系列神经脉冲。现在有两个或两组神经细胞感受到那同一根棒，则如前所提及的研究者对猫发现的奇妙结果：与激光原子完全相似，相互之间可以相隔达几毫米的神经元，发射出完全互相吻合的脉冲，这被称为同步。

里是随着时间而产生的振荡)是与病理过程相联系的。由这种观点出发，就可以说明癫痫发作时随着时间而产生的振荡，与前面假设的幻觉时大脑所具有的空间模式是类似的。有趣的是许多神经细胞的同步意味着病理性态。但我们千万不能就此认为，思维与关联效应无关。恰恰相反，这种关联无疑是存在的。如果用小灯泡来形象化地表示神经元，当神经元激发时小灯泡发光，那么，我们将不断看到一些灯亮、一些灯灭，这有点像做拼板游戏那样把各盏发光的灯拼成一幅有意义的图画，类似于电视画面。目前我们还只能利用比较间接的证据来理解许多神经元满足的同时作用。

整 体 思 维

许多事实支持着整体思维这个假设。当我们学习一种外语时，显然不仅常常从交谈中学习整个句子，我们也学习单词。通过变化和更换个别词语，就能构成具有新内容的新句子。然而这里并不是专门推荐学单词或整个句子的方法。因为当我们学习拼写时，恰恰相反的效应起了决定性的作用，那个效应就是分析，即把每个词从一开始就分解为它的组成部分。当然这里只是顺便提及一下而已。

整体思维也为国际象棋大师所熟知。棋盘上有 16 只白棋和 16 只黑棋相对，它们各有不同的职能(象、卒、马、王、后、车)。初学者先学习各个棋子走动的规律，然后在下棋中思考各种走法，并考虑其后果，是否能保住自己的车或将死对方的后。与此相反，象棋大师考虑的却是全局。他们观察各只棋子的相对位置，并根据棋局确定以后各步的走法，而无需研究每只棋子走法的细节。相反，如果出现了新情况迫使象棋大师这样做，那么他将会感到难以着手。在这种整体思维方面，象棋大师与会下象棋的计算机之间有着一个重要的区别。我们知道，在百货公司里已有能与人对弈的计算机出售，使用这种计算机还可以选择其不同高下的弈棋水平。最好的会下象棋的计算机如今只会被第一流象棋大师如特级大师所击败。这可能使人们想到，这种计算机要比人聪明得多。然而这种象棋计算机击败对手的手段却原始得惊人。这些计算机只是在大量走法中试探所有可能性，而后算出能最有效地吃掉对手还有一定实力的棋子的数目。与胸怀全局的思维方式相比，这显然是一种十分死板的办法。这个例子已经清楚地证明，在计算机与大脑之间有着根本区别。

关于大脑功能的一个进一步的观点看来是重要的。其中，把越来越多的神经细胞放在一个网络里，我们得到了复杂程度越来越高的组织。尽管如此，通过例如特意激励一个神经细胞，看来有可能使大脑从这种集体水平回归到单个细胞的水平。

用协同学的观点，可以对创造性工作做一个新的解释。就像拼板游戏那样，出现在我们眼前的是一幅全新的完整图形。在我们的大脑中出现了类似于意识相变的情况，许多以前杂乱无章的东西突然有了某种规律性。恼人的混乱思想突然变为令人宽慰的确定性。新的洞见早就潜伏在意识之中，但它们是像闪电一样突然显现的。人们不能不注意到这样的印象，这里有着类似于我们从协同学的其他领域中所知道的一种过程在起作用。通过涨落（恍然大悟）出现的一个新的序参数（亦即新思想），能够制服、联系和支配各个方面。但这一切又似乎完全是自组织的——我们的思想也自组织成新的观点和新的知识。也许正是这个事实，向人们解释了大自然中的许多自组织过程。

身 与 心

协同学的方法也为研究身-心问题，亦即肉体-精神问题，开辟了一条新的途径。为了说明这一点，可以用著名的大脑研究者约翰·埃克尔斯爵士(1903—1997)的观点作为出发点，这个观点是他在1980年在林道召开的诺贝尔奖得主会议上发表的。他认为可以通过把人体的各部分看成只是可替换的部件，来解决身-心问题。因此，人的实体可以化为大脑中的某些区域。按照埃克尔斯的观点，这时自我是程序编制者，而大脑是计算机，即只是执行器官。

协同学对此得到了不同的结论。根据我们在本书中已阐述过的协同学观点，序参数与被支配的子系统是互为条件的。按照这个解释，序参数就是我们的思想，而子系统是大脑神经元网络中的电化学反应。我们在本书的许多例子中看到，序参数和子系统的存在和作用是相互依赖的。在这个意义上，按协同学的观点，归根结底，身与心是相互依赖的。

关于通过大脑模型来解释大脑的功能，还有待于最后的结论。看来每种科学的最新进展总被移用到其他领域，以便把那里取得的成果与大脑类比。以前总是把大脑与电路甚或机械齿轮类比，因此过去我们常讲“思维的开关装置”。如今当然把它与计算机类比。那么，明天又会把它与什么类比呢?

大脑是按计划生长的吗?

由于对大脑中复杂反应的解释极其困难，研究者们转而寻求其他途径。他们开始研究大脑是怎样生长的，是不是从一开始就有一个明确的计划呢？下面简述一下现在的知识水平。在胚胎的发展过程中首先形成由细胞组成的所谓神经管。在这个管子附近形成神经细胞。它们好像是在工厂的流水线上被制造出来的。但是它们并不停留在这个位置上，而是被送到大脑的其他部位。细胞在其新位置上像黏菌类细胞那样渗透。根据一位美国胚胎学家的说法，它们而后以层状聚集，并先构成某种如蚁冢之类的东西。

然而各个细胞怎么会知道它们该去哪里呢？对此我们还了解甚少。然而却有迹象表明，各个神经细胞沿着已形成的胶质细胞向前移动到最终位置。

然而也存在着另一个提示，强烈地使我们回忆起黏菌类的性态。如同黏菌类细胞中的情况一样，有着某种吸引剂引诱那些单个细胞，在这里是那些单个神经细胞。它就是所谓的神经生长因子，产生于一定的区域之中，并在组织中扩散。① 某些神经细胞一旦察觉到这种物质，就会向它扩散过来的方向迁移。在这种迁移过程中，某些细胞可能会迷路而有时死亡。在个别情况下，也可能因为细胞的错位植入而导致大脑的某种疾病。但我们只是对健康大脑的进一步生长感兴趣。单个神经细胞长出分支，其中一些寻找到附近的细胞，与之建立联系。其他的一些进一步朝着发展中的大脑的其他细胞生长。毫无疑问，大脑中神经细胞网络的构造是自组织的。按我们所掌握的知识，这种连接是自行产生的，并无高级主管部门的控制。不同的研究者对这种自组织的进行有不同的看法。也许这些看法都是正确的，但各自适用于不同的大脑部分或不同的物种。这里我们简单地举两种看法来做比较。

一种看法认为，生长中的分支，可借助于特定的分子识别它们必须与之建立联系的细胞。这可以比作各个神经细胞分别上了不同的锁，它们只能用一定的钥匙（每个有不同的自然生长物）打开。常常观察到开始时形成了许多根“电话线”，其总数多于后来实际使用的。多余的那些后来又被取消或死亡，就像没有正确纳入网络的那些神经细胞一样。在这种图像中，最后形成的网络就像是按照分子锁和钥匙所指定的计划而编织的。

另一种看法与自组织的思想较为吻合。根据这种看法，细胞之间联

① 在第一版与本版之间，还发现了一系列更多这类物质。

结的形成完全是杂乱无章的。但当神经脉冲由感觉器官到达这个网络时，与单个细胞不同，按照使用的频繁程度，形成的联系也自动地有疏密之分。这样，网络及其性能首先通过应用产生。通过应用，例如通过感知的加工而使神经系统中的联系加强的想法，在专业文献中以关键词“赫布突触”（Hebbsche Synapse）为人所知。突触是固定的连接点，就像是神经细胞之间的连接站，在经常使用中得到加强。遗憾的是，迄今为止并无直接的实验证据可以印证这一点，例如看不到经常使用的突触大于其他突触。认为神经网络仅在应用中才形成的这种想法，对计算机设计者极具吸引力。能否制造在其工作中自动地自组织起来的计算机呢？下章将探讨这个问题。

17　计算机的解放：希望还是噩梦？

二十世纪的神童

机器日益取代人力，这是当代的趋势。不久以前，人们还老是在考虑怎样避免或至少减轻繁重艰苦的体力劳动。我们马上会想起诸如洗衣机、洗碗机、吸尘器之类的家用电器。同样，机器已进入工厂，那些单调的工作，例如包装巧克力，早就为机器所代替。令人吃惊的是，近年来的研究和开发工作越来越多地转向用机器代替脑力劳动。计算机技术是一个典型例子，虽然计算机的真正“思维”能力常被估计得过高。每一个编过计算机程序的人都知道，计算机十分笨拙，除非为它明确编制程序，否则，它就连最小的错误也无法消除。使用计算机管理账目的雇员也知其一二。计算机中的账目会突然全部消失，并再也无从找到。如果不是事先十分详尽地编定程序，以后就没有人能使计算机显出所需的账目。我们暂且把计算机的智能问题放下，本章后面还会回到这个问题上来。①

但除了一些缺点之外，计算机确实做了十分出色的工作。计算机极可能是 20 世纪最伟大的技术革命。我们过去常听到的是它在科学中特别是在宇宙航行中的应用，现在则已无所不在。无论是预订火车座位还是飞机票，预测选举结果乃至找对象，计算机都为我们效劳。不管在办公室还是在家里，都越来越多地用到计算机，我们的孩子们已经离不开它。以前需要对数表或把一长列数字相加之处，现在只需要按几下键就成了。计算机被装在汽车里帮助节省汽油。用于通讯中保证电缆的最佳利用。用于房屋结构规划，例如指出哪里该有门和电源插座，还按照各种极不相同的设想绘出房屋图样，甚至包括房屋周围的树木。计算机被用来计算桥梁结构，设计住宅区和炼油厂。“虚拟现实”计算机使我们得以借助特制的、能感知我们动作的手套，在眼镜式的显示屏上造成运动的三维情景，从而使我们“进入”一个逼真的人工世界。肯定很快会出现包括在显示屏上提供一个人工伴侣的程序，使人们能与之谈论一个热门话题，或对一个头脑较简单的家伙来一场拳击赛。

计算机被用于培养飞行员和宇航员的飞行模拟器，引导火箭飞向月球和太阳系最外层的行星。它不仅可以用来控制机床，还可以用来控制全部复杂的生产过程。人们也许还梦想一个中央控制的经济系统，在这里一架超级计算机可以预先计划和控制一切。然而正是在这里可以看到一条界限，即在信息科学家的专门术语中被称为“信息瓶颈”的界限。我们举一个十分简单的例子来说明这个概念。

在多数住宅中室温是自动调节的。为此我们在温度控制器上预置一个确定的温度，即所谓的设定值。传感器不断地测量室温，即得到所谓的实际值。如果这两个值有差异，温度控制器就发一个信号给中央空调系统，命令它提高或降低室内温度。

把这个原则移用于一个生产过程或甚至一个十分复杂的经济系统，会产生以下这个基本问题：需测量很多个实际值，并且计算机必须算出，需进行什么样的控制过程才能够达到设定值。这需要进行很困难而且很费时的计算，很可能旷日持久，使计算机根本不能及时发出所需要的控制指令，导致全部控制失败。因为信息不能相当快地通过（形象化地说）“瓶颈”。在特殊情况下还能以更快的计算机来解决这个问题，但必须每

---

① 这些是1980年代初期的情况。现在的计算机聪明多了，有一定的纠错能力，且都有双份或多份备用数据，上文所述的灾难情况一般不会发生。——译者

次在相应子过程的自组织中去寻找一般答案，即只提供某些重要的数据，让这个过程作为一个整体有机地进行。

我们也将在计算机上遇到自组织的问题。为了认识计算机的潜在能力及其可能的界限，我们需要稍微熟悉一下计算机：它“在原则上”是怎样工作的，它如何为我们的目的服务，换句话说，如何为它编制程序？现在就从程序编制讲起。

程 序 编 制

就基本原理而言，一台大计算机与一个袖珍计算器并无很大的不同。例如需要把数字 3 和数字 5 相加，那么应用计算器时需先按数字键 5、然后按加号键、再按数字键 3、最后按等号键，来使计算器知道它要显示的最终结果。总起来说，这意味着我们给予计算机以下形式的指示。取一个数字(例如 5)，再取另一个数字(例如 3)，把二者加起来，然后显示结果。

这整个过程可以分为两大部分，也就是选择具体的数字(例如 5 和 3)以及计算本身。可以把我们选择的数字想象成标有数字的小球，它们分别放在各自的小盒子里。用这个比喻可以把计算过程表述如下：在一号盒中取数字 5，加上二号盒中的数字 3，把结果放入一个新的盒子，比如三号盒中。用这种方法就可以把困难的计算继续进行下去，例如再把三号盒中的数字与四号盒中的数字相乘，等等。因而每次的基本任务都十分简单，但有很大的灵活性，因为我们可以变化一号盒和二号盒中球的数目，或者再继续进行这一过程。我们最后可以对计算机这样说：把得到的结果放回一号盒中。用这种方法可以构成一个所谓回路，而使计算过程不断重复，例如计算 2×2×2×2。

对于科研用的计算机，程序员也有这两种不同的任务。他必须说明，计算机需要进行哪些具体计算步骤(加、减、乘、除)，并且他必须有一个数据存储器，从而使计算机能重复进行同样的计算，但每次用新的数据。因此程序员的真正工作在于制订计算步骤。数据输入一般说来并不困难。所需要的只是把不同的数字放在不同的盒子里。在很多情况下只需要一个很短的程序，也就是很少几个计算步骤，就能加工很多数据。例如计算银行利息、保险金额、工资和许多其他东西。如果计算任务繁重些，也就是程序长些，那么，在某些情况下，就需要耗费相当多的高水平劳动力。于是就出现这样一个问题：设计一种能自编程序的计算机可否节约人力？不过让我们还是先谈谈人工编制程序的问题。

虽然计算的各个步骤都极为简单，但可以把它们以不同方式组合起来。同时还可以内置上面提到的回路——设计这种回路的目的可以是为了不断地重复一种近似计算，直到计算结果相当精确为止。这类计算如开方，只是给对数学感兴趣的人举一个例子而已。

计算机会做的事还不止这些，而希望和困难正是从这里开始。如同前面在各个盒子中放入数字，以便随后在计算机中进一步处理那样，我们也可以在这些盒子中放入各种符号，它们分别表示某种计算步骤。计算机在这种情况下接到指示：从三号盒中取出一个球来，并按这个球的要求去做(事实上计算机当然不像开彩时那样把球摇出来。它有一个数字存储器，并每次由其中的一定部位得到电信号，它对计算机发出命令：做这或做那)。例如，这个“球”可以命令你下一步把现在给你的两个数字相乘。但它也可以命令你运行某种十分复杂的计算程序。各种不同指令的组合可以使计算机过程变得十分复杂，有时会造就一种特别的程序员，在英语行话中被称为“Hacker”(计算机迷)①。所谓“计算

① 英文原词Hacker在现代应用中多指“黑客”，即借助计算机非法取得数据的人，他们一般是非常熟练的程序员。Hacker也可以指“计算机迷”，这里译为后者较为妥当。——译者

机迷”，指的是这样一些程序员，他们像一个业余爱好者一样，一再编写新的程序，但最后终于搞昏了头脑，直到深夜还满脸通红地坐在计算机面前，不断想方设法获得新的计算窍门。这种“计算机迷”会越搞越糊涂，第二天早晨他必定发现，计算机中只是一片混乱。这个例子清楚地表明，编计算机程序这件事本身，无疑含有极大的隐患。

“计算机迷”遇到的困难，其他程序员也并非不知道。因此，例如，一家重要的计算机公司让人们从建筑学角度研究大型计算机的设计问题。然而这种研究毫无结果，从协同学的观点来看，这是不足为怪的。在计算机中不仅有固定的结构，其中也常有必须相互依赖和相互作用的各种过程。换句话说，计算机是一个典型的协同系统。

计算机网络[①]

今日的大型计算机与许多输入输出点相“连接”。计算机终端接到指令，然后把计算结果在终端的荧光屏上显示或打印出来。

但有一种新的趋势正在出现，它将开辟一个协同学应用的新领域：人们将制造一些相互联结的小型计算机，来取代大型计算机。原来像工头一样指挥小型计算机的大型计算机为相互“对话”的小型计算机所取代(图 17 · 1)。由许多小型计算机组成的系统有着明显的优点。它们适合于成批生产，并且能够互换，因此较易维修，并且可以方便地放在计算机中心或其他机构的各个房间里。一部分小型计算机可以设计得完全

① 作者在本节中描述的自组织计算机网络，其内容近年来得到极大的扩充和神速的发展，一般称为“云计算”(cloud computing)。现阶段广为接受的是美国国家标准与技术研究院(NIST)的定义：云计算是一种按使用量付费的模式，这种模式提供可用的、便捷的、按需的网络访问，进入可配置的计算资源共享池(资源包括网络、服务器、存储、应用软件、服务)，这些资源能够被快速提供，只需投入很少的管理工作，或与服务供应商进行很少的交往。——译者

相同，而另一部分则可以按照特殊的任务装备，例如其中一台带着荧光屏，而另一台配有打印机，等等。但这里出现了一些新的原则问题，它与我们对这些小型计算机网络能解决多少自组织问题的期望有关。一种可能性自然是把它们固定连接起来，从而实际上又构成了一台大型计算机，这时，各计算机之间任务的分配取决于线路的连接。另一种可能性是计算机相互之间不断自动建立起新的联系。当一台计算机需要帮助时，它就向另一台计算机发出信号。如计算机专家所说，这个信号带有“旗帜”。它包含着以下内容：信息的来源和目的地和“询问”另一台计算机是否已准备好接受任务。在专门术语中，称这时形成了一个“协议”，接收信息的计算机必须告诉发出信息的计算机，它是否已准备好接受任务。这样，在几次对话以后，就可以完成任务的传递。与固定连接相比，这种传递自然要多一些麻烦。在固定的程序连接与自组织的任务分配之间找到一个最好的折中办法，是计算机设计者的一项任务。我们现在仍处于这一任务的萌芽时期。计算机在分配它的任务时应同时进行计算，然后再分配新的任务，等等，计算机专家说这是装入了一种“深藏结构”，目的是为了促成这种自组织过程。

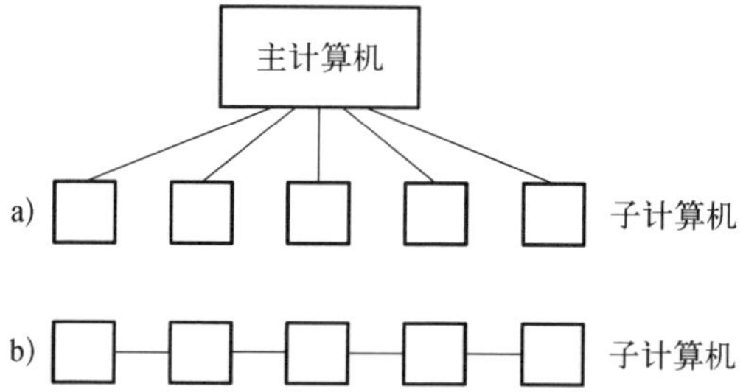

图 17・1　组织的和自组织的计算机

上：一台主计算机分配任务——组织
下：各台计算机自行在其间分配任务——自组织

但什么是“深藏结构”呢？在这方面，本书中所阐述的结果可能对我们已有所帮助，虽然它们并不是上面提到的“深藏结构”。如我们所知，如果改变外界条件，比方说增加能量输入，那么，例如在液体和化学反应中将形成宏观模式。对计算机网络也可以期待出现同样的情况。通过给予计算机更多任务，例如增加输入数据的数量，就会在各台计算机中自动发生计算过程的全新分配，也就是自组织地发生。然而这里也会出现我们已从协同学中知道的那些讨厌现象，例如震荡。在这种情况下，各台计算机之间的功能分配周期性地波动，从而有大量数据在这些计算机之间来回传输。计算机专家可以从协同学得到启发，学会如何消除这种震荡。不仅如此，对计算机专家而言，把计算机与大脑神经网络类比也是有用的。功能的不断分配可以使原来松散的联系逐步发展成为永久性的联系。这里又是竞争原则在起作用，最有效率的联系得以“生存”而其余的被抑制。这可能导致计算机最终开始整块思维，就像优秀的象棋大师那样(参见第16章)。这些思维块并不一定局限于某一台高度专门化的计算机中，也可以分布在多台计算机中。

最后我们可以设想对整个计算机网络加上一些条件，其作用与达尔文的适者生存原则相类似，例如对某个给定的问题必须试用不同的方式去解决，而网络最终只保留最快的那种解决方案。① 如果对问题的提法每次都只有少量改变，看来实现这些想法为期已不太远。类似于其他协同系统，那时可能会突然出现新“结构”，因而在计算机中实现一种新的功能分配方式。然而当需要计算机网络解决一个全新的问题时会出现困难，这时不应期待发生奇迹。就像在日常生活中一样，网络必须一面试用各种不同的解决方案，一面从中学习。

① 在第一版与本版之间，开发了解决这样一些问题的所谓遗传算法。

由于计算机会做的事情很多，我们就必须自问，与人类相比，计算机的最大弱点在哪里？肯定不在于总是用同样的方法处理许多数据，问题也许在于模式识别。

模 式 识 别

模式识别是许多自动化过程的前提。例如一台自动电焊机必须搞清楚该在哪里把相应的工件焊接起来。如果机器需要识别更为复杂的模式，则任务更加有趣。一个熟悉的例子是阅读机，它能辨读和识别手迹。在此，协同效应也起着决定性的作用。作为第一步我们设想把一个字母分解成若干确定的部分，即所谓基元或基本性能(图 17・2)。基元需要选择得能为机器所感知，例如一划，或者处于一定位置并以一定方式弯曲的一个小弧。这种“基元”可用光电管来“扫描”，并可用比较简单的电路来“识别”。对每个处于一定位置的基元可以规定一个数字(图 17・3)。就像一把数字锁只有在一组数字组合下才能被打开那样，只有当一个数字组合与一个字母的全部基元相对应时，才能确定这个字母。因此，机器必须检查一下，在它的记忆装置中可否找到一个数字组合，恰好能够表示例如字母“A”。困难在于，识别过程中处处可能出错，例如某一个基元未被准确无误地鉴定，又如一个竖划会同右方开口的弧相混淆。于是我们又回到那个老问题：如何改正一个有错误的句子。我们已在激光或液体中遇到过这种演化过程。这里也是如此，开始时完全可能有几个子系统单独行动。例如几个激光原子开始时可能发射“错误”的波，或者还不是全部液体分子都参与了滚卷运动。然而序参数能很快地把它们归纳在一般的有序性中。对一台阅读机而言，这意味着，若遇到一个错误的数字组合——这一组合自然不在它的目录中，它就必须寻找最接近于这个错误数字组合的一个正确数字组合。为此目的，可以发展多种数学方法。形象化地说，这些方法是把一个数字在坐标系中用点来表示(图 17・4)，而后测量这些点之间的距离。此外，在此顺便提及，又可能出现需要打破对称的系统(图 17・5)。一个错误的组合可以与两个正确组合的距离相等。即错误的字母与两个正确字母的距离相等。为了做出最终选择，必须打破对称。在这种情况下，除非引入一个新的判断准则，阅读机就无能为力了。当阅读机读入写下的一个词或一个句子，而它又不能判断，究竟是字母 O 还是 X 时，则由常识可知，只有把一个词甚至一个句子作为整体来看待，才能做出判断。根据语法规则或者常常从上下文的关系加以判断。这个例子表明，在内容起决定性作用的场合，从这一步到下一步的符号识别可能是一个异常复杂的过程。

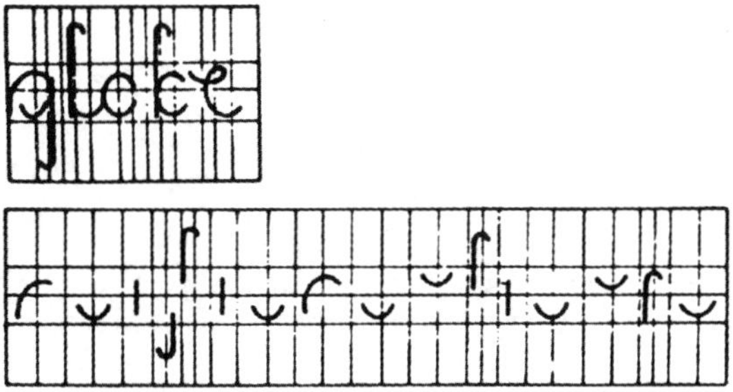

图 17・2　通过分解为简单的组成部分(“基元”)进行模式识别

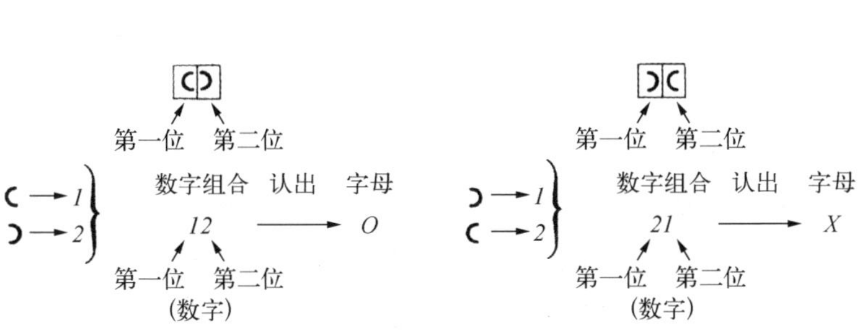

图 17・3　把数字与表示位数的基元联系起来的一个简单例子

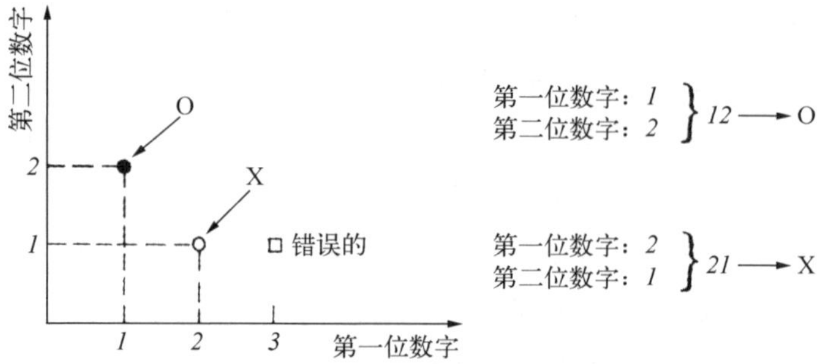

图 17・4　数字在坐标系中表示的例子。在第一种情况下识别为 O，在第二种情况下识别为 X。如果数字组合为 3 和 1，那么这是一个错误的字母。在实践中必须采用高维坐标系。

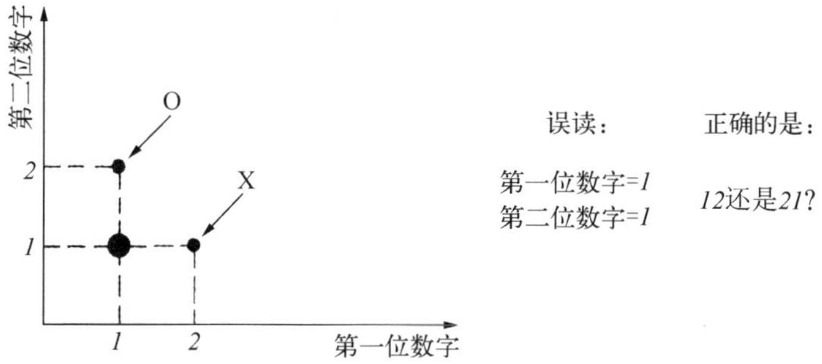

图 17・5　错误一例。阅读机把前后两个数字都读为 1，但实际上可能有的字母只是图 17・4 中的 O 和 X。

这里所讲的方法相对而言较为死板，因为每次观察到的基元，例如手迹中的一个弧，必须处于某个完全确定的位置。对于相当规范化的打字机文稿，这个要求还容易满足，但机器对于手迹却无能为力。因而，人们发展了识别书写符号的方法。这时利用的是，各个弧相互之间必定有某种确定的配置，完全类似于在语言中句子的各个词须位于严格确定的位置一样。事实上，利用语言的语法与基元的相对配置之间的相似性，可以为机器定出规则，机器需据此把各基元组合起来。就像在迷宫中一样，机器一再遇到岔路，但各个基元的相对配置最终将指明正路，使字母按其本来面貌拼成。

感知与协同计算机

在人类的感知方面有一个特别有趣的特征：我们能够理解残缺不全的信息，也就是大脑能自行补充缺少的信息。看来这是我们感知能力的一个重要组成部分。这种自行补充信息的功能，也被称为联想记忆。这种联想记忆可以通过协同计算机实现。关于协同学的原理如何在此深入地体现，我们首先通过一个十分简单的例子来加以阐述。这个例子同时也会说明，我们如何把协同学的应用范围从流体运动扩展到感知过程。

我们来观察一个简单的模型计算，其中圆形容器中的液体在底部被加热。如我们由第 4 章已经知道，在这种情况下会形成一种滚卷模式。模型计算将首先给出在一个确定方向的几个滚卷运动(参见图 4・19)。如模型计算所示，液体随后完全自发地形成完整的滚卷。如果预先给出一个不同的新方向，那么又会形成在新方向的一个滚卷。最后我们若给出两条向上的液体带，那么液体便处于一个矛盾的境地。如果一个滚卷稍强于另一个，那么它便在一定程度赢得了这场比赛，而液体最终在相应方向上构成一种滚卷模式。

这里发生了什么？根据协同学概念，一种液体滚卷导致相应的序参数，它按照支配原则把总体有序状态下的液体带入一种完全滚卷形式。如果预先给定两个滚卷，则它们传唤各自的序参数进入比赛，那个开始时较强的序参数最终得胜，并又按照支配原则把全部液体带回到总体有序状态。也可以说，液体在这里就像联想记忆一样起作用，它把一个初始给定的不完全数据库，即一个单独的滚卷，补充为对应的完全的数据库，即整个滚卷系统。我们现在要强调，模式识别与我们这里描述的类型的模式构成并无不同。

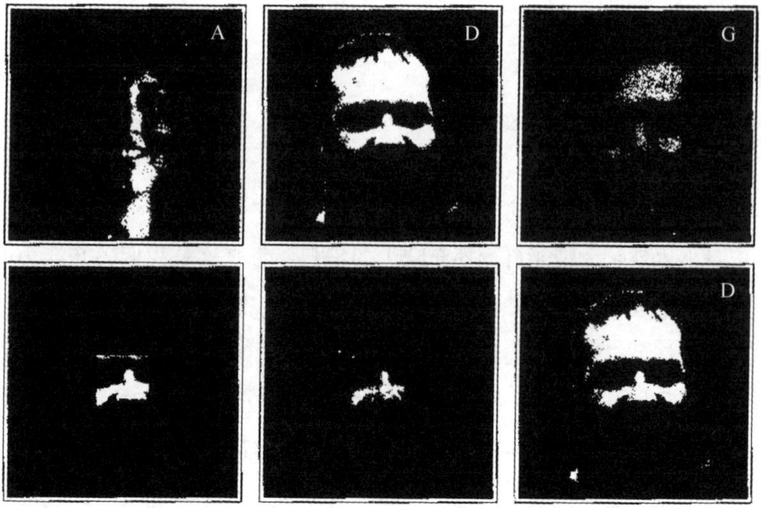

图 17 · 6　储存图像实例，其中字母标记人名（上）；下为一个识别过程步骤的实例，被复原的整个图像（人脸）由初始（左）给定的部分推演得到。

对于一种模式，例如人脸的一部分，我们可以识别几个特征，或称为原型。这些特征然后调动所属的序参数，据此构成完整的形态。根据模式识别和模式构成之间的相似性，计算机可以首先构造一个程序，它实际上起模式识别的作用，其中不仅识别单独的特征，也识别整张人脸。这里可以从一开始就给予计算机被识别人脸的全部信息，也可以让计算机学习这些信息。给予计算机人脸的一部分，它就能从所有存储的人脸中，重建出包含这一部分的完整人脸（参见图 17 · 6）。计算机因此能够识别稍有走样的人脸，并区别不同的表情。稍微多花一点力气，协同计算机也可以识别图 17 · 7。这里它首先识别前景中的妇女，但人们也可以“禁止”识别这位妇女，只要把属于该人脸的所谓注意力参数设置为零。然后再给计算机显示这幅组合图，计算机便会只识别背景中的男人。用这种方式，计算机可以把具有一系列人脸的整幅图分步识别。图 17 · 8 是计算机用上述步骤识别的由五张脸组成的图的一个例子。

图 17·7　协同计算机识别的一幅图

图 17·8　计算机用本文所述步骤识别的由五张脸组成的图一例，Fuchs & Haken（1988）

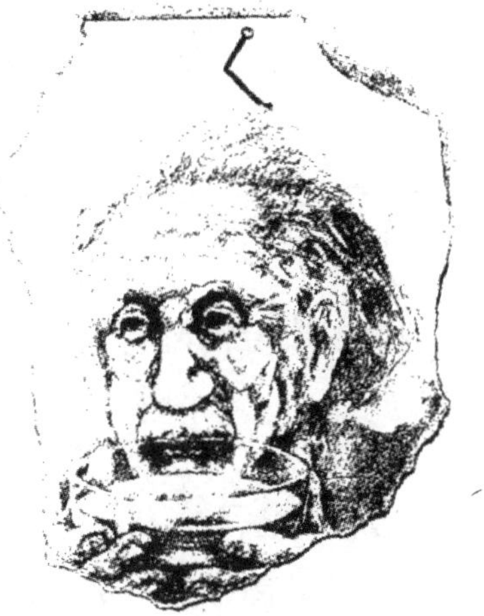

图 17·9　是爱因斯坦还是三个漂亮的浴女?

对少数几个实例，我们的计算机识别出错而给出不正确的答案。但最终我明白了，即使人类的识别能力也可能受到欺骗。观察图 17·9，我们自然可以看到爱因斯坦的脸。但是仔细多看一会儿，我们突然看到三个漂亮的浴女。我们的识别能力(计算机也一样)会受到期望即某种注意力参数的操控。这把我们导向所谓翻转图形的这一个有趣的领域，对此，图 11·2 给出了一个例子。这幅图是一个花瓶(白色部分)还是两张人脸(黑色部分)？我们会看到其中一个或另一个；例如我们看到了花瓶，但这种印象过一会儿会消失，于是我们看到两张脸，直到它们又消失，然后花瓶的印象又出现。这些现象我们已在关于矛盾的第 11 章中讨论过了。

计算机应能识别的不但有视觉形象如人脸或写下的文字，还有音频信号。为此，我们把讲话的声音转化为电震荡并展现在显示屏上(图

17 · 10)。这样就又得到了光学图像，于是音频识别又回到图像识别。此外，成功地实现相反的过程，即把字符(例如人们用打字机打出来的)转变为声音，已经有一段时间了。这种方法在例如旅馆叫醒服务中已经十分广泛地应用了，并也已开始推广应用于问询服务中。

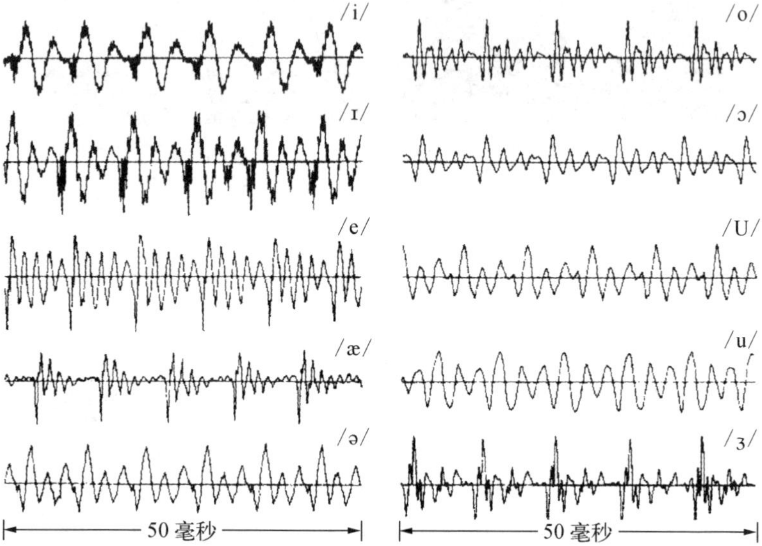

图 17 · 10　一些英语音素发音的波形图(横坐标是时间，纵坐标是振幅)

如前所述，下一步，即界定一个字母或一个单词的意义，是本质上全新而且困难得多的一步。这一点当我们把计算机用于语言翻译时看得尤其清楚。我们已经看到，计算机可以把一个单词转换为一个数字组合，而后借助这个数字组合在一部词典中寻找对应于这个外语单词的另一个数字组合，并应用这第二个数字组合来表达这个外语单词。

但当我们处理语言的细节时，实质性的困难开始出现，例如输入的一个单词可能对应于多个外语单词。当人们说一个词是一个“猜字游戏”时，这种困难便以较简单的形式出现。例如 Hahn 既可以指水龙头(Waseerhahn)又可以指公鸡(Gockelhahn)。于是我们又面临对称破缺这个基本问题，因为有两个意义完全等价而均可取，孰是孰非只有根据上下文才能确定。但机器如何建立这种上下文关系呢？这里十分明显，我们面临着一个向我们提出越来越复杂问题的梯级。在协同学的意义上，机器面临的任务是找到一个合适的序参数梯级。许多单独的词组合起来产生一种意义，这个组合就给出一个序。在许多情况下，这种序参数也同样有能力，（在一定程度上）把缺损的句子“修复”，就像激光光波能够使跳出序列的原子遵守秩序一样。有时对写下的句子需要多个序参数，那么这个句子其实是多义的。然后机器必须在这个梯级中上升一级，使序参数有唯一的意义。这时的困难常常在于：必须在更高的水平上凭借大量人类经验，才能“正确”地解释一段文字。

计算机的内部世界

以上主要讨论了计算机技术中所称的软件部分。现在来看看计算机是怎样具体进行计算的。我们要介绍的是专业术语中称为硬件的部分。

图 17・11　活动装置

在计算机中把计算步骤，即所谓逻辑思维过程，分解成多个微小的步骤。这些简单步骤可以是“和”“或”“是”“否”，或者“存储在记忆中”，也就是放在一组小盒子里。借助十分简单的装置就可以实现这类逻辑功能。在公园里我们常常可以看到用水力推动的活动装置（图 17・11）。水由上方流入一

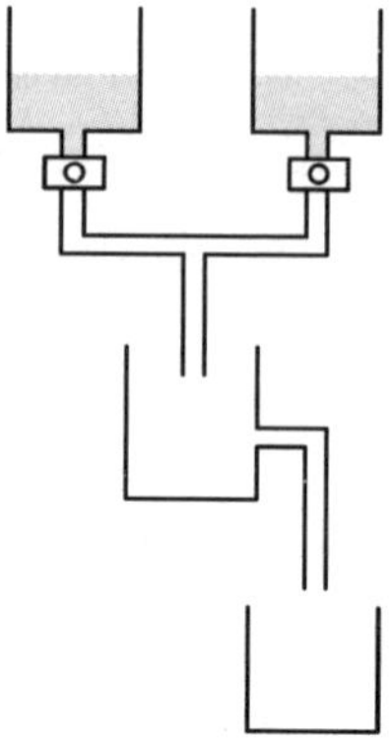

图 17 · 12 实现逻辑关系“和”的水流线路一例。仅当上面两个容器灌满水时，下面的容器才会灌满水。

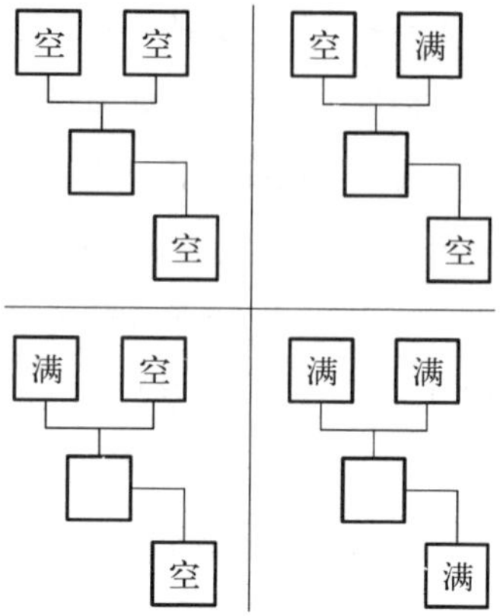

图 17 · 13 本图表明用盛水容器如何实现逻辑关系“和”

个容器中，这个容器在一定的水量下倾覆。然后水流注入下方容器，如此继续下去。乍看起来这些容器的运动似乎是完全无规则的，但审视片刻便会发现，各次倾覆都遵循严格的规则，而且恰好显示了逻辑步骤的规则。对这类活动装置我们举一简单例子。设有两个可以盛水的容器，我们把二者如图 17 · 12 那样连接起来，并使水能流入一个可以溢出水的容器中。由上面两个容器出发可以最终到达第四个即最后一个下面的容器。如果上面两个容器原来是空的，那么下面的容器也是空的。如果上面两个容器中的一个是空的，那么下面的容器也还是空的。只有当上面两个容器都被灌满时，下面的容器才会是满的。也就是说：在上面两个容器 1 和 2 都被灌满的前提下，最下面的容器才会灌满(图 17 · 13)。这也许是逻辑关系“和”的一个最简单的演示，两个前提条件都必须满足。生活中的许多变化过程都是按这种关系进行的。煮鸡蛋时必须：1，把水煮开；2，把蛋放在开水中，至少煮上四五分钟才能把它煮熟。(这个例子并不完全恰当，因为鸡蛋怎么才算煮熟，与个人的口味有关。然而在数学中并非如此，在那里，这类事情是严格地一步步进行的。）

另一个活动装置给出了“或”的一个很好的例子。这个装置几乎与上述装置相同，只是中间容器中的水直接流入最下面的容器。还需要一个溢流装置排出多余的水。当上面的两个容器中至少一个被灌满时，最下面的容器便会是满的（参见图 17 · 14 和 17 · 15）。

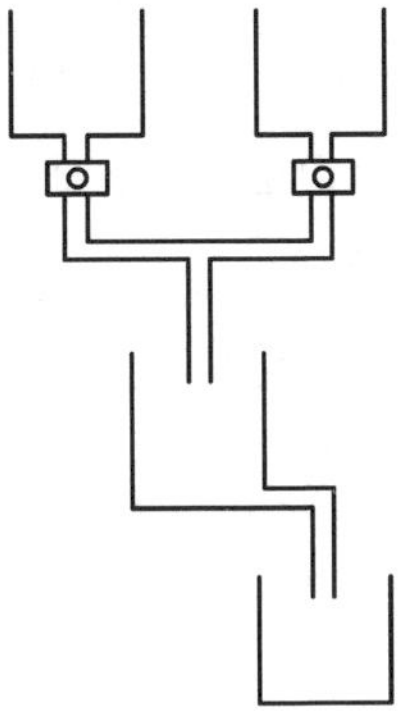

图 17 · 14　关系“或”是这样体现的。若上面两个容器中至少有一个曾是满的，下方容器便会是满的。

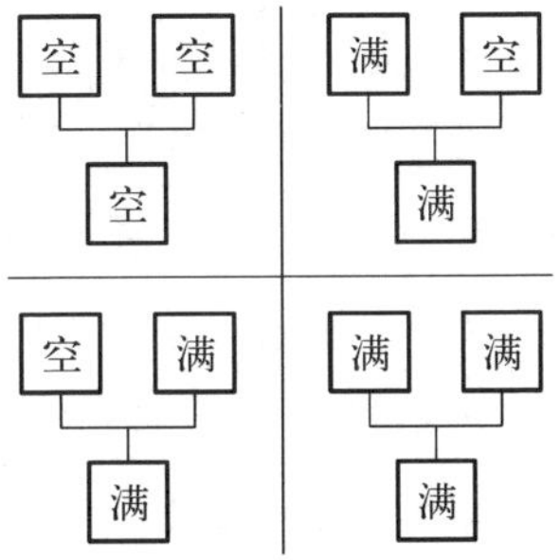

图 17 · 15　本图说明了图 17 · 14 的各种可能性

数理逻辑学证明，所有逻辑过程都可以用很少几个基本步骤如“和”“或”“是”“否”来表示。但我们不打算在这种比较抽象的思维上停留太久，而是看看这种逻辑关系可以怎样应用于实际计算，亦即数字计算。为此我们需要进入计算机的内部世界，在外行人看来，这个内部世界简直是一个神奇之境。

数学家证明，所有的数字都可以用 0 和 1 来表示，这就是所谓二进制系统。所有数的计算法则也可以用二进制数字的加、减、乘、除来表示。然后我们惊讶地发现，计算机的各部分是用一种原始的语言相互联系的。计算机的信号只由两个数字 0 和 1 组成。由逻辑关系“和”立即可以看出，计算机怎样把数字 0 和 1 相乘。我们想看看，计算机怎样做乘法，并证明它做对了。我们需校核它得到的结果是否与我们用别种方法得到的结果相同。每个小学生都知道，$0\times0=0$，$0\times1=0$，$1\times0=0$ 和 $1\times1=1$。这些法则可以由我们的水动计算机精确地加以模拟。用空的容器表示 0，满的容器表示 1。若上面两个容器是空的，那么显示最终结果的最下面的容器也将是空的。这就证明了计算确实是按 $0\times0=0$ 的法则进行的。把一个容器灌满水，而另一个仍是空的，那么，最下面的容器还是空的。这就证实了 $0\times1=0$ 这条法则。把两个容器都灌满水，那么，最下面的容器最终也是满的。这样就证明了 $1\times1=1$ 这条法则。我们现在可以说已掌握了计算机的所谓乘法表。其他计算法则如加法，也可以借助这种水力活动装置来实现。这里的水流线路稍微复杂些。对此感兴趣的读者请看示意图 17 · 16(a)和(b)。借助这些简单装置很容易证明，计算机可以根据十分简单的规则来实现所有计算步骤。

这种用水动装置来说明计算机工作的想法，似乎有点牵强附会。但确实有一些计算机公司提供这类水力装置形式的小型计算机。

从示意图中我们已经看到，就是简单的运算“和”也需要较复杂的水流线路。如果再考虑让计算机进行稍微复杂一点的乘、除或其他运算，需要的水流线路就更多，也许会一下子塞满一幢摩天大楼。于是人们想到去请教物理学家和电气工程师，能否制造另外一种尺寸小得多的线路。而且如果需要大量元件，以及很多运算步骤，那就必须同时努力使各个步骤在很短时间内完成。幸运的是物理学家早就发现，可以用水以外的其他方式来制造线路。我们在本书开头就已提到过电子这种运载电流通过金属的最小粒子。这些小粒子不只能被输送，而且也能被储存在我们大家熟知的电池和电容器中。

正如在上面的例子中，水流依靠重力从一个容器流入另一个容器，我们也可以把电子从一个容器——比方说一个电容器，输送到另一个

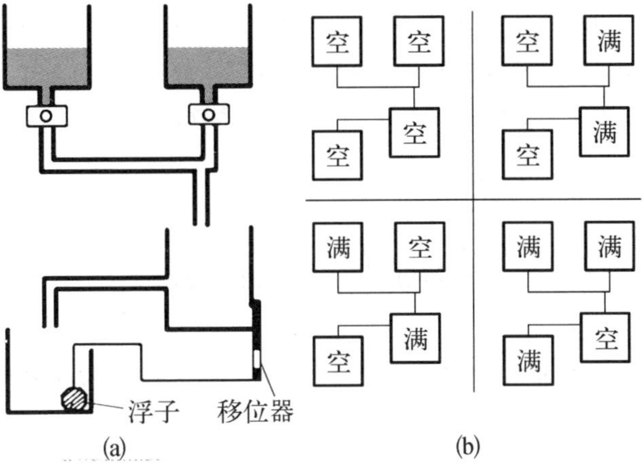

图 17・16　做加法的一种水流线路

这个水力游戏(a)表示数学上的加法是怎样实现的。上面的容器或是满的或是空的，分别对应于数字 1 或 0。它们造成的下面两个容器的灌水情况表示所谓二进制系统中的数字。下面我们只讨论下面两个容器。如果两个容器都是空的，那么这表示 0。如果左面的容器是空的，右面的容器是满的，那么这表示 1。如果左面的容器是满的，右面的容器是空的，那么这在二进制系统中表示 10。在常用的十进制系统中，这对应于 2。

我们现在试根据(b)来说明，如何借助(a)来做加法。

如果两个容器都是空的，那么这意味着把 0 与 0 相加。自然下面的两个容器都仍然是空的。如果左上容器是空的，右上容器是满的，并打开这两个容器下面的阀门，那么右下容器将灌满水，而左下容器仍然是空的，相应于加法的结果为 1。

如果左上容器是满的，右上容器是空的，那么情况自然完全相同。

如果上面两个容器都是满的，也就是 1 加 1，这时情况特别有趣。放空上面两个容器中的一个，那么右下容器便注满了水。如把上面另一只容器的水也放下去，那么右下容器中的水将会溢出，左下容器从而也灌满了水，这时移位器就会向上移动。于是右下容器将出空，最终得到图(b)右下所示的结果，它正好表示了二进制系统中的 2。从而这种线路确实能在二进制系统中做加法。通过这些线路的适当组合，还能把比 0 和 1 复杂的数相加，然而基本原理实际上还是保持不变。

电容器，只要使电子“下降”一个电压台阶就可以了。水与电子之间的这种类似，使得工程师能把我们在前面已提到过的所有线路借助电子学来实现。

近年来，在技术上一再出现真正的奇迹，制成的线路越来越小。在 1960 年代，计算机还是用电子管制造的，电子管的大小和形状都与白炽灯泡差不多，每个电子管都只有一种连接功能，类似于上面所说的水动元件。美国的埃尼阿克计算机①有 18 000 个电子管，重达 18 吨，造价 160 万德国马克。现在能把 10 000 个元件(每个都具有以前的电子管的功能)集装在 1 厘米直径的薄片上，价值 10 德国马克。同时，开关时间越来越短，目前是一亿分之一秒。②

逻辑过程——与材料无关

协同学在这里又起了作用。在本书中我们一再遇到序参数这个概念。协同学表明，我们所说的序参数本身受逻辑过程的支配。例如在我们刚刚讲到的情况中，各结构元件不同部分的电子密度就是序参数，它们表征了宏观状态。通过上述线路可以让这些序参数相互作用，并导致新的序参数的出现。协同学结果的有趣之点在于，序参数之间的这种转换可能以极不相同的各种方式进行，并且常常是在一个系统中自发产生的，无须人为地制造一个线路。因而现在也可以利用激光来实现计算机

① 埃尼阿克(ENIAC)，全称“电子数字积分计算机”(Electronic Numerical Integrafor And Computer)，是世界上第一台电子计算机。第二次世界大战期间，美国军方为了解决计算大量军用数据的难题，成立了由研究小组开始研制电子计算机。这台计算机于 1946 年 2 月 14 日诞生，原定用途是计算弹道曲线，第一个算题却与氢弹有关。虽然它的计算能力还不及现在最简单的计算器，但其历史作用是不可磨灭的。——译者

② 现代计算机的核心元件是集成电路，其发展十分迅速而符合所谓摩尔定律，该定律由英特尔创始人之一戈登·摩尔(Gordon Moore)提出，其内容为：在价格不变的条件下，集成电路上可容纳的元器件数目，约每隔 18—24 个月便会加倍，性能也将加倍。换言之，每一美元所能买到的电脑性能，将每隔 18—24 个月加倍。这一定律一开始是信息技术进步速度的总结，而这种趋势确实也持续了超过半个世纪，但这个看起来自然而然的过程在很大程度也是人类有意控制的结果。1990 年代以来，半导体行业每两年就会发布一份行业研发规划蓝图，协调成百上千家芯片制造商和供应商按照摩尔定律规划生产，故此整个计算机行业才遵循摩尔定律按部就班地发展。直到最近，元件尺寸已减小到 14 纳米(1 纳米 = 10^{-6} 毫米)，进一步提高将困难得多，2016 年 3 月出版的国际半导体技术路线图已不再以摩尔定律为目标了。正文中所述 1 厘米圆盘上有 10 000 个元件(即元件尺寸约 0.1 毫米)，是作者于 1981 年写作本书时的状态。——译者

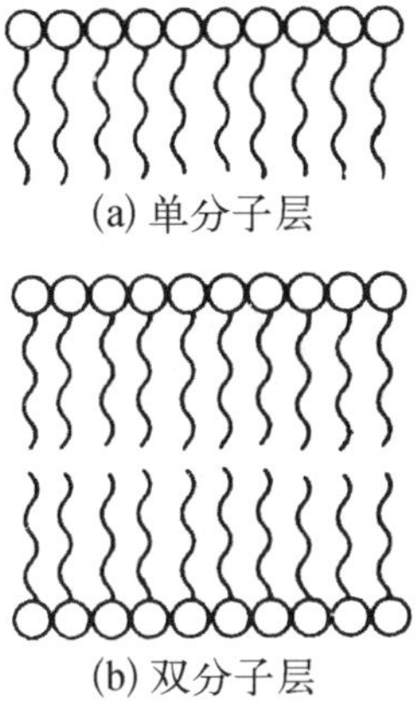

图 17·17　膜的例子

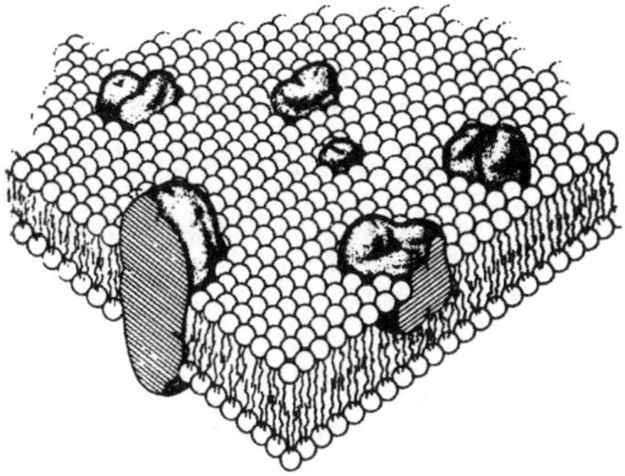

图 17·18　带有嵌入分子的生物膜的示意图

线路，这就使开关时间有希望缩短到万亿分之一秒，也就是现在可以设想的最短开关时间的万分之一。计算机线路也可以通过化学反应来实现。当我们寻找更小的计算机元件时，这种想法是特别重要的。这样我们马上就到达了原子和分子的尺度。生物界向我们提供了也许是可想象的最小的计算机元件的样本。这就是细胞膜，特别是神经细胞膜。这种膜由伸展的分子组成，每个分子都好像有头有尾，其中一些分子朝有水环境伸展，而另一些则相反。那些分子因其厌水性而离开水排列，就像士兵们整齐列队(图 17·17)。这些薄膜可以人工制造，其厚度只是一个分子的长度。另有一种分子可以使这种薄膜中的孔打开或闭合，从而使带电的原子或其他分子得以有控制地通过(图 17·18)。用这种方式也可以制造具有逻辑功能的开关元件。也许不需要多长时间，就可能制造这种原子尺度的计算机元件，甚至整台计算机。

这种微观水平上的控制过程也符合协同学的规律。它们几乎都只是通过许多部分的协作而造成的效应。这就展示了令人鼓舞的前景。我们看出，逻辑过程——也包括思维过程——可以在完全不同的实体中进行，可以是水，也可以是电子，还可以是化学过程、激光或生物分子。这样考虑问题，我们就进入了计算机的内部世界，它的各个组元我们已经仔细“透视”过。但我们不能错误地认为，所有思维过程都必须与这类微小逻辑单元相联系。思维过程也许还有可能按其他方式进行，对这些方式我们现在还根本无法想象，例如，可能有一种不能拆成微小逻辑单元步骤的思维过程。在某种程度上，这对于下节提到的一类新一代计算机甚至确实如此。

神经网络计算机和协同计算机

我们在本章开始时提到过编制程序。这里说得更明白些，计算机是顺序工作的，也就是一步接着一步地执行。根据这样的原则，即使把单个计算机单元的速度做得快得多，也永远不能达到人脑的感知效率。与计算机单元相反，人类大脑的神经元真正只是蜗牛。但它们怎么能在相对较短的时间内识别复杂的图形呢？然后人们想到，大脑能够做到这样快速，并非通过一步接一步地执行，而是通过把一个图形的不同位置造成的感觉印象，同时平行地进行加工。在一定意义上，这就像在一种液体中，位于完全不同部位的各部分液体同时升高或下降，最终构成高度有序的模式。为了实现这种平行计算，在新一代计算机的发展中，实际上有两条途径。一是从模拟大脑神经网络出发，应用很简单的模型，仿照神经元仅有的两种状态：静止状态和活跃状态。每个神经元都从其他神经元获得添加信号。如果(电性质的)总信号保持在一定阈值之下，则神经元处于静止状态，不然它会发出一个信号给其他神经元。确定了模型神经元(人们根据大脑中真实神经元之间的纠结状态将其命名为突触)之间的传输强度，在这样的网络中就可以储存一定的模式，然后在联想记忆的意义上提取。实现平行加工的另一种方法是在高度相似于流体过程的协同计算机上进行。读者可能已经意识到，不同平行计算原则之间的竞争已经开始，看来协同计算机有很好的机会。

计算机会变幻莫测吗?

我们把计算机看成是一台无生命的机器，它按照严格编定的程序工作，毫无自由度，没有不确定性。然而在本书中我们已看到一些问题，它们并不只有一个答案，例如在必须打破对称的场合：在双谷底的薄壁容器中球滚向何处(参见图 11·1)？在感觉问题上：图中是花瓶还是人脸，应当以哪一个为准(参见图 11·2)？如果给计算机出这类题目，它也会束手无策。为了得到问题的答案，就需要考虑偶然性。我们必须用几次随机涨落推动计算机进行下一步计算或解答其他问题。计算机的涨落是预先编好程序的。即使我们没有故意把这些涨落编过程序，计算机提供的解答还是会变幻莫测的。特别对相应于心理学领域的复杂过程来说，这是可以预期的。那里出现的冲突永远是接踵而来的。

这就引起了一个问题：计算机的高级思维过程能进行到什么程度。在识别句子的例子中我们已经说明，在字母、词、句子的意义的梯级序列中每上升一级，每上升一步，难度都将大大提高。看来，计算机在能力、横向联系或者说联想方面，还远远落后于人脑。但不能排除以下可能性：计算机不仅在其能够处理的资料的数量方面，而且在处理资料的方式方面，总有一天会超过人脑，但这一点暂时还难以想象，虽然目前已有一个所谓“人工智能”的现代研究分支，也还未改变这种情况。尽管如此，还是让我们的想象力自由驰骋吧！某些计算机已能在一定范围内说话，并在一定限度内识别简单的词或句子。然而计算机可以与人相像到什么地步呢？计算机可以有感觉吗？它可以有自觉意识吗？这些问题已超出了协同学本身的范围，因为协同学首先是以自然科学为对象的。虽然如此，我们还是在这里提出几点想法，主要是为了激发读者作进一步的思考，而不是给出现成的答案。

我们人类究竟凭什么才可以谈论自己是有感觉的呢？一方面，因为我们自己亲自体验过这种感觉，另一方面，也因为我们能把这种感觉告诉别人，并在某种意义上描述它们。这种告知别人自身感觉的能力，自然是以别人也有类似的感觉为基础的。这里我们实际上已做了以下假设：一个人的感觉与另一个人的感觉是相同的或至少是相似的，否则他们就无法了解这些感情的性质。我们也许能够用某种方式客观地检验这一点。这只是一种可能性极大的猜想，但无法进行验证。在我们讨论计算机是否有感觉之前，首先应探索一下生物界中的情况。我们也许会认为所有较高级的动物都有感觉，特别是痛感，虽然也许不像人那样强烈。对于植物，情况已完全不同。我们砍树、摘花或收割谷物，却从不顾及这些生物是否有感觉，因为植物不会告诉我们什么。动物却能这样做，它们吼叫、退缩或反咬，对痛苦的感受做出反应。

这些情况说明，只有在同一物种之间并能交换信息时，才能谈到感觉。然而计算机在其发展过程中能否越来越与人相像呢？人们已能用比较简单的方法制造一台模拟感觉的计算机。事实上，所需要的只是加入一个线路，使计算机做以下的事情：如果计算机的某一元件超载了，它就说：我某处痛。这现在已能毫无困难地做到。但计算机真有这种感觉吗？它真的感到痛吗？对此大概我们人人都会说：不！这种表达方式是人为造成的，计算机仍旧是无生命的东西。

但如果计算机能自编程序，并能从它的周围环境学习，那么将会发生什么呢？例如可以制造一台诊断计算机，它能倾听患者口述“痛苦”或“疼痛”，也许还有“愉悦”。即使计算机能够搞清这些词的意义，并且当某一元件失效或超载时会说“痛苦”，这仍然只是小小的一步。计算机当真有痛感吗？

我们看到，在这里人与机器之间的过渡可以变得非常模糊，也许要不了多久，就像今天有人权那样，将有机器人权和机器人保护条例。也许机器人权将比人权更受到重视。(机器人是昂贵的!)这在今天听来也许是想入非非，但完全可以清晰地想象计算机更加像人的一个时代终究会到来，那时对于这些问题将有更激烈的争议。不要忘记，现在已有一些使外行人倾倒的计算机，以致他们感到精神受压抑时会去向其请教。我这里所说的是约瑟夫·魏岑鲍姆(Joseph Weizenbaum)设计的计算机埃丽莎(Eliza)，她会向患者提出问题。魏岑鲍姆发现，他的女秘书也信赖这台计算机。计算机的诀窍在原则上十分简单。例如使用者(为了不说“患者”)说“我与父亲相处得不好”，那么计算机就会按所编程序回答：“请您再说些关于您父亲的事。”编计算机程序时所用的真正诀窍在于，让患者一而再、再而三地讲他自己的事。这种计算机给人造成的印象十分深刻，甚至有些心理治疗医生考虑是否在临床实践中把它包括进去。但其创建者魏岑鲍姆却从未想过这样的事情，相反，他认为把这种必须用人的判断力才能完成的任务托付给计算机是危险的。就是最聪明的计算机，也不能任其做出伦理学方面的决定。让计算机的决定深入到道德和伦理学问题中，譬如在极端情况下让它做出关于战争与和平之类的重大决策，是一件愚蠢而不负责任的事情。

不要放弃思维

在其他情况下也需要十分小心。我们一再听说世界模型，也就是计算机预测未来50年或100年内的经济发展情况。我们这里所说的是由福雷斯特(J. W. Forrester)及其小组提出的世界模型，或者罗马俱乐部[①]研

① 1920年代一个由企业家、经济学家、科学家组成的国际团体，定期就有关粮食、人口、工业、环境等全球性问题作出报告和预测。——译者

究世界能源问题的计算和许多其他研究。照我看来，这些研究的价值在于提醒人们注意我们的资源是有限的，其中的一些也许行将耗尽。另一方面，如协同学指出的，正是复杂系统常从一种不稳定性漂流到另一种不稳定性。计算机的计算结果可能在很大程度上取决于一些起初以为是微不足道的因素。在原材料分配或生产过程、流通等方面的微小不确定性，就可能导致完全不同的最终结果，我们通过本书关于混沌的两章中的几个简单例子对此已有所说明。因而更重要的是，不要把过分大量的数据输入计算机中，让它用我们无从看到的方式进行处理，而是首先搞清各个步骤的性质。这里重要的是发展一种“感觉”，知道什么是“重要的数据”。无疑，在处理复杂问题时，我们务必谨慎从事，以便使计算机在应用得当时给予我们巨大的帮助。但是无论你怎样计划和预测，我们总要对可能出现的意外情况做好准备，不论是好是坏。

信息、信息、信息

我们近年来越来越频繁地听到和运用的一个词是：信息。我们提到信息技术、信息科学或简称为“信息学”，甚至信息公司。那么到底什么是“信息”，它与协同学又有什么关系呢？在口语中，信息是一条消息，例如，“今晚 A 先生来访”。或者是一个要求或一条命令：“关门!”信息也可以是如何搭建仪器的说明书。所有这样的过程都有一定的基本格式：产生消息的发送者和应当“理解”消息的接收者。这里我们对“理解”的理解，将在下面进一步讨论。在电话公司工作的克劳德·香农(Claude Shannon)认识到，对发送者与接收者之间的信息传输，必须定义一个量值，大致地说，例如一条电话线每秒可以传输多少消息。一个简单却基本的例子是莫尔斯码的点和划，也就是导线中的短或稍长的电流脉冲，或在神经传导中更简单的，一个神经脉冲出现/未出现。抽象地表达“出现/未出现”可以有种种替代方案：“是/否”“正确/错误”“正/负”或数字“0/1”。以上每一对构成一个信息-比特。在数学上可以证明(在此不打算详述)，可以把每个数用0和1来表达，这样得到的二进位数的位数就等于比特数。同样可以把字母表，从而单词、句子和整篇文章，用0和1来“编码”。按照香农的定义，一根导线的传输容量就等于它每秒传输的比特数。香农的重大贡献在于，他找到了比特数与0和1出现频率之间关系的一个公式，如果只有0，那么这里显然没有比特：完全不需要在0和1之间做判断。只有1的情形也相同。但当大致相同数量的1和0到来时，它们会有不同的次序，而比特数将会很大。香农公式不仅是信息传输也是发送者和接收者信息加工的基础。然而香农信息概念的极大通用性有一个代价：这个对技术如此基本的信息量，关于信息的含义却什么也没有说，到底这是一个通知还是一条命令，对于接收者是好消息还是坏消息等。因此如同我们在本节的标题“信息、信息、信息”中所提及的，还有两个进一步的信息概念。

一条消息/一道命令的目的总是期待接收者有所反应：或者是他据此做某种处理，或者他储存这条消息为将来所用。这种类型的信息称为“实用信息”。它对接收者意味着某种东西。与此并存的还有“语义信息”，它也包含了有意义的内容。实用信息和语义信息之间的区别源于不同的“哲学学派”，因此我们在这里完全不打算搀和。对我们重要的只在于香农信息(SHI)和实用/语义信息(PI/SI)之间的区别。例如像尤瓦尔·波图加里（Juval Portugali）和作者所发现的，在人的大脑(也包括动物的大脑)中，在SHI和PI/SI之间有一个关系。例如，如果看了(图像识别)太多比特，我们的大脑会减少它(紧缩)，如果太少，我们的大脑会增加它(扩展)。如我们在协同计算机的例子中所看到的，在众多储存的人脸中选择完全确定的一个。与之相反，我们的大脑会根据一定的印象产生许多解释(图17·20)。我们称这一过程为“信息适应”。

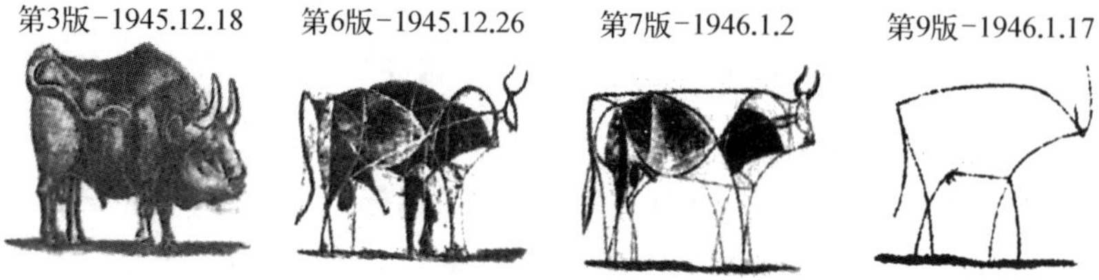

图 17 · 19　毕加索所绘公牛的第 3、6、7 和 9 版

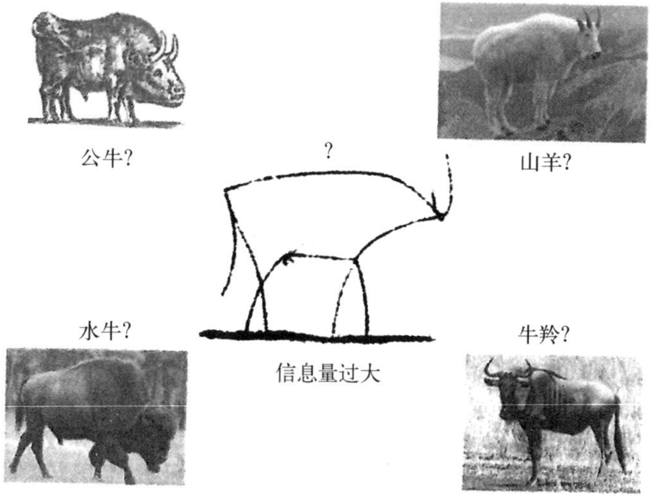

图 17 · 20　中间的画是公牛？山羊？牛羚？水牛？

18　科学感知的原动力——科学家之间的竞争

我们最初接触科学也许是在学校读书的时候。所学的课程都涉及科学，诸如历史、物理、生物、数学和物理学——仅举几个例子。我们感到，科学是很早以前就已独特地、牢固地建立起来的东西。富于探索精神的年轻人对此感到沮丧，因为似乎所有一切都已经被发现和探究过了，地球的每一个角落都已被翻遍，再也没有研究的余地了。

但与此同时，我们有时又听说有了全新的发现或发明。例如发现了一颗亮度不规则波动的新恒星；证实了一种称为胶子的新基本粒子的存在；用新的激光光源可以在厚钢板上打洞，或者在数学中研究了一百多年的四色问题已经解决。四色问题看起来很简单，许多十足的外行都一再试图解决它。但他们的努力与许多杰出的数学家一样均告失败。这个问题用几句话就可以讲清楚：印制地图时需把相邻的国家分别用不同的颜色加以标记而分开（图 18・1）。如果在一张地图上绘上许多国家，那么人们可能会想，印制地图时将需要许多种颜色。但印刷工人在 19 世纪末就通过试验发现，任何地图都只需要四种颜色就够了。这就给数学家提出了一个问题：是否任何一张想象得到的地图都只需要四种颜色就够了，或者有没有一张地图需要用到四种以上，例如五种颜色。一百多年以后，只是在几年以前，肯尼思・阿佩尔（Kenneth Appel）和沃尔夫冈・哈肯（Wolfgang Haken）才成功地解决了这个问题，他们编制了程序，让计算机自己去完成需要证明的细节。

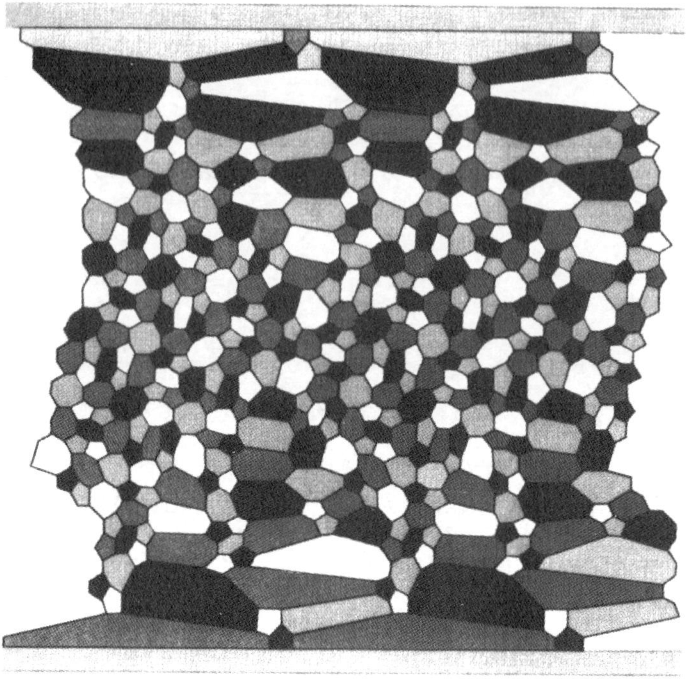

图 18・1　关于四色问题的地图的例子。这里的四种颜色分别是白、黑、浅灰和深灰。

在这些和许多其他例子中，科学都从一种意想不到的角度面对我们。常常是个别的伟大发明家和科学家改变了世界的面貌。爱因斯坦创立的相对论，完全改变了我们对空间和时间的观念。而海森堡和薛定谔建立的量子理论，则为我们展示了原子世界的全新图景。克里克（Crick）和沃森（Watson）发现双螺旋体是遗传信息的载体。学习科学和以后自己将成为科学家的人们，被淹没在各种科学出版物的潮流中。来自各方面的新知识和新发现一直向我们涌来，全世界每天有两万多种出版物问世。乍看起来，科学像是一种静止和完备的东西，而更仔细地观察，就会发现它处于难以置信的运动之中，或者更明确地说，处于进化之中，处在不断前进的状态之中。我们发现，协同学中经常用到的观点在这里也是适用的。从本书中已经研究过的各种不同现象中，我们注意到，存在若干由外界影响所形成的发展阶段，在这些阶段中系统或多或少地平稳向前发展。然而在某些情况下，会出现全新的宏观有序状态。著名科学史家库恩(Thomas S. Kuhn)在他的《科学革命的结构》一书中所描述的观点，正好与协同学的一般图景相吻合。库恩在他的著作中把通常的科学与科学中发生的革命区分开来。通常的科学也向前发展，但它是稳健地一小步一小步前进的。科学把已有的知识拓宽加深。例如在桥梁建筑中有着大家早已熟悉的物理定律，在此基础上发展了新型桥梁结构。也许并未出现本质上全新的东西，但仍不失为科学和技术的一种进步。或者进行了某种物理实验，以便例如越来越精确地测量光速；在生物学中进一步研究了如何透过细胞膜传送电荷，等等。这种研究有时也导致全新知识的出现。例如在世纪之交曾有许多迹象表明，力学规律不能应用于原子中的电子运动。在那里根本不存在稳定的原子，环绕原子核运行的电子最终必然落进原子核中。即越来越多的迹象表明，现存的一些定律是不正确的，或者它们只在一定的范围内适用。

在协同学意义上，科学是一个开放系统，新的发现和思想被不断馈入其中。新发现可以如此深刻，以致震撼了有关自然科学分支的现有状态。科学家们变得没有把握了。在协同学的意义上，这时越来越强的涨落正以新思想和新实验的形式出现，它们找到支持者，从而得到加强，有时可能又被抛弃，直到最终出现一种能说明更多现象的新思想，而终于为科学家们所接受。一种新的科学思想，例如前面已提到过的量子理论，导致了库恩所说的一场科学革命。根据协同学，这种把许多以前无联系的东西协调起来的新观点就是序参数，这种序参数，在库恩的书中被称为“范式”(Paradigm)，具有我们熟悉的协同学中其他序参数所具有的全部性质。它本身“支配”着科学家们的进一步工作，他们根据这种思想来巩固、开拓和加深根据这种新观念所采取的科研方向，从而又回到“普通”的科学工作上去。反过来，科学家们通过他们的工作继续传递这一新思想即新的范式，因而保证了序参数的存在。从一种科学认识到另一种认识的转变犹如相变。新的思想、新的基本原则或范式在思维中产生了一种深远的秩序。

这类序参数可以部分地通过发现而在一定程度上由外部引入科学中。但它们也可以像时尚那样随着时代精神出现和消失。不能否认，在科学观念与其他的时代精神潮流之间，有着密切的相互关系。例如，以宗教和哲学思想为一方，科学认识为另一方，其间的深刻分歧并非罕见。

我们从协同学知道，序参数支配着子系统，这里是指各位个别的科学家。在科学中确实出现了这种情况。一种科学分支的正式存在，总需要得到相当数量学者的认可。科学分支创造自己的语言，这种语言对有关的科学家来说是共同的。外界人士，也包括其他学科的科学家，实际上不能理解那些关于医学、计算机科学或数学等学科的专门语言。科学分支就是这样稳定下来的。它的基本观点看来像是冻结了一样稳定，一部分观点被下几代科学家们不加考虑地接受下来。但这种情况特别给年轻的科学家们造成了极大的困难。对他们来说，在专业杂志上发表那些不越出传统框架的研究成果比较容易。与之相反，难以发表全新的、非传统的观点并找到支持者。年轻科学家们从而陷入了真正左右为难的困境中。为了功成名就，他们必须具有并发表非传统的全新观点。但杂志的评审制度——即每篇来稿必须经过评审，然后就其采用或退稿——亦即对是否发表做出决定的制度，却是一块巨大的绊脚石。归根结底，评审者属于老派。然而在这里也偶有例外，在物理学界，要有马克斯·普朗克(Max Planck)这样的天才，方能发现爱因斯坦这样的天才，并由他来为爱因斯坦铺平道路。

诚然，我这里对确立新观点的困难稍稍夸张了一点。为了推进科学，即使在其日常运行中也需要花费极大的气力，而科学家难得有机会抓住一个确实是根本性的观点并予以确立。但这对其他协同学系统也多半如此。只当对某个新观点的时机已经成熟，它的提出才能很快为人们所接受。这种"成熟性"常常有以下标识：许多类似的有时甚至是相同的观点，不约而同地为不同科学家所提出。

虽然总有几个知名的科学家特别显眼，科学毕竟是一项集体的事业。各种科学成就是由大量科学家而后甚至由他们的门徒和学生传诸后世的。另一方面，科学家的工作又是建立在以前科学家的工作的基础上的。这种共同性态，使得科学可以接纳一门新的学科，即科学的社会学。其奠基者之一罗伯特·默顿以既科学又有人情味的方式，描述了科学中的社会关系这个世界。有两个要素贯穿于其著作的各章节之中，那就是科学家为了首创权而进行的斗争以及"马太效应"①。如果仔细探究，则正如上面所指出的，一种新发现并不总是个人的工作。常常有许多学者进行激烈的争论，试图搞清谁先做出了新的根本性发现。历史上充满着许多几乎是同时完成的发现。例如微积分计算是差不多同时并彼此独立地由牛顿和莱布尼茨发明的。在生物学中，达尔文和华莱士同时提出了进化论的基本原理。达尔文与华莱士当时是友好相处的，牛顿却力图证明莱布尼茨窃取了他的思想。就是这位鼎鼎大名的牛顿最终也只能承认，能量的概念来源于他的同胞胡克。这使我们回忆起本书引述过的卢梭的话(第15章"舆论与少数派"节末)。

那么，科学家的原动力究竟是什么？协同学在了解科学知识如何产生方面究竟做了什么贡献呢？与所有其他人一样，生计问题对科学家也

① 马太效应(Matthew Effect)，1968年由美国科学史研究者罗伯特·默顿(Robert Merton)提出，以概括一种社会心理现象：任何个体、群体或地区，在某一个方面(如金钱、名誉、地位等)获得成功和进步，就会产生一种积累优势，有更多的机会取得更大的成功和进步。后为经济学界所借用以反映经济学中收入分配不公的赢家通吃现象，社会心理学中也经常借用。默顿将他的第二任妻子哈丽雅特·朱克曼(Harriet Zuckerman)列为该术语的共同作者。——译者

起着某种作用。但起决定性作用的也许是另外的动机，哈丽雅特·朱克曼的《科学精英》（New York 1977）一书中有一段题词对此做出了中肯的总结。这一题词来自西蒙娜·魏尔（Simone Weil）："现在科学必须寻找其灵感的源泉，否则就会毁灭。推动科学前进的原因有三：1，技术应用；2，棋赛；3，通向上帝之路。（棋赛的刺激通过竞争、奖金和奖章而加强。）"

如今我们也许不只谈论技术应用，而且也谈论应用本身。关于科学研究的重要社会意义已经谈得够多了，因此我打算只在结尾时略为触及这个题目。

最后一个原因——通向上帝之路——也是我们熟悉的：寻找真理，寻找"是什么把世界统一为整体"。

但是第二个原因——棋赛——的含义是什么呢？这是把科学当作一种对智慧的挑战，或者是在大自然中揭开又一个新的秘密，或是科学家之间争取"成为首创者或在科学上得到承认"的一种乐趣，这也许公开反映为奖金或奖章。就像象棋大师争夺冠军那样，科学家中间也有这种智力竞赛。科学家为了得到科学上的承认而进行的斗争，最终意味着争夺"第一名"。谁第一个做出了发现？谁第一个公开发表了一种观点？尽管在这个以合作方式工作的时代，这种姿态看起来是荒谬的，但却不能忽视科学中的竞争愈演愈烈的事实。对此，协同学的基本原理一再发挥作用。科学家的人数很多，但他们的科学才智和做出全新发现的机会却是有限的。这使竞争进一步加剧，正如本书描述的许多例子所证明的，在任何一个领域中最终都是"适者"生存。正因如此，如在物理中只有一种激光振动能生存并在竞争中取胜那样，在竞争中也只有一个名字、一部著作获胜。这个名字、这部著作将被一再引述，并深入到众多科学家的意识之中，最终也许深入到广大群众的意识之中。

把这一点与协同学中的其他思考做纯粹的类比似乎十分牵强。但这正是罗伯特·默顿所说的马太效应。他用许多例子进一步证明了这种效应。《新约》中马太说："因为凡有的，还要加给他，叫他有余；没有的，连同他所有的也要夺过来。"① 一个名字一旦显赫起来，将会由于各种理由而为其他作者所不断引用，直到最终只有它留了下来。这种效应将通过颁发奖金而进一步加强，如果这种奖金为公众所知，则将更为如此。由于科学家人数很多，几个科学家同时独立发现新成果的情况将越来越经常地发生。假如其中一人得奖，那么最终就很可能只引述他的成果，并把所有发现归功于他，甚至把那些其实属于他同仁的发现也包括进去。我们还必须记住，评奖委员会本身也产生某种动力学。一旦有了代表某种思潮的获奖者，那么往往会造成这么一种倾向，即通过一系列获奖者的建议，思路与之相同的人也会获奖。于是奖金常常会集中于十分相近的领域或"学派"。在哈丽雅特·朱克曼的著作里有很多这方面的例子。

有趣的是，可以看到，科学家有时试图反抗这种竞争压力，有时则利用它为自己服务。如我们已知，一个科学家会由于他的成果被其他作者所认可、他的著作为他人引用而声名大振。美国出版了一部大型工具书《引用索引》(*Citation Index*)。该书提供以下信息：当某先生发表一篇论文后，在这部书中可查出，每年有哪些科学家引用了这篇文章，由此可以看出一位科学家被引用的次数。然而只是引用次数并不一定能衡量这位先生的水平。他可能发表了一篇论述某一重要问题的论文，但提出的解决办法却是错误的。许多其他学者读后发表了修正意见。然而除了这种极端情况外，《引用索引》仍不失为衡量一位研究者对其同行影响程度的准绳。顺便提一下，据说有些美国公司或大学根据《引用索引》向其雇员付酬，那些被引用较多的人可望得到比其他人较高的薪

---

① 语出《圣经·马太福音》25：29。

金。现在让我们回到本题。科学家怎样偶尔试图摆脱竞争压力。尽管这只是一种个别情况，对大多数科学家并不是典型的，但从协同学的观点来看却十分有趣。在《引用索引》中有时可以看到，特别是在大国里，一些科学家集团常常相互引用，而对别的科学家集团则完全不(或最多偶然)提及。“俱乐部”的成员们试图用这种方法拔高他们在外人心目中的形象。

在某种意义上，这种行为类似于为了排挤零散分布商店而聚集在同一处的诸商店的行为。对此我们在第 14 章中已有所了解。然而如果存在几个这样的俱乐部，那么科学家之间的竞争将被派系之间的竞争所代替。这种俱乐部的出现，乍一看似乎对科学家的客观发展是不利的。很可能出现以下情况：一个俱乐部传播的观点是错误的。毫无疑问，不可能完全排除这种错误的发生。在此，对从首创权纷争形成的科学进行的内在自我批评也不应低估。能证明一个流传至今的观点是错误的，毕竟是一项非常杰出的成就。然而，由于俱乐部或学派的存在，与他们意见不同的新观点很可能难以确立。

在这种情况下，早先一种新观点的确立很容易成为几代人的事情。当上一代科学家们仍然纠缠于一个问题的争论时，下一代却已转向他们看来是正确的答案，并完全无视以前有过的纷争。我们当前的时代，科学发展得十分迅速，为使一种新观点得以确立，已不再需要几代人的交替。然而这种竞争究竟使谁得到好处呢？答案可能使人感到意外。如果人们能把得来不易的知识负责地加以利用，那就只有人类及其未来得到好处。在上文所引题词要点中的第二、第三点最终将与第一点一样对人类有利。

科学家的竞争，无非是怀着各自奋斗目标的科学家在工作上的竞争。科学是一个自组织的系统。它在发展过程中的许多特点使人想起生物学家对生命起源的看法。开始时偶然出现的有机分子如氨基酸成为越来越大的结构，这种结构突然达到一种有序态，从而在一个较高层面上出现某种新的重要的和有全新性质的东西。在这种意义上，科学知识或多或少也是零散地开始形成的，最后在某一较高层面上统一为一个新东西，一个新范式。

然而，难道不能系统地规划科学，而不去依赖这种“偶然性”和“零散”吗？科学与我们的思想非常相似：我们不能迫使它明天就有什么发现和发明。我们能否得到成功取决于多种因素，在相当程度上取决于我们能否把零散的思想正确地综合起来，取决于所有这一切最后能否自组织起来。这种经验使得科学规划和科学政策的制订十分困难。

但我们可以向自然界的自组织系统学习：提出并促进总的目标而不过问细节，特别提醒年轻科学家注意重大的关系和重要的联系，促进科学家之间和学科之间的协作和思想交流。一种观点常常在其他领域开花结果，并有助于在新的条件下造成突破。据说，福特关于汽车成批生产的思想是从农业机械制造中偶然产生的。

但在所有这些影响中，不应忽视的正是杰出科学家特别具有的一种“直觉”，知道什么是至关重要的、恰当的、可完成的和可做的。让缺乏洞察力或甚至对科学一窍不通的人不断吩咐科学家们应该发现些什么，那是一件十分糟糕的事。由于做出发现的能力要在那些前途有望的领域中去探索，这除了别的条件之外，还需要丰富的科学经验、机缘和上述“直觉”。

如果一切都能预先计划，每个发现和发明都能预测，那么我们就不需要科学了。但历史经验表明，事实并非如此。有些现象诸如 X 射线绝不是预期的，而是偶然发现的。但科学家们很快就认识到其重要性。从而，正确的科学政策应该是既提出总的方向，但又为自组织留下余地。

必须不断重新制定目标，必须不断适合新的环境，这是自组织系统性质的一个部分。对科学（我总是把技术包括在内）而言，这只有通过与社会的不断对话才能实现，因为科学和社会都以对方的存在为其存在的必要前提。这是一种真正的共生现象，一有可能，它们就必然相互促进。这种对话将导致总的(有时是过于笼统的)目标改变，例如“解决能源问题”或者“解决癌症问题”。本书的许多例子表明，某些问题并不只有一个答案，而在最后一章我们还要提到，某些问题原则上是不可解的(这并不意味着我指的是上述能源问题和癌症问题)。在对科学和技术的敌意不断增长的情况下，对这种对话的需求日益迫切。由于语言上的障碍，科学的思想结构、意图和效果不容易为一般人所理解，因此人们产生了一种受到科学和技术摆布的压抑之感。

科技杂志之间的竞争

本书中一再提到的竞争原则，不论在物理学、经济学还是在社会学中，不仅对科学家，而且也对科技杂志起作用。为了适应新兴科学分支的需要，新的杂志创刊，另一些则停办。在此，科学声望以及经济问题起着重要作用。通过发表知名科学家的文章，一些杂志赢得了高于其他杂志的声望，因而又得到许多投稿，使审稿人得以从中挑选上品。这样就提高了这些声望高的杂志的发行量。但由于图书馆财力有限，就不得不停订其他杂志。于是其他杂志的销售量下降，这些杂志为了能够维持下去，就必须提高其订阅费。而这又加速了它们的死亡，因为图书馆更难以购买这些昂贵的杂志。

在科技杂志的发行中，所用的语言也起着一个重要而又常被忽视的作用。过去常用拉丁文，后来在自然科学中用的是德文，如今，科学的世界语言是英文。从德文到英文的过渡有一个“相变过程”，其过渡的时间也能很清楚地确定。1930 年代许多知名学者由德国移居国外后，就在美国和英国以英文发表著作。

由于在如美国这样的大国，除图书馆以外还有很多读者，杂志的出版可以更经济、更有效率。这些杂志同时又有许多知名学者充当其作者。这就使得这些杂志不仅在世界市场上起着主导作用，而且也在协同学的意义上起着序参数的作用。这样一来，又有着大量思想输出，在有些欧洲科学家看来，这有时并不完全正确地反映真实的科学成就。一些欧洲科学家的成就并未得到公正的评价，似乎所有一切最终都来自美国。

另一种现象值得在此一提。人们会以为，一个国家的科学家对其他国家的科学家的工作给予同样的注意。但根据我的经验，事实并非如此；这里存在着一个东西方落差。中国和俄国科学家对西方即欧洲和美国同事的工作知之甚详。但欧洲科学家对俄国文献知之甚少，对欧洲文献知道一些，而对美国文献十分熟悉。最后，美国科学家把他们的注意力完全集中于在美国进行的工作。这种说法自然有些夸张，但我的许多同事对此表示同意。

协同学论协同学

协同学属于能把它的原则应用于自身的少数科学分支之一。如同在某个专门的科学分支中能建立一个新的规范，据此可以把以前认为互不相关的变化过程看成某种统一的东西，协同学也是如此。协同学使属于完全不同学科的、以前认为完全不同的现象，能够用一个统一的观点来概括。我对这个新领域的开创，看上去是一件风险很大的事，因为我可能就此失去科学家的声望。在那时明确提出本书所述的一般规律，似乎是一种冒险行为。但很快就看出时机已成熟，协同学的思想现在得到了普遍认可。因此，协同学本身就成为新科学创立的一个典型例子。

把一个新的范式、一种新的基本思想的出现与物理学中的相变过程相比较，就会产生这样一个问题：在精神领域中是否也存在临界涨落，即伴随或先于新思想的诞生而最终却为新思想所排除或吸收的涨落。把协同学本身作为一门科学来看待时，协同学的这些普遍命题也已令人惊讶地被视为其基础。事实上，与此同时至少诞生了另外两种新思想，其目标是把所有的科学统一起来。一种是突变论，在社会上与勒内·托姆(René Thom)的名字相联系，但在其发展和应用中，还有许多数学家如齐曼(Christopher Zeeman)、波斯顿(Tim Poston)和阿诺德(V. I. Arnold)等也都曾做出重大贡献。在近代的数学理论中，也许没有哪一种比突变理论更适用于席勒在《华伦斯坦》(*Wallensteins*)中所写："为派系的好恶所苦，他的形象在历史上浮沉不定。"来自晶莹透彻而抽象的数学思维大厦中的一种理论，怎么会与这句充满感情的话联系起来呢？为此我们必须回顾一下历史。

突变论得到数学家的普遍赞许后，公众也通过国际新闻杂志中的普及性文章而对它关注。从文章的插图中人们看到自然界突变所造成的大灾难，被大火或地震摧毁的房屋，出轨的火车，等等。是不是有一种人们可据以预测这些大灾难的理论呢？为了回答这个问题，我们又得深入探索。突变论在一些数学方程式中处理了酷似协同学中的突然变化，也把突然出现的新状态作为研究的中心。因而我们可以用突变论来研究，例如，桥梁怎样在一个临界载荷下倒塌。顺便指出，工程师们无需突变论也已证明了这个事实。问题在于，每一种数学理论、每一条数学定理，都是与一定的前提相联系的。例如我们在中学里学过，三角形内角之和等于 180°。而后在大学里，或在中学的最后一学年里，我们又学到，这是与一定的前提相联系的，这个前提就是欧几里得几何的基本假设，也就是说，以欧几里得几何的公理为前提的。在球面，例如地球仪上画一个以大圆弧为边的三角形，那么内角之和就绝不是 180°了。突变论中的情形也相类似，因为突变理论是与所谓势条件相联系的，对此我不打算详加说明，因为这超出了本书的范围。然而以下两点对于一般的判断是重要的。

许多数学家对托姆的理论感兴趣，是因为托姆对于所谓势条件甚少提及，它简直是一个“美妙”的理论。然而在自然科学家和工程师看来，突变论在许多最重要的方面——例如对开放系统——是毫无用处的，因为势条件通常都根本无法满足。可以证明，在开放系统中，势条件基本上是不满足的，或者换句话说，在开放系统中，同样在大多数封闭系统中，自然过程的进展遵循的规律与突变论所假设的完全不同。

突变论开始时曾备受赞扬，而后却突然受到猛烈攻击。科拉塔(G. B. Kolata)发表了一篇文章，题为《皇帝的新衣》。

他在此引用了睿智的丹麦作家安徒生(1805—1875)的那篇著名童话。在童话中，几个外地人来到皇帝那里，声称能缝制绚丽的衣裳，这种衣裳具有特别的性质：笨蛋看不见它。那几个外地人开始假装缝制，谁也没有看到衣裳制成，但谁也不敢说出来，否则就等于承认自己是笨蛋了。最终皇帝穿着他的新“衣”举行盛大巡行，人人羡慕地称赞皇帝的新衣美丽无比(这是安徒生对“舆论”这个议题所做的贡献)。最后有一个孩子喊道：皇帝根本没有穿衣裳！

科拉塔、苏斯曼(H. J. Sussmann)和萨莱尔(R. S. Zahler)对突变论的攻击引起了突变论拥护者的愤怒，他们纷纷向发表过科拉塔文章的杂志投函。现在人们已经冷静下来，尽管一开始较缓慢。在争论过程中也可以观察到相变中为人熟知的临界涨落的缓慢衰减。现在科学家们普遍意识到，突变论有其特定的适用范围。除此之外，托姆完全无视涨落的存在。当托姆在我主持召开的一次协同学会议上发表了这种意见之后，物理学家们大为吃惊。事实上，我们在本书中一再看到，涨落在许多协同学过程中起着根本性的作用。

另一个把对大自然的观察统一起来的有趣的尝试出自普里高津(Ilya Prigogine)，他是从化学和生物化学过程开始进行研究的。他区分各种不同的结构。例如晶体这种结构在形成之后不再需要进一步的能量输入便能保持下去，而为了保持另一种结构则不仅需要持续的能量输入，或许还需要物质输入才能维持下去。后一种结构，可举我们在第 4 章中提到的底部被加热液体中的蜂窝状结构为例。持续输入的热能将部分地转化为液体蜂窝的动能。但是，由于持续的摩擦使能量消失，或者用专业语言称为“耗散”，液体的运动形式将到达一种稳定状态。因此，普里高津称这种结构为“耗散结构”。

这种结构的出现应当受到某种普遍原则的支配。这个由格兰斯多夫（Paul Glansdorff）和普里高津建立的原则与熵——耗散过程中微观水平上的无序性——的产生有关。罗尔夫·兰道尔（Rolf Landauer）和福克斯（Ronald F. Fox）已经证明，这个原则很可惜并不普遍有效，而李雅普诺夫函数也并不如普里高津所说的那样总是成立。（这一函数的意义可以很容易地说明如下：即使对倒放的钟形罩中球总向底部滚动的那种情况，也有一个李雅普诺夫函数，说明一个系统是否趋向一种稳定状态）。以上这些也许只有专家感兴趣，但另一个要点却很容易让人明白：这个原则完全不可能预测将会形成什么样的“耗散结构”。例如它既不能预测激光的性质，也不能预测贝纳德巢室亦即液体中蜂窝状结构的形状。事实上，只有协同学中使用的或为协同学专门发展起来的数学方法才能做到这一点。

布鲁塞尔学派开创了第二条较为成功的道路——用数学方法阐述和处理一个化学模型。这个模型中有两种物质的浓度发生宏观震荡，或者也产生空间模式。在这个模型中，两种化学物质按一定的规律相互反应，并向一维或二维空间扩散，如同在吸墨水纸中所发生的那样，与我们在生物形态形成中谈到过的吉雷尔和迈因哈特的模型十分相似。这种模型可以看作第 6 章中所讲的图灵模型的推广。在图灵模型中，两个细胞之间的物质交换之所以成为可能，是因为每次都有一种化学反应起着作用，并由之而实现着“细胞分化”。布鲁塞尔学派最近的工作方向，正是协同学在如激光问题中从一开始就选定的方向。

本书第一版问世以来，又出现了许多与协同学有联系的跨学科领域，它们也应用了不同的名称。在新领域深入到许多科学家以及公众的意识中之后，出现了对新生儿名字的竞争。无疑首先是混沌理论这个名称。在此名义之下，偶尔把以前在协同学范畴内研究的一切都网罗其中，特别是自组织的规律。但如同我们已经看到的，混沌理论只研究自组织效应的完全确定的一小部分。因为在自组织中，非线性交换作用起着一个关键作用，人们把它应用于协同学中，但不止于此，也应用于非线性动力学或者动力学系统理论中，虽然在这里是把不同的东西放在了一起。例如动力学系统理论忽略了在协同学中起关键作用的涨落。总体说来，以上所述情况类似于一个公司在市场上投入了一种新的成功产品，于是竞争者也加进来分一杯羹。

19 回　顾

一项新原则

同我们一起读到本章的读者，很快就要读完全书了。一开始我们曾把一个复杂系统比作一本书。这样的一个复杂系统有许多方面，而每个人所认为是其典型性质的东西，则往往取决于他个人的观点。这对本书的读者也是如此。本书已经介绍了许多领域里各种不同的事实，其兴趣和吸引力的大小也各不相同。特别是在经济和社会学领域中，读者也许会高兴地赞同某些结论而完全拒绝另一些结论。但在这种种各异的印象之外，科学家们有一个总是要问的问题：这些鳞次栉比的部分所形成的是一个杂乱无章的镶嵌呢，还是一个统一的整体？换句话说，可以期望这本书有一个普遍适用的新观点吗？为了回答这个问题，首先来看看自然科学领域也就是物理学、化学、生物学以及与其相近的学科。

我们在开始时就谈及，就在不太久以前，物理学家还难以回答以下问题：生物结构的发展是否遵循物理学的基本原则。我们在一系列具体例子中已经看到，在无生命自然界中也可能形成结构，这种结构是通过不断的能量供给而得以维持的。这方面的例子如激光器及其严格有序的光发射、液体中的蜂窝状结构或化学中的螺线形波。所有这些例子展示的系统，都得到持续的能量供应，有的也不断得到新的物质供应，经过转化，最终以变化了的形式输出。这就是所谓的开放系统。

这里可以用上协同学的新知识。对于开放系统，在一个不受干预的系统中无序性不断增加的原则是不适用的。古老的玻耳兹曼原理，即熵是无序性的一种度量并趋向于极大，只对封闭系统成立。如同我们在第 2 章中就无序性的增大所看到的，玻耳兹曼原理只涉及一个系统（在这里是全部气体）中可能性的数目，亦即不同分子可实现的分布的数目。这里每次涉及的只是一个确定的数目，从而是一个静态的原则。然而对开放系统中结构的形成有没有一个普遍的新原则呢？这正是协同学已经揭示的。在一个开放系统中各组成部分不断地探索新的相对位置、新的运动过程或新的反应过程，系统中很多部分都参与了这一过程。在不断输入的能量或许还有新加入物质的影响下，一种或几种共同的即集体的运动或反应过程压倒了其他过程。这些特殊的过程不断地加强自身，如同我们在激光光波或液体滚卷形成中很清楚地看到的，或者换句话说，它们不断增长，最终战胜，或用协同学的术语来说，支配了所有其他运动形式。这些新的运动过程——也称为模式——可能给予系统以一种很容易认出的宏观结构。通常我们认为系统这样所达到的新状态具有较高级的有序性。这里我们所面对的是一个动态的原则：模式的增长率起决定性作用。增长率最高的那些模式通常获得优势并决定宏观结构。如果几个这样的集体运动（也称为序参数）有着相同的增长率，那么它们在一定条件下可以相互合作并产生一种全新的结构。为了使某个增长率为正数（在自然界中也有零增长和负增长），需要有充分的能量输入。在输入能量的某个确定的临界值下，系统总的状态发生宏观的改变，即出现一种新的有序性。大自然在此好像按杠杆原理应用输入的能量。按照杠杆原理的机制，只要杠杆臂足够长，我们就能用很小的力举起很重的载荷。大自然对形成结构的开放系统所做的事情是类似的。

环境条件的微小变化，例如激光器中电流的输入或者液层中温度的升高，其作用都会大大增强，从而使一定的运动方式越来越强烈。数学上可以证明，这种运动的强度起着杠杆臂的作用，环境条件的变化起着在杠杆臂上所施加的力的作用，而宏观有序状态的升级则对应着被提升的重量。

无生命自然界到有生命自然界之间的桥梁

但协同学的宗旨并不只在于发现无生命自然界中的一般规律，它还打算在无生命自然界与有生命自然界之间架起一座桥梁。以下两种知识尤使这座桥梁的架设成为可能。第一种知识是：甚至在有生命自然界中，所有的系统都是开放系统；第二种知识是：模式之间存在着竞争。我们先讨论第二种知识。最终哪种结构得以实现，将取决于各个集体运动形式（模式）的增长率，这一观点意味着这些不同的运动形式不断相互竞争。这自然使我们立即清晰地回忆起达尔文主义对于有生命自然界的基本观点；不同物种之间的竞争是进化的原动力。我们现在知道，达尔文主义是一个更为普遍原理的一种特殊情况。在无生命物质中也有着竞争。按照我们现在有的知识，这种类型的竞争过程在每种生物的生长和发展中都起作用，在生物的形成和大脑的发展中也是如此。集体行为模式的这个竞争原则不仅对无生命世界和生物成立，而且对精神领域也成立，这一点我们已在社会科学中明显地看到。这个原则甚至还可扩大到科学中的新思想，新思想生存在不断的相互争论中，并且只有通过科学界的集体努力和集体智慧才能发展和延续下去。

我们打算再次较为详细观察的另一种知识涉及开放系统，这种系统在无生命自然界和有生命自然界中能形成丰富多彩的结构。

生活在火与冰之间

一方面存在着火，例如太阳的火，另一方面存在着太空的冰寒，这意味着世界并不处于热平衡之中，世界也从未处于热平衡状态。按照我们现有的知识，世界在大爆炸中形成时，是一个烫得难以想象的火球，但同时它又在不断膨胀和冷却。因而混沌初开时就存在着大量的热和大量的冷之间的对立。至于生命能否继续存在，则取决于宇宙中能否永远保持这种对立。我相信，对此尚不能下最后的断语。按照天体物理学家的最新观点，世界面临着一个多事的未来，而且这个未来对生命并不总是仁慈的。我们的太阳在遥远将来的某一天会爆炸成为一个大火球。在宇宙空间中也可能出现所谓黑洞，以不可抗拒的力量吸引和吞没附近的一切。但这些黑洞最终又很可能蒸发掉。在这样多次来回折腾以后，能量消散，物质转化，最终在宇宙空间中只剩下一个巨大死寂的物质铁球。在这一未来图景中自然蕴涵着若干假设。其中之一是：我们的世界处于不断的膨胀之中，这在科学上是很有根据的。它的基本思想十分简单，基于所谓的旋涡星云逃逸，这已为旋涡星云光线的红移所证实。物理学中为人熟知的红移现象是指：如果一个静止的物体发射出黄色的光，那么当它离开我们时，其颜色看上去就会渐渐发红。天文学家早已确认，距离我们较远的旋涡星云显得比距离我们较近的那些“更红”。他们由此得出结论，这些远离我们的旋涡星云向远处移动，它们在宇宙空间中离我们越远，它们的运动速度就越快。所以说宇宙正在不断膨胀着。这种膨胀会无限地继续下去吗？完全有可能出现这样的情况：这种膨胀有一天会停止，而后宇宙重新收缩，终于成为一个热火球，整个过程又将重新开始——甚至这也许是一种无休止的重复。虽然理论根据还很少，但可以设想，在宇宙空间中一直发生着某种原始大爆炸，也许范围较小，这意味着一再出现新的能源。我认为这个结论与物质最终将终止于死寂的铁球这个结论同样不那么离奇。

生命的又一特征?

既然认为生命是由于热与冷的对立才有可能出现，那么我们自然会问，其他星球上是否也存在生命。这里最先为人想到的当然是那些与地球上的条件相类似的星球。然而，由于无生命物质已有如此多样的集体运动形式，这就使我们不免猜想，是否存在着完全不同的生命形式。人们知道，太阳其实是一种等离子体，其中有着非常复杂的集体运动，常常被称为等离子体的不稳定性。难道这类演化过程最终不可能具备与生命相类似的性质吗?虽然这种想法也许不能被完全证明，但地球上的生命确实带有某些我们还没有在无生命自然界开放系统中发现的东西。例如对激光器或底部被加热的液体切断其能量供应，那么已形成的结构将很快毁坏。然而生物却能设法构筑坚实的结构。这一点无论对作为基本组成部分的生物分子如DNA，还是对骨骼和整个身体，都是成立的。因而大自然已发现怎样一再使形成过程产生坚固的结构。这就使得生物体——无论是一个生物，还是全体生物——都可以取得经验，学会从一个阶段向另一个阶段进化。我觉得，对于坚固的结构和这些结构所履行的功能，以及这些功能又转而构筑结构之间的关联，正有大量研究工作可做。我们可以假定，其中深刻的基本原理尚待发现，对于这些原理我们现在很可能还根本一无所知。

知识的界限

如我们在本书中看到的，协同学指出，在各种各样的领域中结构的发展有着相同的规律。某种有序状态不断增长，直到最后它占了优势并支配一个系统的所有部分，迫使各个部分进入这种有序状态。常常是一种不可预见的涨落使得在两个等价的有序状态之间做出了最终选择。在精神领域中也有这些现象。

在语言、艺术、文化和在思维过程中，我们也可以见到这样的发展。突然间出现了一种新的有序状态，好比在拼图游戏中拼对了某一块那样，一个全新的方向明朗化了。突然有了一种更有序的状态，或在精神层面上出现了一种更高的领悟。在自然科学-技术领域中，在许多情况下都能预测新的有序状态，然而在纯粹精神领域中这显然是不可能的，虽然同样性质的规律性是成立的。

一切东西说到头都是由物质构成的，而我们现在知道，自组织定律是与物理定律相容而非与之相矛盾的。于是便产生了造物主是否还有必要的问题。这里我们每个人都站在十字路口。人人都有相信或不相信造物主的自由。一些人会说，我们至少可以从原则上理解，在物质领域中整个发展过程都是通过自组织形成的。另一些人则会认为，例如，在计算机的设计中，要确立能够保证计算机自组织的基本规律是一件极其困难的事情。也就是说，那些人会这样认为：由于自然界中的一切都是以如此完美的方式形成的，那就必然有一个造物主，最初制定了正确的规律，使以后的物质自组织得以实现。

同时也有另一种我们在本书中从未忽视过的观点，可以说它带有一种使人不安的性质。我们一再发现新的有序状态建立时还得考虑到偶然因素，新的状态常常只是偶然确定的。这里所引起的也许是还远未彻底研究的问题。难道我们能够说，例如，一种特殊的激光振动的产生与偶然性有关，而某种生物分子的出现却与偶然性无关吗?

这里我们看出人类知识的第一条界限，照我看来，这是一条基本的界限。我们越来越清楚地认识到，在自然科学中，且不说在哲学或社会科学领域中，有些问题即使不是完全不可解，也是不能唯一地解决的。这也许会使我们既感到意外，又感到震惊。事实上，数学家哥德尔

(1906—1978)证明了，就是在纯粹数学中也存在着一些人们根本不知道它们可解或不可解的问题；换言之，这些问题的可解性是不能确定的。

把数学的这种观点推广到其他科学分支，必须预计有些问题我们在原则上是无法回答的。年轻的读者可能会对此特别感到失望。但他们可以这样自我安慰：为了保证人类的继续生存，有大量可以解决而且必须解决的问题。

译校后记

《大自然成功的奥秘：协同学》原中译本完成于1988年，系根据原书1986年第4版翻译，于1995年10月出版。但我交稿后不久即去美国工作，最终校对由已故恩师江可宗教授协助完成。此后我对本书关心甚少，直到近年回国工作后，才从责任编辑王巧贞女士处得知，中译本曾于2001年、2005年、2006年、2013年和2015年再版或重印。我又注意到原书早于1995年就出了扩充袖珍版，即萌生增补和修订原译本之意。王女士认为这本书还是有生命力的，建议我修订前与原作者哈肯教授联系一下。我与哈肯教授将近30年没有联系了，通过共同的熟人找到了他的电邮地址，去信后很快就得到了热情的回信。他不但写了中文新版序，还对扩充袖珍版做了少量增补和修改。于是我以原书1995年扩充袖珍版为基础，加上新的修改，修订后把本书呈给读者。

哈肯教授在扩充袖珍版前言中提到了该版与原版的主要差别在于增加了两章，即现在的第10章和第13章，另外对关于计算机的第17章也做了一些增补。除此之外，他还对1981—1994年间的新发展加了十余条注。哈肯教授也在为中译本修订版写的序中提到了他对扩充袖珍版的增补和修改，主要是在信息和心理导向方面。以上这些，就是中译本修订版和旧版之间的主要差别。另外，译者还加了两类注。一类关于近年来飞速发展的计算机和相关领域，以使读者对这些方面的新动态有所了解；另一类对书中提到的国内读者可能不熟悉的一些重要的人和事做了说明。综合起来，新版大约增加了20%的内容。除此之外，译者还对全书进行了校对，使语言更加规范化和现代化，并改正了旧版的一些翻译错误和不当之处。

译者曾为中译本旧版写过一篇译者的话，其中对本书的简要介绍看来对今天的读者仍会有所帮助，现将这部分稍稍修改后附上。

凌复华

2017年1月于美国加州

译者的话

我们有幸处在人类科学技术飞速发展的新时代，一般认为，过去三百年中积累的知识，超过了人类六千年文明史中的全部积累，而过去三十年又超过了这三百年。人们已经应用比大脑快几百万倍的 1 亿次以上的计算机，更不无自豪地向外部世界展示当代科学技术最高水平的结晶——宇宙飞船。与人类的大肆宣扬不同，大自然默默地创造着各种更为精巧的结构，只要细心地观察一下，随便哪一种虫豸蝼蚁，人类就不得不自叹不如。当人们声称已造成了复杂程度为百万零部件数量级的导弹和飞船之时，我们切勿忘记，大自然创造的人类大脑，包含的细胞总数达千亿之多。

与人造物相比，大自然创造的机构不但精巧繁复，而且还有许多其他优点。首先是高度的可靠性，“挑战者号”只因为一个小小的密封圈失效，就造成机毁人亡的大悲剧，而大自然在创造生物中即使稍有差错，也不至于酿成大祸，有时甚至因此而诱发新种，造成进化。至于人类的种种遗传疾病，则更多地或是由于环境污染，滥用药物，或是由于近亲婚配而引起，不能归咎于大自然。大自然的另一个高明之处在于，它是高度优化的，效率极高，耗费能量极少，并且不会破坏自然环境的生态平衡。不必列举更多理由了，就这三个方面，人类该向大自然学习的就够多了。

哈肯教授所著《大自然成功的奥秘：协同学》一书，通俗而又生动地阐述了他所创立的协同学的要义，是揭开大自然成功之谜的一个重要尝试。与仿生学简单地分析和模仿生物器官功能的目标不同，协同学试图从相当一般的角度，探讨有序、有规律结构的形成，不仅放眼无生命世界，且更关注有生命世界，甚至涉及人类社会的精神领域。而一旦对这种规律有所了解，当然能进而加以利用，为人类造福。

这个课题是如此广博宏大，看起来像是无法一下完成的任务，对哲学有兴趣的读者，说不定还会皱起眉头，这会不会又是一种曾被恩格斯在《反杜林论》中严肃批判过的假科学，何况哈肯又正好与19世纪那些“不动则已，一动就要创造一个完整‘体系’的德国蹩脚哲学家属于同一民族”。

为了做出判断，最好的办法当然是细读本书。然而性急的读者，或者时间不够的读者，总是喜欢先翻翻前言后语，有时甚至就此决定是否该读这本书。因此，译者试图先把本书的要旨做一个简略的介绍。然而，这是一本趣味盎然并且充满睿智的好书，我不敢妄称已掌握了它的全部精义。因此，这番介绍的主要目的在于引起读者的兴趣，至于本书中蕴藏的丰富精湛的思想，还有待读者在仔细阅读中自行发掘和品赏。在介绍哈肯教授的答案之前，必须首先澄清两点。第一是什么叫做“序”，遗憾的是在哲学上，从未对“序”下过一般的定义，因此在各种学科中各有不同的理解。数学家认为，若A大于B，B大于C，则A大于C，这就是序；生物学家则认为，从卵发育为蝌蚪、为幼蛙、为成蛙、然后再产卵，这就是序；而许多物理学家认为，临界涨落造成对称破缺，这就是序。哈肯教授正是在这个意义上，讨论了什么是有序、有规律的结构。另一点涉及研究方法，传统西方哲学的分析方法，看来不甚适合于研究这类广博宏大的问题。因为这些研究者，到头来都会像坐在一堆拆散的玩具汽车零件面前哭泣的孩子一样，既没有搞清汽车怎么会行使，又不能把零部件重新完整地装配起来(参见本书第1章)。只有用东方哲学的综合方法，才有希望探讨这类问题。

好了，现在可以说明哈肯教授交出的答案了。这个答案出奇简单，三言两语便可以说清楚。哈根教授认为，系统表现无序性，归根结底是因为其中存在着使系统表现出不同状态的多种因素，这些因素相互竞争，没有哪一种能够取得压倒的优势。但如果客观条件到达某个临界点，则往往只剩下两种或多种因素势均力敌，难分伯仲。这时再加上某种偶然性的作用，就可以使天平倒向一边，一种因素趋于主导，压倒所有对手，掌握全局，而使相应的状态脱颖而出，这种在临界点附近出现的偶然性，便是所谓临界涨落。而两种因素不再等同（对称），便是所谓的对称破缺，一旦这种局面出现，其他因素就“趋炎附势”，摇身一变，投到主导因素的麾下，偶有不甘倒戈者，毕竟势单力孤，难以为继，终于或早或迟自行泯灭。另一种也有所见的情形是，两种或多种状态，相互合作，造成一种新的主导状态，不过这也显然不脱上述理论的巢穴。还应该注意到，上述过程，都是在一定的客观条件下自发地产生的，因此是一种“自组织”的过程。最后自组织的过程通常需要与外界有能量交换或物质交换，或二者兼而有之。因此，无论是有序还是无序状态，都是多种因素共同作用的结果，哈肯教授因此称他的新理论为“协同学”（Synergetics），这个词源于希腊语，本意是合作，亦即协同作用。

一种理论能否为人们接受，关键在于能否在实践中得到验证。本书首先提到的是许多读者都曾听说过的激光，他的发现虽然不如计算机的发明那样重要，但肯定可以跻身于20世纪的“十佳”科学技术成就之列。常见的普通光，是成千上万个原子独立无规律的辐射，如白炽灯光是不同频率、不同振幅的各种光的混合物。激光具有高度的单色性、方向性和相干性的优势，但这种优势并不是一开始就产生的。在激光器的临界电压值以下，所有的原子互不让步，它们产生的光场漫无规则，一旦实验条件达到某个临界值，所有原子由于共振腔的相干作用而协同整齐地辐射，这是自然界最典型的合作和协同现象。哈肯教授正是从对激光的研究出发，总结出上述协同学的规律，然后推广应用于其他系统。

但是这种推广并非生搬硬套，本书中还提到无生命自然界中的其他例子：流体底部被加热后形成的蜂窝状模式、天空中整齐排列的云街、化学反应中的螺线形波。有生命自然界中的情况也是如此，达尔文的进化论——“优胜劣汰，适者生存”——与我们上面介绍的协同学的基本原理，何其相似乃尔。比如在生物分子的形成中，就已经出现了这种竞争和自组织，而后在细胞、组织、器官、物种的形成中，都有同样的规律在起作用。就是大自然最伟大的创造——人类的大脑，协同学也对其发育过程和作用机制提出了一系列看法。

再来看看人类社会，无论是人的心理状态、经济生活中的竞争、舆论问题、报刊和电视的功能以及它们受到的制约，协同学都能提供某种解释。对于20世纪的最重要发明——电子计算机，特别是当前越来越受到重视的所谓并行计算①，协同学更有其用武之地。协同学也进入了科学学领域，研究科学知识发展的动力学和科学家之间的竞争，最为有趣的是，协同学还可以应用于协同学本身，如哈肯教授所说，协同学的形成过程本身，就是一种典型的自组织过程。

然而，哈肯教授与他的那些“一统大业”的先人有本质上的不同，他清醒地认识到，协同学绝非万能，协同学既不能对人们的行动和办事方式提供一颗万应灵丹，也不能解释所有的现象。特别是，它像人类的其他知识一样，有着一些也许是不可逾越的界限，其中一条重要的界限是，除了有唯一解的“好”问题，还有许多“坏”问题，它们的解并非唯一或在原则上是无解的，甚至还有一些“怪”问题，其可解性是无法确定的，也就是人们永远无法知道，这些问题究竟是可解的还是不可解

① 现在更广义地被称为云计算，参见第17章“计算机网络”小节译者注。——译者

的。这种实事求是的态度，对协同学的发展大有好处。

协同学中用到的基本概念是“序参数”（德文为 Ordner，哈肯教授所用的标准英文名是 Order Parameter），也就是前面提到的最后完成“一统大业”的那种因素及相应的状态。它应该这样广义地理解：既可以是一种具体的物质形式，也可以是一种现象、心理和社会形态等）。这个英文词至少有两个重要意义，即“命令”和“秩序”。哈肯教授曾明确告诉译者，他有意识地利用了这个词的两义性。协同学的基本原理是支配原理（德文为 Versklavungsprinzip，英文为 Slaving Principle），也就是上面所说的，序参数迫使其他因素和状态纳入它的轨道。以上概念和原理，都在本书中多次用到并加以说明，精确的数学定义和阐述，则请参见书末参考书目中所引作者的专著，作为一本科学普及书籍，本书并未提到协同学中用到的重要数学工具——绝热消去法及其推广，这个工具与目前非线性分析中应用甚广的中心流形定理有密切关系。请参见上述专著。

总之，这本书以深入浅出的方式、大量生动的实例，精美耐看的插图，介绍了协同学的基本观点和具体应用。读完本书，读者会发现，哈肯教授的知识极其丰富，观察非常深刻，思想十分敏锐。更可贵的是，他有着既具科学根据、又富创造精神的自由驰骋的想象力。他在书中提到的许多想法，例如用生物分子膜作为开关元件，猜测可能存在一种不能分解或简单基元的思维过程，指出在暂时停止能量供应的条件下，也能保持有序结构，也许是生命构成的又一特点等，都真使人茅塞顿开。

凌复华

1988 年写于上海交通大学

2017 年修订于美国加州

参 考 文 献

由于协同学在许多知识领域之间建立了横向联系，与之有关的参考书目难以胜数，特别是像本书这样的通俗书籍，根本无法一一列举。下面我做的提示只能局限于若干实质性内容，其中有一部分是本书中引用其结果的那些原始文献；还有一部分是介绍给希望深入研究这一课题的读者的文献和补充文献。这些参考书目将分章列出。

1　引言和概述

Pelster, A Wunner, G. (eds): Selforganisation in Complex Systems: The Past, Present, and the Future of Synergetics, Proceedings of the International Symposium, Hase Institute of Advanced Studies, Delmenhorst, Germany, November 13 - 16, 2012, Springer 206. Springer Reihen über Complexity, Springer Verlag.

M. Eigen. R. Winkler-Oswatitsch:《Das Spiel》, Piper, München 1975.

“协同学”这个概念是我在斯图加特大学 1970 年冬季学期讲课中提出的，又见 H. Haken, R. Graham:《Synergetik. Die Lehre vom Zusammenwirken》, Umschau *6*, 191(1971)。

以下专著提出科学性的论述，H. Haken:《Synergetics. An Introduction. Nonequilibrium Phase Transitions in Physics, Chemistry and Biology》, 3rd ed., Springer, Berlin 1983(《施普林格协同学丛书》，第 1 卷)，德语《Synergetik. Eine einführung. Nichtgleichgewichts-Phäsenüberganger und Selbstorganisation in

Physik, Chemie und Biologie》, Springer, Berlin 1990。

协同学的许多方面已由知名科学家在下面的会议论文集中涉及:《Synergetics. Cooperative Phenomena in Multi-Component Systems》, Ed.: H. Haken, Teubner, Stuttgart 1973.《Cooperative Effects. Progress in Synergetics》, Ed.: H. Haken, North Holland, Amsterdam 1974.

也见于《施普林格协同学丛书》其他各卷中，该丛书至今已出版63卷。①

本书应用的序参数概念相当于在协同学专著中应用的建序参数概念，在那些文献中对之有精确的数学定义。支配原理在那里也有一个精确的数学形式(参见 H. Haken:《Synergetics. An Introduction...》[同上]，以及 H. Haken: Advanced Synergetics, 3rd print. Springer, Berlin 1993)。

2 无序有增无已? 世界的热寂

L. Boltzmann: Entropie-Verteilungsfunktion, Sitzungsber. Akad. Wien *63*, 712(1871).

3 晶体——有序但无生命的结构

以下书籍对固体物理学做了通俗的介绍: H. Pick:《Einführung in die Festkörperphysik》, Wiss. Buchgesellschaft, Darmstadt 1978。

关于相变的介绍见 H. E. Stanley:《Phase Transitions and Critical Phenomena》, Clarendon, Oxford 1971, L. D. Landau, E. M. Lifschitz: Lehrbuch der Theoretischen Physik, Band *5*, Statistische Physik Teil, 8. Aufl., Akademie Verlag, Berlin, 1987, W. A. Benjamin: Modern Theory of Critical Phenomena, Inc. London, 1977, N. Goldenfeld: Lectures of Phase Transitions and the Renormalization Group, Addison-Wesley, 1992. A. K. Nena; Phase

① 截至2017年10月已出版118卷。——译者

Transformation in Material, Prentice Hall, 1992。

4 流体模式、云图和地质构造

底部加热液体中运动模式建立的首次描述见 H. Bénard：Rev. Gen. Sci. Pures. Appl. *12*, 1261(1900)；Annls. Chim. Phys. *23*, 62(1901)。近年来，这个领域经历了一次真正的复苏。布塞、戈卢布、科施米德尔、斯温尼等人进行的实验，在《施普林格协同学丛书》第 2 卷和第 5 卷中做了介绍。关于在协同学范畴内的理论处理，见上引 H. Haken：Synergetics。关于大陆漂移说见 H. Berckheimer：Vortrag auf der 111. Versammlung Deutscher Naturforscher und Ärzte, Hamburg 1980；关于液体中模式形成的较新文献，例如见 Bestehorn in R. Friedrich/A. Wunderlin (eds.)：Evolution of Dynamical Structures in Complex Systems, Springer, Berlin, 1992。

5 "要有光"——激光

激光原理：A. L. Schawlow, C. H. Townes：Phys. Rev. *112*, 1940(1958)。

受激射线辐射导致微波放大是由 J. P. Gordon, H. J. Zeiger., C. H. Townes：Phys. Rev. *95*, 282(1954)；*99*, 1264(1954)，以及 N. G. Basov, A. M. Prokhorov：J. Exptl. Theor. Phys. USSR *27*, 431(1954), *28*, 249(1955)分别独立发展的(巴索夫、普罗霍罗夫和汤斯获得 1964 年诺贝尔奖)。第一个激光器由 T. H. Maiman：Brit. Commun. Electr. *7*, 674(1960)：Nature *187*, 493 (1960)用红宝石实现。

激光的统计非线性理论见 H. Haken：Z. Physik *181*, 96(1964)。又见 H. Haken：《Laser Theory》Handbuch der Physik XXV/2c. Springer, Berlin 1978，以及 H. Haken：《Licht und Materie》, Bibliographisches Institut, 2. Auflage 1994。激光的相变由 R. Graham, H. Haken：Z. Physik *213*, 420(1968)；*237*, 31(1970), V. DeGiorgio, M. O. Scully：《Phys. Rev.》*A2*, 1170(1970)指出。

关于激光混沌，C. O. Weiss, A. Godone, A. Olafsson：《Phys. Rev.》

H28, 892, 1983. 中有十分丰富的文献。

6 化学模式

关于化学振荡(化学钟),早在 1921 年已有报道: C. H. Bray: J. Am. Chem. Soc. *43*, 1262(1921)。

化学振荡的一个数学理论由 K. F. Bonhoeffer: Z. Elektrochemie u. angewandte physikalische Chemie *51*, 24(1948)提出。

别洛乌索夫-扎博京斯基反应见 B. P. Belousov: Sb. ref. radats. med. Moscow (1959), V. A. Vavilin, A. M. Shabotinsky, L. S. Yaguzhinsky:《Oscillatory Processes in Biological and Chemical Systems》(Moscow Science Publication 1967), P. 181。较新的工作见 A. S. Michailof: Foundations of Synergetics I, Distributed Active Systems, Springer, Berlin 1990。

普及性介绍见 A. T. Winfree: Science, *175*, 634(1972); Sci. Am. *230*, 82 (1974)。

7 生物的进化:适者生存

关于达尔文-华莱士首创权问题,我们根据的是 R. K. Merton:《The Sociology of Science》, The University of Chicago Press, Chicago 1973。达尔文和华莱士的原始报告为《On the Tendency of Species to Form Varieties and on the Perpetuation of Varieties and Species by Natural Means of Selection》, by C. Darwin and A. R. Wallace. Communicated by Sir C. Lyell and J. D. Hooker, Journal of the Linnean Society 3(1859); 45. Read. 1. July 1858。

关于达尔文理论对社会科学的影响和对社会达尔文主义的批评的详细讨论超出了本书的范围。可参见 R. Hofstadter:《Social Darwinism in American Thought》, Braziller, New York 1959。

激光振动中的竞争见 H. Haken, H. Sauermann: Z. Physik *173*, 261 (1963)。

生物分子中的竞争，优生进化，参见 M. Eigen：Die Naturwissenschaften *58*，465（1971）；M. Eigen，P. Schuster：Die Naturwissenschaften *64*，541（1977）；*65*，7（1978）；*65*，341（1978）；M. Eigen，W. Gardiner. P. Schuster，R. Winkler-Oswatitsch：《The Origin of Genetic Information》，Scientific American *244*，April 1981，S. 78. M. Eigen：Stufen zum Leben，Oxford University Press，1992。

M. Eigen：Virus-Quasispezies oder die Büchse der Pandora，Spektrum der Wissenschaft S. 42－55，Dez. 1992.

8 不是最适者也能生存：专门化并创造自己的生态小环境

V. Volterra：Mem. Acad. Lincei *2*，3（1926）；A. J. Lotka：J. Wash. Acad. Sci. *22*，461（1932）.

昆虫数量不规则振荡的数学模型见 R. M. May：《Model Ecosystems》，Princeton Univ. Press，Princeton，1974。

9 生物有机体是怎样起源的？

普及性介绍（包括双螺旋体的发现史）参见 J. D. Watson：《Die doppelhelix》，Rowohlt Taschenbuch，Hamburg 1973。

关于黏菌参见 G. Gerisch. B. Hess：Proc. nat. Acad. Sci. *71*，2118（1974），以及关于螺线形波的证明特别参见 K. J. Tomchik. P. N. Devreotes：Science *212*，443（1981）。

细胞分化的一个模型参见 A. M. Turing：Phil. Trans. R. Soc. London *B237*，37（1952）。

基于反应-扩散方程的生物“模式形成”的提出者之一是 A. Gierer，H. Meinhardt：Kybernetik *12*，30（1972）。

用协同学概念对这个模型进行探讨参见 H. Haken，H. Olbrich：J. Math. Biol. *6*，317（1978）。

水螅中激发物质和抑制物质的实验证明参见 Tobias Schmidt, Cornelius J. P. Grimmelikhuijzen, H. Chica Schaller, in:《Developmental and Cellular Biology of Coelenterates》, P. Tardent, R. Tardent 编辑, Elsevier/North Holland Biochemical Press 1980, S. 395。

关于神经生长因子作用的说明参见 R. Levi-Montalcini, P. Calissano:《The Nerve Growth Factor》Sci. Am. *240-246*, 44(1979)。

关于形态发生参见 H. Meinhardt: Models of Biological Pattern Formation, Academic Press London, 1982。

10 生物的运动模式

实验:

J. A. S. Kelso, American Journal of Physiology: Regulatory, Integrative and Comparative Physiology, *15*, R 10000-R 1004, 1984.

J. A. S. Kelso, J. P. Scholz, G. Schöner: Nonequilibrium Phase Transitions in Coordinated Biological Motions: Critical Fluctuations, Physics Letters A. Vol. 118, No. 6, 1986.

理论:

H. Haken, J. A. S. Kelso, H. Bunz: A Theoretial Model of Phase Transitions in Human Hand Movement, Biol. Cybern., *51*, 347-356, 1985.

G. Schöner, H. Haken, J. A. S. Kelso: A Stochastic Theory of Phase Transitions in Human Hand Movement, Biol. Cybernetics, *53*, 247-257, 1986.

进一步文献:

E. v. Holst: Zur Verhaltensphysiologie bei Tieren und Menschen, Gesammelte Abhandlungen Band I, Munchen, 1969; H. Haken und M. Haken-Krell: Entstehung von bilogischer Information und Ordnung, Wissenschaftliche Buchgesellschaft, 1989.

11 矛盾有时不可避免

心理学试验书籍：

J. G. Howeller, J. R. Lickorish:《Familien - Beziehungs - Test》, Ernst Reinhardt Verlag, München/Basel 1975; S. Rosenzweig:《Aggressive Behaviour and the Rosenzweig Picture Frustration Study》, Praeger, New York 1978.

B. Bettelheim:《Erziehung zum Überleben》, DVA, Stuttgart 1980.

B. A. Hubermann, N. S. Glance: The Dynamics of Social Dilemmas, Scientific American März 1994, Vol. 270, Nr. 3. S. 58 - 63.

Ditzinger, T., Haken, H.: Oscillations in the perception of ambiguous patterns. Biol. Cybernetics *61*, 270(1989).

12 混沌、偶然和机械论世界观

关于量子理论中的基本哲学问题参见 C. F. v. Weizscker:《Zum Weltbild der Physik》Hirzel, Leipzig 1945, Stuttgart 1970; C. F. v: Weizscker:《Die philosophische Interpretation der modernen Physik》, Nova Acta Leopoldinae, Barth, Leipzig 1972; W. Heisenberg:《Der Teil und das Ganze》, Piper, München 1969。

流体运动中的混沌参见 E. N. Lorenz: J. Atmos. Sci. *20*, 130(1963)。

别洛乌索夫-扎博京斯基化学反应中的混沌，参见 O. E. Roessler: Z. Naturforschg. *31a*, 259(1976); Bull. Math. Biol. *39*, 275(1977)。

生物学中的混沌参见 R. M. May:《Model Ecosystems》, Princeton Univ. Press, Princeton 1974。

天体力学中的无规则运动参见 H. Poincaré:《Les Méthodes Nouvelles de la Méchanique Céleste》, Reprint Dover, New York 1957。

关于混沌的典型例子概述参见 S. Groβmann: Vortrag auf der 111. Tagung Deutscher Naturforscher und Ärzte, Hamburg 1980。

关于通过核聚变得到能量参见 H. Zwicker:《Kernfusion als mögliche

Energiequelle der Zukunft》, in：Brennpunkte der Forschung, W. Weidlich DVA, Stuttgart 1981。

13 混沌理论背景概述

关于混沌理论的文献极为丰富，参见：

D. Ruelle：Zufall und Chaos, 2. Aufl., Springer, Berlin 1994.

H. G. Schuster：Deterministisches Chaos. Eine Einführung, 2. Aufl., VCH Weinheim 1994.

R. Leven, B. P. Koch, P. Pompe：Chaos in dissipativen Systemen, 2. Aufl., Akademie Verlag, Berlin 1994.

R. Worg, Deterministisches Chaos：Wege in die nictlineare Dynamik, BI-Wiss.-Verlag, Mannheim 1993.

I. Stewart：Spielt Gott Roulette? Chaos in der Mathematik, Birkhäuser Verlag Basel 1990.

H. Jürgens, H.-O. Peitgen, D. Saupe：Chaos und Fraktale, Spektrum der Wissenschaft, Heidelberg 1989.

W. Ebeling：Chaos, Ordnung und Information, Urania-Verlag, Verlag Herrscht Deutsch, Leipzig/Frankfurt/M 1989.

14 经济中的协同效应

关于“繁荣和经济衰退”以及“技术创新”等。

此处所述的模型出自：Gerhard Mensch, Klaus Kaasch, Alfred Kleinknecht und Reinhard Schnopp：IIM/dp 80－5,《Innovation Trends, and Switching between Full- and Under-Employment Equilibria》, 1950 － 1978, Discussion paper series, International Institute of Management, Wissenschaftszentrum Berlin。

我在本书中根据的是我对门施于1980年夏季学期在斯图加特大学所作报告的讨论意见。我的一些结论与所引用的他的报告结论有分歧。

协同学的较新应用见 Wei-Bin Zhang：Synergetic Economics，Springer，Berlin 1991。

基于汽车工业案例研究的协同学在工业中应用的一本内容丰富的书，Ruth Beisel：Synergetik und Organisationsentwicklung，Rainer Hampp，München Verlag und Mering 1994。

15 革命能不能预测？

Isaac Asimov：《The Foundation》，Avon Books，New York 1964.

Elisabeth Noelle-Neumann：《Die Schweigespirale》，R. Piper & Co. München 1980. 本书中的许多引文出自该书。

Solomon E. Asch：《Group Forces in the Modification and Distortion of Judgements》，in：Social Psychology，Prentice Hall Inc. New York 1952，S. 452.

诺埃勒-诺伊曼的书中包含着她自己用民意测验方法对这个问题进行的一系列研究。

Jean-Jacques Rousseau：《Dépeches de Venise，XCI》. La Pléiade. Gallimard，Paris 1964，Band 3，S. 1184.

James Madison，in：The Federalist，1788，No. 49，February 2.

Alexis de Tocqueville：《Autoritt und Freiheit》，Rascher，Zürich，Leipzig 1935，S. 55.

James Bryce：《The American Commonwealth》，Macmillan，London，Vol. II，Part IV，Chapter LXXXV，S. 337.

Guy de Maupassant：《Bel Ami》.

Walter Lippmann：《Public Opinion》，The Macmillan Comp.，New York 1922，1954；德文版：《Die Öffentliche Meinung》，Rtten u. Loenig，München 1964.

Niklas Luhmann in：Politische Vierteljahrsschrift，11. Jg.，1970，Heft 1，S. 2－28.

David Hume：《Essays Moral, Political and Literary》, Oxford University Press, London 1963, S. 29.

Jean-Jacques Rousseau：《Schriften zur Kulturkritik》，法-德文版。德文译本：Kurt Weigand, Felix Meiner, Hamburg 1978, S. 257。

革命的相变类比见 W. Weidlich, in：H. Haken(Hg.),《Synergetik》, Teubner, Stuttgart 1973。

A. Wunderlin u. H. Haken：《Vortrag zum Projekt Mehrebenenanalyse im Rahmen des Forschungsschwerpunkts Mathematisierung》, Universitt Bielefeld 1980, 又见 H. Haken：《Synergetik. Eine Einfhrung》（同上）。

Ivan London：Vorabdruck 1981. Alexis de Tocqueville：《L'Ancien Régime et. la Révolution》，德文版：Das alte Staatswesen und die Revolution, Leipzig 1857。

G. Bateson：Ökologie des Geistes：Anthropologische, psychologische, biologische und epistemologische Perspektiven, 3. Aufl., Suhrkamp, Frankfurt/M. 1990.

16 幻觉能证明关于大脑功能的理论吗？

关于大脑研究，一个很好的普及性综述参见《The Brain》, Scientific American, September 1979; D. H. Hubel, T. H. Wiesel：The Journal of Physiology, *195*, No 2, 215, November 1968（对猩猩视觉系统的试验）；关于大脑研究，易懂的一般书籍参见：Wolf Singer：Gehirn und Bewußtsein, Spektrum Akademischer Verlag, Heidelberg 1994; J. D. Cowan, G. B. Ermentrout, in：Springer Series in Synergetics, Bd. *5*, S. 122，上述引文中（吸毒导致幻觉的理论）。

关于大脑和视觉参见 H. Haken und M. Haken-Krell：Erfolgsgeheimnisse der Wahrnehmung, DVA, Stuttgart 1992。

关于癫痫发作参见 A. Babloyantz, in：Springer Series in Synergetics, Bd. 6, S. 180，上述引文中。C. Uhl, R. friedrich：Synergetic Analysis of Human

Electroencephalograms: Petit-Mal Epilepsy, in《Evolution of dynamical Structures in Complex Systems》, Proceedings of the International symposium Stuttgart, eds. R. Friedrich, A. Wunderlin, Springer ProceedingsinPhysics 69, 1992.

关于赫布综合征参见 D. Hebb:《Organization of behavior》, Wiley, New York 1979。

17 计算机的解放：希望还是噩梦？

关于模式识别参见 K. S. Fu:《Digital Pattern Recognition》, Springer, Berlin, Heidelberg, New York 1976; K. S. Fu:《Syntactic Pattern Recognition Applications》, Springer, Berlin, Heidelberg, New York 1976; K. S. Fu, 载 Springer Series in Synergetics, Springer, Berlin 1979, Bd. 5, S. 176, 上述引文中; T. Kohonen: Associative Memory—A System—Theoretical Approach, Springer, Berlin, Heidelberg, New York 1978, 亦见 Springer Series in Synergetics, Springer, Berlin 1979, Bd. 5, S. 199, 上述引文中。

协同计算机参见 H. Haken, Synergetic Computers and Cognition, Springer, Berlin, 1990; H. Haken und M. Haken-Krell: 同上。

神经网络和协同计算机参见 Fuchs, A., Haken, H.: Pattern Recognition and Associative Memory as Dynamical Process in a Synergetic System. Biol. Cybernetics *60*, 17(1988)。

关于视觉感知的理论，尤其是翻转图形，协同学与格式塔理论之间存在着有趣的交叉关联(参见 W. Köhler: Die Aufgabe der Gestaltpsychologie, de Gruyter, Berlin, 1971)。

计算机会变幻莫测吗？参见 J. Weizenbaum:《Computer Power and Human Reason》, W. H. Freeman & Co., San Francisco 1976。

关于神经网络计算机有极其丰富的文献，例如参见：

H. Ritter: Neuronale Netze: eine Einführung in die Neuroinformatik selbstorganisierter Netzwecke, Addison-Wesley, Bonn, München 1994.

D. Nauck, F. Klawonn, R. Kruse: Neuronale Netze und Fuzzy-Systeme, Vieweg, Braunschweig, Wiesbaden 1994.

K. P. Kratzer: Neuronale Netze: Grundlagen und Anwendungen, Carl Hanser Verlag, München, Wien 1993.

N. Hoffmann: Kleines Handbuch neuronaler Netze, Vieweg, Braunschweig, Wiebaden 1993.

S. Brunak, B. Lautrup: Neuronale Netze: Die nächste Computer-Revolution, Carl Hanser Verlag, München, Wien 1993.

G. Grauel: Neuronale Netze: Grundlagen und mathematische Modelliering, BI-Wiss. -Verlag, Mannheim 1992.

信息、信息、信息，Haken, H., Portugali, J.: Information Adaptations: The Interplay Between Shannon Information and Semantic Information in Cognition. Springer Briefs in Complexity. Springer(2015)。

18 科学感知的原动力——科学家之间的竞争

Thomas S. Kuhn:《The Structure of Scientific Revolution》, University of Chicago Press, Chicago 1970.

R. K. Merton:《The Sociology of Science》, The University of Chicago Press, Chicago 1973.

Harriett Zuckerman:《Scientific Elite》, The Free Press, Macmillan Publishing Co. Inc., New York 1977.

René Thom:《Stabilité Structurelle et Morphogénèse》, Benjamin, New York 1972.

Tim Poston, Jan Stewart:《Catastrophe Theory and its Applications》, Pitman Publishing Limited, London 1978.

E. C. Zeeman:《Catastrophe Theory. Selected Papers》, Addison-Wesley, Reading, Mass. 1977.

G. B. Kolata：Science *196*, 287, 350－351(1977).

H. J. Sussmann und R. S. Zahler：Synthese *37*, 117－216(1978), H. J. Sussmann und R. S. Zahler：Behavioral Science *23*, 383－389(1978).

P. Glansdorff, I. Prigogine：《Thermodynamic Theory of Structure, Stability and Fluctuations》, Wiley, New York 1971.

G. Nicolis und I. Prigogine：《Self-Organization in Nonequilibrum Systems》, Wiley Interscience, New York 1977.

R. Landauer：Phys. Rev. *A12*, *636*(1975).

Ronald Forrest Fox：Proc. Natl. Acad. Sci, USA, *77*, No7, 3763(1980).

就目标设定而言，在协同学和拜尔陶隆菲(Bertalanffy)的一般系统理论之间，有着令人感兴趣的平行性(例如，参见 L. von Bertalanffy：General System Theory, Foundations, Development, Applications, rev. ed., George Braziller, New York 1976)。两种理论都以发现不同系统之间的相似性作为目标。但一般系统理论是在个别部分的水平上寻找(并找到了!)这些相似性，而协同学则更在序参数的水平上找到更进一步的相似性。

最后应该提到控制论(N. Wiener：Cybernetics, The Technology Press of M. I. T. and John Wiley and Sons, Inc., New York 1953)与协同学之间的根本性区别。控制论着眼于调节和操纵，而与之相反，协同学着眼于自组织。关于后者的历史，参见 R. Paslack：Urgeschichte der Selbstorganisation, Vieweg u. Sohn, Verlagsgesellschaft mbH, Brqunschweig/Wiesbaden 1991，又见 H. von Förster：Principles of Self-Organization in a Socio-Managerial Context, in：H. Ulrich/G. J. B. Probst, ed., 1984, Self-Organization and Management of Social Systems. Insights, Promises, Doubts, and Questions, Berlin，其中有进一步参考文献。

19 回顾

关于宇宙的未来参见 F. J. Dyson：Rev. Mod. Phys. *51*, 447(1979)，又见

R. Breuer:《Vom Ende der Welt》, Bild der Wissenschaft, Stuttgart 1981, Heft 1, 18. Jahrgang, S. 46。

Kurt Gödel:《Über Formal unentscheidbare Sätze der Prinzipia Mathematica und verwandter Systeme》, I. , Monatshefte für Mathematik und Physik, *38*, 173 – 198(1931); Douglas R. Hofstadter:《Gödel, Escher, Bach, an Eternal Golden Braid》, The Harvester Press Ltd. , Hassocks 1979.

插 图 来 源

1・1　M81 星云，取自 H. C. Arp：《The Evolution of Galaxies》，Readings from Scientific American：《New Frontiers in Astronomy》，Freeman and Co，San Francisco 1975

1・3　Naturwissenschaftl. Rundschau，*10*，1979

1・4　《Zeichnen》，取自 M. C. Escher：《Graphik und Zeichnungen》，Heinz Moos Verlag，München 1975

2・3　《Ordnung und Chaos》，取自 M. C. Escher：《Graphik und Zeichnungen》，Heinz Moos Verlag，München 1975

3・1　取自 G. Adam，P. Luger，G. Stark：《Physikalische Chemie und Biophysik》，Springer，Berlin 1977，根据 L. Pauling：《The Nature of the Chemical Bond》，Cornell Univ. Press，1960

3・3　取自 Gerthsen，Kneser，Vogel：《Physik》，Springer，Berlin 1977

3・6　取自 C. Kittel：《Introduction to Solid State Physics》，Wiley，New York 1956

4・4　取自 H. Haken：《Die Synergetik. Ordnung aus dem Chaos》，Bild der Wissenschaft/Keidel

4・19　取自 M. Bestehorn，H. Haken：Asoociative Memory of a Dynamical System：The Example of the Convection Instability，Z. Phys. B 82，305，1991

4・20　取自 M. G. Velarde，C. Normand：《Convection》，Sci. Am. July

1980

4·22 取自 U. George:《Geburt eines Ozeans》, Geo 7, Juli 1978, Gruner+ Jahr, Hamburg 1978

4·23 取自 H. Haken:《Die Synergetik. Ordnung aus dem Chaos》, Bild der Wissenschaft

4·24 取自 J. A. Whitehead jr.:《A Survey of Hydrodynamic Instabilities》, in:《Fluctuations. Instabilities and Phase Transitions》, ed. T. Riste, Plenum Press, New York 1975

4·25 取自 M. Bestehorn, M. Fantz, R. Friedrich, H. Haken: Hexagonal and Spiral Patterns of Thermal Convection, Physics Letters A, 174, 1993

4·26 取自《Pattern Formation and Pattern Recognition》, ed. H. Haken, Springer, Berlin 1979, 根据 F. H. Busse, J. A. Whitehead; J. Fluid Mech. *47*, 305(1971)

4·27 取自 H. L. Swinney, P. R. Fenstermacher, J. P. Gollub:《Transition to Turbulence in a Fluid Flow》, in《Synergetics. A Workshop》, ed. H. Haken, Springer, Berlin 1977

4·29 取自 R. P. Feynman, R. B. Leighton, M. Sands:《The Feynman Lectures of Physics II》, Addison Wesley, 1965

6·5 取自 M. L. Smoes:《Chemical Waves in the Oscillatory Zhabotinskii System. A Transition from temporal to spatio-temporal Organization》, in《Dynamics of Synergetic Systems》, ed. H. Haken, Springer, Berlin 1980

8·3 取自 D. A. McLulich:《Fluctuations in the Numbers of varying Hare》, Univ. of Toronto Press, Toronto 1973

8·4 取自 R. M. May:《Model Ecosystems》, Princeton Univ. Press, Princeton 1974

9·1 (a)取自 M. W. Nirenberg:《The Genetic Code II》, (b) 取自 V. Yanofsky:《Gene Structure and Protein Structure》, in Readings from Scientific

American:《The Molecular Basis of Life》, Freeman and Co, San Francisco 1968

9·4 取自 J. C. Fiddes:《The Nucleotide Sequence of Viral DNA》, Sci. Am. December 1977, 54(1977)

9·5 取自 F. Vester:《Das Kybernetische Zeitalter》, S. Fischer Verlag, Frankfurt a. M. 1974

9·6 取自 J. T. Bonner:《Differentiation in Social Amoebae》, Readings from Scientific American:《From Cell to Organism》, Freeman and Co, San Francisco 1967

9·7 取自 G. Gerisch, B. Hess; Proc. nat. Acad. Sci. (Wash), *71*, 2118(1974)

9·13 取自 H. Meinhardt:《The Spatial Control of Cell Differentiation by Autocatalysis and Lateral Inhibition》, in《Synergetics. A Workshop》, ed. H. Haken, Springer Berlin 1977

11·3 《Kreislimit IV》取自 M. C. Escher:《Graphik und Zeichnungen》, Heinz Moos Verlag, Mnchen 1975

11·4 取自 G. C. Davison/J. M. Neale:《Klinische Psychologie》, Urban & Schwarzenberg, Mnchen/Wien/Baltimore 1979

12·1 Film- und Bildarchiv Werner-Bdeler, 83629 Weyharn

12·3 取自 H. Haken:《Synergetics. An Introduction》, Springer, Berlin 1978

12·4 取自 Physics Today, January 1978

14·6 取自 G. Mensch, K. Kaasch, A. Kleinknecht, R. Schnopp:《Innovation Trends, and Switching Between Full- and Under-Employment Equilibria 1950－1978》, IIM/dp 80－5, discussion paper series, International Institute of Management, Wissenschaftszentrum Berlin, Berlin 1980

16·1, 16·2 取自 T. H. Bullock, R. Orkand, A. Grinell:《Introduction to Nervous Systems》, Freeman and Co, San Francisco 1977

16·3　取自 D. H. Hubel:《The Brain》, Sci. Am. September 1979, *39* (1979)

16·4　取自 N. A. Lassen, D. H. Ingvar, E. Skinhøj:《Brain Function and Blood Flow》, Sci. Am. October 1978

16·6　取自 A. Babloyantz:《Self-Organization Phenomena in Multiple Unit Systems》, in《Dynamics of Synergetic Systems》, ed. H. Haken, Springer, Berlin 1980

17·2　取自 K. S. Fu:《Syntactic Methods in Pattern Recognition》, Academic Press, New York 1974

17·11　取自 L. R. Rabiner, R. W. Schafer:《Digital Processing of Speech Signals》, Prentice-Hall Inc., Englewood Cliffs, New Jersey, © 1978 Bell Labs Inc.

17·12　取自 G. Hoffmann:《Brunnen und Wasserspiele》, J. Hoffmann Verlag, Stuttgart 1980

17·18　取自 G. Adam, P. Luger, G. Stark:《Physikalische Chemie und Biophysik》, Springer, Berlin 1977, 根据 Singer, Nicolson: Science 1975, 720 (1972)

18·1　取自 K. Appel, W. Haken:《Der Beweis des Vierfarbensatzes》, Spektrum der Wissenschaft, Erstedition

图书在版编目（CIP）数据

大自然成功的奥秘：协同学/（德）哈肯（Herman Haken）著；
凌复华译. —上海：上海译文出版社，2018.6（2024.7重印）
（睿文馆）
ISBN 978-7-5327-7702-0

Ⅰ. ①大… Ⅱ. ①哈… ②凌… Ⅲ. ①自然科学—普
及读物 Ⅳ. ①N49

中国版本图书馆 CIP 数据核字（2017）第 307901 号

Herman Haken
Erfolgsgeheimnisse der Natur
Synergetik: Die Lehre vom Zusammenwirken

根据斯图加特德意志出版社 1986 年第 4 版译出
根据罗沃尔特出版社 1995 年扩充版修订
本书中文版版权由上海市版权代理公司帮助取得

图字：09-1996-101 号

大自然成功的奥秘：协同学
[德] 赫尔曼・哈肯 著 凌复华 译
责任编辑/莫晓敏 装帧设计/张志全工作室

上海译文出版社有限公司出版、发行
网址：www.yiwen.com.cn
201101 上海市闵行区号景路 159 弄 B 座
山东韵杰文化科技有限公司印刷

开本 890×1240 1/32 印张 8.75 插页 6 字数 158,000
2018 年 6 月第 1 版 2024 年 7 月第 2 次印刷
印数：5,001—6,000 册

ISBN 978-7-5327-7702-0/N・012
定价：58.00 元